国家自然科学基金重大研究计划(90411015)
国家科技支撑计划项目(2006BAK21B02)
南京大学"985"自然地理学科建设项目
河南省高校重点研究项目(19A170013)
河南科技智库调研项目(HNKJZK-2021-16C)

# 汉江中游新石器晚期的 古环境与人类活动

李中轩　著

黄河水利出版社
·郑州·

## 内 容 提 要

汉江流域是我国新石器文化的重要集聚区,研究本区新石器文化进程及其古环境背景对于长江流域的文明探源工作意义重大。本书基于第四纪环境学的物理和化学方法辅以 GIS 技术,以郧县辽瓦店遗址和淅川县凌岗遗址的地层学特征为切入点,探讨了汉江上游新石器中晚期的环境变迁特征。认为汉江上游地区自屈家岭文化以后尽管经历了四千年洪水事件,但其环境容量仍在合理范围内,并未像汉江下游的石家河文化那样快速衰落。此外,本书利用大九湖古环境指标和大溪、屈家岭、石家河三个文化期的遗址分布数据,讨论了汉江流域新石器聚落对环境变迁的响应及其人地关系的阶段性特征。

**图书在版编目(CIP)数据**

汉江中游新石器晚期的古环境与人类活动/李中轩
著. —郑州:黄河水利出版社,2021.10
ISBN 978-7-5509-3135-0

Ⅰ.①汉…  Ⅱ.①李…  Ⅲ.①汉水-中游-古环境-
研究-新石器时代②汉水-中游-人类活动-研究-新石
器时代  Ⅳ.①Q988

中国版本图书馆 CIP 数据核字(2021)第 217082 号

组稿编辑:王志宽  电话:0371-66024331  E-mail:wangzhikuan83@126.com

出 版 社:黄河水利出版社                          网址:www.yrcp.com
          地址:河南省郑州市顺河路黄委会综合楼 14 层    邮政编码:450003
发行单位:黄河水利出版社
          发行部电话:0371-66026940、66020550、66028024、66022620(传真)
          E-mail:hhslcbs@126.com
承印单位:河南匠之心印刷有限公司
开本:787 mm×1 092 mm   1/16
印张:10.75
字数:250 千字                              印数:1—1 000
版次:2021 年 10 月第 1 版                    印次:2021 年 10 月第 1 次印刷

定价:88.00 元

# 前　言

　　新石器文化是在与现代有很大不同环境之下发展起来的,其兴衰有深刻的气候变化背景。从时间上看,新石器文化于 8.0 kaB. P. 左右进入全新世暖期事件前后开始,于 4.0~3.5 kaB. P. 全新世暖期结束之时衰落。进入全新世适宜期(7.0~4.2 kaB. P.)后,我国主要的新石器文化类型有红山文化、仰韶文化、大溪文化等,它们大致沿大兴安岭、太行山、巫山一线分布,并进入快速发展时期。大约在 6.0 kaB. P. 长江三峡一带的城背溪文化快速向汉水流域扩张,先后经过了大溪文化(6.3~5.0 kaB. P.)、屈家岭文化(5.0~4.6 kaB. P.)和石家河文化(4.6~4.0 kaB. P.)等阶段。本书以汉江上游丹江口水库周边的新石器时代遗址地层的古环境信息为切入点,重点讨论汉江流域中全新世时期的气候演变、地貌过程、生态容量、湖面涨缩等古环境要素变迁对汉江流域新石器文化发展的影响。

　　大暖期中期(Megathermal,为 6.0~5.0 kaB. P.)江汉地区气候暖湿,新石器文化得以迅速发展,并确立了稻作农业为核心的新石器文化。根据神农架大九湖孢粉—气候转换函数恢复的中全新世古气温—降水数据,印证了汉水流域在中全新世时期气温处于适宜期的事实,年平均温度比现在均温高出约 2.1 ℃;干凉期出现在屈家岭初期阶段,但降水量上变化很大。大溪文化初期年均降水量较多(>1 200 mm),大溪文化晚期有干旱趋势、年均降水量下降了约 12%。降水量从屈家岭文化初期开始增多,在向石家河文化过渡期中达到最高值(约 1 260 mm)。降水量自石家河文化后开始减少,到了末期降水量又重新增加。在整个新石器时代,尤其是大溪文化时期汉江流域适宜的气候孕育了成熟的稻作农业,为本区新石器文化的繁荣发展提供了物质基础。

　　全新世以来的汉水中下游地区地貌环境发生了很大变化,直接影响了不同文化时期考古遗址的空间分布。江汉拗陷带不断沉降连续接受第四系地层的沉积;人工围垸造田活动渐趋活跃;汉江中下游的湖群因气候和地貌变化而涨缩;极端气候事件如洪水、干旱等因素同时塑造着汉江中下游地区的地形面貌。大溪文化时期遗址属于丘陵山地型;屈家岭文化时期遗址属于低地、平原型;而石家河文化时期遗址平均高程增加,属于岗地、低地型。遗址高程的变化可能暗示从屈家岭文化时期江汉地区湖面开始扩张。趋势面分析显示:汉江流域新石器遗址分布趋势面倾向按顺时针以钟祥—天门地区为圆心、按 SE—NE—SW 旋转;而在石家河文化时期遗址分布虽然有向海拔较低的江汉平原方向发展的趋势,但其核心区域仍停留在鄂北岗地的随—枣走廊地区。地势低平的江汉平原在不同的三个文化时期始终没有成为江汉新石器文化分布的核心区域,可能与该区湖面涨缩、洪水泛滥、气候波动相关。

　　利用在神农架地区采集的 120 个地表孢粉数据和 7 个气象站 1971~2000 年连续 30 年气温和降水观测数据,建立了该区地表孢粉—气候转换函数;并将其用于对大九湖 150 cm 泥炭地层孢粉鉴定结果的研究分析,恢复了大九湖地区 8~3.8 kaB. P. 以来的气温和降水曲线。在此基础上,分别推算出大溪、屈家岭和石家河三个文化时期假定族群社会的生态足迹(Ecolegic Footprint,简称 EF)。结果表明:大溪文化时期,人均 EF 值迅速提高;屈家岭文化时期 EF 值有所下降;石家河文化中后时期 EF 值继续走高。三个文化时期 EF 值增加的幅度分别是:大溪文化时期 30%,屈家岭文化时期 27%,石家河文化时期 25%。生态承载力曲线显示,大溪文化早期的人均年生态承载力(Ecological capacity,简称 EC)变化幅度较小,自大溪文化中晚期(5.5 kaB.P.)开始,EC 值迅速下跌;至大溪文化末期(5.1 kaB.P.),EC 值跌至 113 $hm^2/(a \cdot cap)$;屈家岭文化时期,EC 值减至 97.24 $hm^2/(a \cdot cap)$。石家河文化时期(4.6~3.8 kaB.P.),EC 值从初期的 74.52 $hm^2/(a \cdot cap)$ 降至末期的 39.69 $hm^2/(a \cdot cap)$,平均下降率 0.09%。生态压力系数(Ecological Tension Index,简称 ETI):在大溪文化早期为 0.002,在大溪文化中期为 0.004,在大溪文化末期(5.3~5.0 kaB.P.)增至 0.007;屈家岭文化时期为 0.008;石家河文化早中期为 0.011、石家河文化末期(4.0 kaB.P.)升至 0.017。

根据淅川凌岗遗址地层信息,石家河文化早期为短暂暖湿环境,随后以干凉气候特征为主。但磁化率特征和大量出土器物表明,石家河文化时期凌岗地区新石器人类集聚点经历了两个繁荣时期。遗址自然堆积层粒度概率累积分布显示龙山文化晚期凌岗遗址区为岸滩沉积环境,而龙山文化早期自然层为河流沉积环境;龙山文化下层的高炭屑层暗示人类砍伐活动加剧,森林生态环境受到干扰。郧县辽瓦店遗址地层的地球化学元素指标记录显示:后石家河文化期至夏代(4.1~3.8 kaB.P.)时期,辽瓦店地区气候温暖湿润、生态环境良好、少山洪灾害。

中全新世时期江汉地区生态压力逐渐增加,这不仅反映在江汉地区中全新世时期由于社会经济的快速发展对各类型土地的需求量急剧增加,而且反映了研究聚落人口在屈家岭文化时期快速增殖,导致生态压力不断升高。自屈家岭文化时期开始,城邦社会体系迅速扩张:汉江中下游地区沟渠纵横、垸圩星罗、城池密布。资源的掠夺式开发和生态环境恶化成为极端气候事件摧毁本区新石器文化的根本动因。另外,生态压力增大导致争夺资源而爆发战争等社会事件同样也是新石器文化体系解体的重要因素。

凌岗遗址和辽瓦店遗址地层反映的人类活动与自然环境的相互关系表明汉水上游地区石家河文化时期的环境比较适宜,虽然石家河文化主体由于极度不和谐的人地关系衰落了,而上游地区由于地貌环境差异,并且与中原文化区毗邻,受"天人共生"发展观影响,汉(江)丹(江)地区的石家河文化逐渐演化为龙山文化类型。

本书观点和资料均来自作者的博士学位论文,作者博士在读期间得到博士生导师南京大学地理海洋学院朱诚教授的悉心指导,在此谨表对朱老师的诚挚谢忱!同时,本书得到南京大学地理海洋学院第四纪环境实验室各位师弟师妹的鼎力支持及南京大学现代分析中心的老师们的热情帮助,对他们的无私付出一并表示感谢!

作 者
2021 年 9 月

# 目　录

# 第 1 章　绪　论

早在 20 世纪初期,美国地理学家 Ellsworth Huntington 就明确指出了自然环境变化对人类影响的问题,随着自然环境存在不同时间尺度变化的科学概念的建立,对古地理环境演变规律认识的深入,相关环境演变对人类社会影响的研究也日益增多,大量成果揭示出环境变化对人类社会确实存在深刻影响。古埃及、古印度及两河流域文明的衰亡可归因于严重的气候变干,而在文明史上全球变暖给欧洲、亚洲和北美洲带来过繁荣时代;在历史上,气候寒冷与干旱时期,使农业减产,从而导致了民族大迁徙,这种准周期性气候变化的周期大约为 1 200 年(许靖华,1997)。越来越多的证据显示,气候变化是导致史前和历史早期文明崩溃的基本动力。

环境的连续波动性客观存在,但并不是所有的变化对文明的发展都产生显著影响。只有超过某一临界值的重大环境演变事件,才会把环境演变对人类的影响扩展到社会政治经济的层面,影响到社会发展的进程,因此识别那些对新石器文化时期文明进程产生深刻影响的重大环境演变事件,是揭示环境演变对新石器文化影响的基础。另外,重大与突然的环境变化事件在历史上从来没有间断过,存在于各种时空尺度之中,而且影响着人类社会的发展。然而人类并未因为这些事件的发生与影响而停止前进的脚步。这表明人类对环境变化存在积极的响应机制与响应措施。

全新世以来,自然环境经历了多次波动,新石器文化也经历了农业起源与发展、文明起源与演变等阶段。尽管环境条件不断变化,人类在逐渐适应自然环境变化过程中,不断发展生产力、提高自身的生存质量仍是新石器时代人类社会的发展主线。然而,由于较低的生产力水平,新石器时代的人类活动受自然环境因素的支配显著,他们往往群居于温暖湿润的森林草原和河畔湖荡,以便于采集渔猎,他们逐渐掌握了自然界洪水、干旱、寒潮等自然灾害的发生规律,从而选择更有利于生产生活的地貌位置刈木而居,他们在集聚区的选择、生产生活器物的制造及衍生的地域文化无不留下受自然环境制约的烙印。因此,探讨新石器文化时代人类活动的时空特征及遗址地层保留的环境信息是恢复中全新世以来环境变迁的重要途径(Fre,et al,1992;Weiss,et al,1993;David,et al,1995;Michael,et al,1997;Linda,1997;朱诚等,1997;Yoshinori,2000;Yu,et al,2000;Peter,2001;Bettis,et al,2002)。

传统的第四纪环境研究方法多借助于连续自然沉积载体如深海沉积(Olga,2001;Shackleton,et al,1983)、冰芯(Minze,et al,2000;姚檀栋等,1990)、湖泊沉积(Turcq,et al,1990;Charlotte,1997;吴敬禄等,1997;王苏民等,1998)、黄土沉积(Heller,et al,1982,1986;刘东生,1985;An,et al,1990,1995)及树轮(Fritts,1976;Bradley,et al,1987;刘禹等,2004)等具有明显时间刻度的环境记录中介对过去的环境演化进行了有益探索、建立了

对过去环境变迁研究的框架。全新世环境考古则借助古人类活动遗迹所在的地层沉积[人类扰动地层(文化层)和自然堆积地层]、人类和动物遗存、古人类活动地表层、考古器物、遗址所在的地貌位置及高程等信息研究人类活动与自然环境演变之间的相互响应机制(Barba,et al,1987;Entwistle,1997;Aston,1998;朱诚等,1995,1996,1998,2000,2005;李民昌等,1997)。第四纪环境变迁研究的时间尺度往往是以千年或数千年为尺度的,目前对地层划分的精度虽有提高,但几乎所有的常规测年手段仍以百年为尺度,因而难以准确提供人地关系所必需的环境信息。然而,考古学却有独到之处:①考古地层涉及自然和人文两方面的遗存和信息;②考古地层学和考古类型学可以提供远较自然剖面精确的年代坐标。这便为探讨中国文明的起源奠定了基础。

1905年,美国地质联合会主席Raphael Pumperlly第一次对恢复史前遗址的古环境进行了尝试,并预言对考古遗址古环境的研究将成为必然。Ellsworth Huntington紧接着在北美和中美洲地区进行了相似的研究,他的研究向人类展示了怎样利用地形和考古遗址来发现环境和气候变化(Herz,et al,1998)。当前国外介绍环境考古发展的主要刊物如Archaeology,Journal of Archaeological Science,Geoarchaeology,Archaeometry,Archaeologyin Oceania等发表的相关成果主要涉及人类生存环境的追索、人类活动与自然生态环境的互动关系;单个遗址的环境识别、流域性遗址的空间分布研究与典型遗址研究;研究方法涉及传统的沉积动力学、微体古生物学、地球化学等研究方法,分子生物学、器物的频谱分析学及空间统计分析等新研究方法。作为交叉学科的环境考古学的核心观点是把人类本身作为自然生态系统的组分,在整个自然生态的食物链条上既是其他环境因子(气候、地貌、植被、水系、生物群落等)影响对象又是影响其他因子的主体,这是环境考古的立足点和具有科学研究价值的前提条件。人类活动通过改变大气及地表的特性不同程度地对地球的能量平衡产生影响,当这种影响达到环境变化的阈值时,就会导致环境与气候的变化(Keith,1999),从而给其生存的环境产生影响,同时不合理的人类活动则有可能导致生态环境恶化,这个过程又会反馈给人类生存环境,从而对人类生存构成某种程度的威胁,导致古人类文化变异或生存空间的迁徙,甚至使某一时期某一地域人类文明的消亡(David,et al,1995)。

Stouffer(1994)、Ganapati(1995)、Richard(1999)等的研究证实,对人类文明兴衰影响最大的不是气候变化的长期的统计特征,而是短期极端气候事件。来自热带珊瑚和中纬度树轮的研究表明,全新世气候存在明显的波动性和复杂性,即使在全新世气候最适宜期(7~6 aB. P. )也存在多个阶段的气候振荡事件(Feng,et al,1994;Beck,et al,1997)。进入历史时期以来,大量的文献记录和器测数据都验证了全新世气候变化的上述特征,环境变化对人类活动的影响因为有记录而有据可查,而对于无文字记载的新石器文化时期气候变化与人类文明发展关系尚待深入研究,这就需要到考古遗址地层中去寻找证据、挖掘信息、进行综合研究,才能恢复新石器文化早中期人类活动与自然环境变迁的相互关系。

我国早期文明起源地往往沿大江、大河呈链状分布,如辽河链、黄河链和长江链,宋豫秦等(2002)将其称为文化生态区。划分文化生态区的标准是中尺度的气候、地貌、地理和文化类型组合。如新石器时代的大暖期在长江流域的气候状况相当于现代的中亚热带南部地区,气候湿热多雨,年降水量为 1 300~1 800 mm,山地覆盖着常绿阔叶林,河湖三角洲地区河网密布,湿地连片。位于长江中游地区大溪文化和屈家岭文化即是在这种生态环境下脱颖而出的。迄今发现的长江中游地区时代最早的新石器时代考古学文化是以澧县彭头山(湖南省文物考古研究所,1996)和八十垱遗址(湖南省文物考古研究所,1990)为代表的彭头山文化(8.5~8.0 kaB. P.),此时已出现原始陶器,种植稻谷。继之而起的是城背溪文化或皂市下层文化(8.0~6.3 kaB. P.),前者主要分布于鄂西山地及峡江地区,后者主要分布于洞庭湖西北一带。

大溪文化(6.3~5 kaB. P.)以后,长江中游地区新石器文化进入蓬勃发展时期,稻作农业得到较大发展(郭立新,2002)。据统计,迄今发现的大溪文化以前的新石器时代遗址加起来只有四五十处,而大溪文化时期突然增加到约 160 处,遗址平均面积从此前的8 000 m² 增加到 17 000 m²(郭凡,1992)。大溪文化时期文化面貌更加多样化,出现了主要分布在鄂西和峡江地区的大溪文化关庙山类型;分布于洞庭湖西北岸的汤家岗类型和分布于汉江东部以京山、天门一带为中心的油子岭类型(张绪球,1992)。大溪文化中期偏晚阶段,峡江地区手工业生产开始萌芽,但当时的聚落仍多为小型聚落。到了大溪文化晚期,社会生产力显著发展,各群体在控制资源及拥有财富的能力方面开始出现差别,一些聚落的规模增大,并逐渐向中心聚落发展(郭立新,1992;2004)。

到了屈家岭文化早期(5.0~4.8 kaB. P.),由于生产力提高带来的社会繁荣导致人口激增和各群体之间的资源竞争,出现了中心聚落和依附于它的一般聚落的等级结构形态。屈家岭文化晚期至石家河文化早期(4.8~4.4 kaB. P.),长江中游地区史前文化的发展进入鼎盛期。表现在:①制陶业者的专门化程度进一步提高。②群体内部阶层分化明显。但是,大约从石家河文化中期偏晚阶段开始(4.3 kaB. P.),长江中游地区的文化开始衰落;到了石家河文化晚期,原有的城垣大多被废弃,文化中心区消失,文化面貌发生突变。在石家河文化以后相当长的一段时期内(大约相当于夏商时期),长江中游地区社会文化发展滞后,迄今发现的考古遗存数量极少(郭立新,2002),说明石家河文化在夏商时期已经衰落了,弄清其衰落的原因则是探寻中华文明源头的重要研究内容。

长江中游地区新石器时代考古学文化的演进历程,存在四个重要的发展阶段:彭头山文化为初兴之时,大溪文化时期蓬勃发展;大溪文化晚期至屈家岭文化时期社会分化逐渐加剧,至石家河文化晚期长江中游地区的史前文化彻底衰落。在这四个重要的文化发展过渡阶段的生态环境状况如何?社会文化发生重大转变的背后是否包含环境变迁的因素?同时,由于江汉地区是我国人类活动历史悠久的地区之一,人为引起的植被变化在反映气候导致的植物群落变化研究方面常常得出模棱两可的结论(Bradbury,1982;Jason,et al,1996;张强等,2001),因而从遗址分布的地理空间角度,综合典型遗址地层的地球化学和古生物证据及特殊的文化层、自然层的地球物理和沉积学特征,考察其环境信息的工作就自然而然地成为环境考古学研究的重要内容。

长江中游及峡江地区地处我国地形三级台阶的第二、三级阶梯的过渡地区,地形差别很大,既有海拔超过3 000 m的山地,也有海拔20 m的河积平原低地;既有不足百米的河流阶地,也有沃野千里的江汉平原。自中新世以来的喜马拉雅运动导致本区以洞庭湖为中心的地层差异沉降活动曾经形成大面积的湖泽(张修桂,1980;谭其骧,1980)。大溪文化中、晚期湖群进一步扩张,人类居址局限于平原与低岗过渡带。屈家岭文化时期至石家河文化早中期湖群不断萎缩,人类重新来到平原上的一些高地定居。但自石家河文化晚期以后,湖群再次扩张,人类再次离开低地平原(朱育新等,1997;蔡述明等,1998)。其间的洪涝、干湿冷热等极端气候事件对该区人类的生存环境影响较大(肖平,1991;徐馨等,1993;朱诚等,1997)。结合典型遗址地层的沉积学、地球化学、孢粉学特征信息和遗址考古器物反映的社会发展水平信息,分别从遗址的宏观空间结构和遗址地层反映的人类活动的微观特征借以恢复环境变迁与人类活动的响应机制,是研究中全新世时期人地关系的重要方法,也是PAGES研究计划的组成部分。

# 第 2 章　环境考古研究现状及科学意义

## 2.1　国外环境考古研究现状

国外的环境考古研究十分强调环境与人的互动关系,Fedele(1976)曾建立了人类生态系统模型来反映文化与自然环境、社会环境之间的互动关系。Reitz 等(1996)将环境考古定义为研究人类与其生活的生态系统之间的动态关系。现代的环境考古学者认为,环境考古学不应仅仅被认为是对古代人类的自然环境的研究,更重要的是要把环境作为古代人类社会中的动态因素,研究古代人类社会和其所处的自然环境的相互关系,进而探讨由这种交互作用决定的人类生态系统(荆志淳,1991)。Dincauze(2000)则将其称为"以人类为中心的古生态学"(Anthropocentric Paleoecology)。

一般认为,环境考古学的发展是随着考古学的发展而发展的,其研究内容同样随着人们对考古学认识的深化而深化。从最初的对人类文化生存环境的简单复原,发展到现在注重研究环境与人类社会的互动,环境考古学其实也经历了从过程主义到后过程主义的蜕变(杨晓燕,2003)。基于全球变化视角的环境考古学在重视文物考古学的前提下,无疑更倚重于地层测年学、地层学、古生物学和地球化学的证据,唯有此才有自然与人文载体的互为补充、所得出的研究成果才更能接近研究对象客观原貌。

### 2.1.1　环境考古的意义

根据研究对象的不同,Reitz 等将环境考古划分为地学考古、植物考古、动物考古和生物考古(Reitz,et al,1996)。Dincauze 在 *Environmental Archaeology:Principles and Practice* 一书罗列的环境考古研究领域包括古气候的重建、古地形地貌的重建、沉积学与土壤学、植物考古及动物考古 5 个方面的重建(Dincauze,2000),其研究内容与 Reitz 等划分的前三个领域重合,但 Dincauze 的环境考古没有包含生物考古内容。按 Reitz 等的观点,Geoarchaeology 包含了地貌、沉积、土壤及考古测量(Archaeometry)。而 Dincauze 则否认 Archaeometry 研究内容属于环境考古。事实上,根据现有已经发表的文献,环境考古的研究手段和内容主要涉及地层学、古生物学、古气候学、地球化学、考古学等领域,并以此为构架来建造环境考古的实体内容。

在过去的 20 多年里,发表在 Geoarchaeology 上的论文内容远不仅是 Dincauze 和 Reitz 等所划定的地学考古范畴。地学考古不仅涉及物探方法(如 Bruce,et al,1998)、测年(如 Godfrey-Smith,2003)、化学分析(如 Terry,2000;Parnell,2001)、磁化率(如 Dalan,2001)、土壤微形态(如 French,et al,1999)、孢粉统计(如 Bishop,et al,2003)、植硅石分析(如 Zhao,et al,2000)、O、C、N 同位素含量变化(如 Shahack-Gross,et al,1999)等各种地学技术在环境考古中的应用,同时还包括了古火山地震(如 Anovitz,et al,2004;Ambraseys,2006;

Tuttle,et al,1996)以及河湖变迁、构造升降、风化壳的侵蚀与搬运沉积等地质地貌过程对人类活动遗址的影响(Stanley,et al,1999;Pappu,1999;Freeman,2000)。Geoarchaeology 几乎囊括了环境考古的全部内容。Rappe 等（1998）、Herz 等（1998）在他们关于Geoarchaeology 方法的著作里也把地学（Earth Science）的方法和理论在环境考古研究里付诸实施。

Butzer(1964)将 Geoarchaeology 定义为利用地球科学的方法和理论进行的考古研究，认为 Geoarchaeology 主要研究五个方面的内容：①重建遗址的地貌景观背景；②建立遗址的地层关系；③了解遗址的形成过程；④了解遗址的后期改造过程；⑤了解人类活动对遗址地貌景观的改造。Renfrew(1976)、Waters(1992;1999)也赞成 Butzer 的观点，不赞成将Archaeology 的研究领域拓展得过于宽泛，以至于丧失环境考古特有的交叉学科的研究领域和研究特色。Waters 认为地学在考古学中的应用应称为考古地质学（Archaeological Geology）而不是 Geoarchaeology。考古地质学包含了 Geoarchaeology 和 Archaeology 两个领域，Geoarchaeology 包括地貌学、沉积学、土壤学、地层学和地质年代学等技术和方法在考古遗址的沉积、土壤、地貌演化等方面的调查与解释，而 Archaeology 主要是地球物理、地球化学方法在考古学中的应用。Geoarchaeology、Archaeolgoy、Zooarchaeology、Archaeobotany 等是一系列平行概念，均为考古学的分支学科。

自然环境包括地貌、气候、动植物、水文、土壤等一系列要素，它们都是环境考古研究的对象。如果按照 Butzer、Renfrew 和 Waters 等的观点，Environmental Archaeology 至少应包括 Geoarchaeology、Zooarchaeology、Archaeobotany。生物考古应是环境考古的发展方向，因为当今各学科的纵深发展方向分别向高度集成的宏观概念和微观的物质解析两个趋势转移，生物考古目前已嫁接分子技术的相关概念和技术，是环境考古的最新动向。在这个意义上，环境考古没有理由不包括 Bioarchaeology。

## 2.1.2　环境考古的研究方法

根据 Renfrew、Butzer、Waters 等定义的地学考古的研究范畴，其研究方法基本沿袭了地球科学的研究内容和方法。比较有代表性的方法是沉积学和古土壤学方法。

沉积学理论是用于有节律性和时间刻度特征地层比较成熟的研究方法，其中涉及气候地层、生物地层、构造地层等与环境考古有密切关联的理论与实践方法。在环境考古中，引入沉积学研究方法可以研究遗址区域内沉积物的沉积相、粒度组成、矿物组成、不同沉积物的风化程度、常量元素和微量元素随时间序列的变化等，从而进行流域范围内的遗址田野普查、古文化生存的自然环境背景、废弃遗址的古环境特征等研究。

古土壤学方法常用于研究遗址内古土壤化学、物理特性，并用"将今论古"的观点与近代类似人类活动背景的土壤理化特性进行比较，探讨新石器文化时期人类活动的环境背景和生活元素构成及渔猎、农耕的内容与水平。研究方法多借助于磷酸盐、碳酸盐、磁化率及微量特征矿物等，主要可以解决上古时期人类活动遗址的功能分区分析、人口密度分析、古城垣的范围勘测、土地利用类型恢复、建筑材料特征与生活器皿的材料来源与制作工艺的恢复等工作。

虽然上述两种方法可以开展卓有成效的研究，地质测年方法却也十分重要。它可以准确界定遗址某个地层的堆积年代,使环境考古工作得以在准确的时间坐标上开展,可以与其他载体获取的环境记录加以比较,从而使区域环境考古的结论更趋客观。目前,在新石器文化时期环境考古中,常用的是$^{14}$C 测年、释光测年和树轮测年等方法。

鉴于考古遗址里多有植物残体和动物化石出土,环境考古的研究方法就不可能局限于地层学方法。植物的种子、果实、茎、根、孢粉、植物硅酸体等都是了解古环境的可靠载体,它们较为准确地传递了遗址区古环境的气候背景和植被类型;个别遗址里的稻、粟、糜等遗物(迹)可以恢复古人类的农耕类型,进一步了解人类获取自然资源、利用自然资源的行为。同时,这些保存在遗址里的植物遗迹还可以用来测年,为确定遗址地层的准确时代提供物质载体。

动物化石是环境考古学研究的重要实物证据之一。遗址里的动物化石能反映人类与动物之间的关系及当时的生态与气候因子背景。而对古人类生产生活背景的恢复主要涉及野生生物种类、养殖和捕捞、动物栖息、生活习性、季节特征、年龄性别,以及动物资源的规模、屠宰运输和重新分配等。这类数据还可以提供当时生产活动的技术含量和效率、人口数量、气候信息、贸易规模等。

近年来,从分子尺度了解了人类化石的古 DNA、古蛋白质、类脂化合物等,用于研究人类的起源和迁移,动植物的家养和驯化过程及早期农业的发展,考古点动植物残骸的精确鉴定,新的测年技术及古气候的变化等与考古学相关的许多重要问题(赖旭龙,2001)。通过同位素分析和微量元素分析,了解古人类与古环境之间更深层次的信息,如人类体质特征与气候、土壤、植被、地貌关系;提供关于人类营养、饮食、体质、病理及体育锻炼等信息。总之,在过去的 20 多年里,多学科、多指标、高分辨、成系统的区域性对比研究方法越来越为全球变化研究者所重视。另外,由于区域古环境变迁的协同性,不同指标的变化,其内在机制虽然存在差异但外在特征具有高度的一致性,这就可以用不同指标对某一区域的古环境变化进行参照性研究,以便进行不同环境代用指标的比较研究,从中找出异同点、取长补短,从而提取出更精确、更客观的古环境变化规律和特征(Zhou,et al,2004)。

## 2.1.3　环境考古的研究对象

从 20 世纪 20 年代早期 Arrhenius 首次发现土壤中高磷含量可以指示史前人类集聚地(Arrhenius O,1929)开始,沉积化学方法迅速成为环境考古学者的重要工具(Arrhenius,1963;Provan,1973;Proudfoot,1976;Sjöberg,1976;Eidt,1977;Woods,1977,1984;Davidson,1986;Cavanagh,1988;Nunez,et al,1990;Quine,1995;Leonardi et al,1999),而且被广泛应用于史前时期的土地利用(Prosch-Danielsen,et al,1988;Lillios,1992)、人类活动的空间结构形式确定(Conway,1983;Dormarr,et al,1991)及遗址的野外发掘和调查(Bjelajac,et al,1996;Terry,et al,2000;Parnell,et al,2001)等研究领域。伴随着各种新理论、新方法、新技术的出现,提取地层中隐含的古环境和人类活动信息的范围在扩大且精度在提高,因而环境考古研究在近 30 年来借助黄土、泥炭、湖泊沉积等载体开展了广泛的古环境研究,获得了丰富的实践经验和科研成果。

### 2.1.3.1　气候变化对人类活动的影响

在人类文明发展的初期,由于人类抵御自然灾害的能力较弱,极端气候变化对人类文明发展的冲击较大(Lius,1999),有时甚至是毁灭性的。大约距今 3 000 a 以前的中美洲墨西哥尤卡坦半岛于 2600~1200 BC 发展起来的玛雅文明在公元 800~1200 年这一时期神秘消失。Jason(1995,1996)等研究认为,气候环境的突变是这一文化消失的重要原因。Hodell 通过 Chichancanab 湖的沉积物进行 S、$\delta^{18}O$、$CaCO_3$ 等环境代用指标的研究分析,得出公元 585 年、公元 862 年、公元 986 年、1051 年和 1391 年分别存在若干极端气候事件。其中,公元 585 年这一气候极端干旱时期与玛雅文明的衰落期相吻合。

Michael 等(1997)通过对湖泊沉积物有机质含量、$\delta^{18}O$、$^{14}C$ 测年等指标的研究发现,在 1500~1100 年,Titicaca 湖及其周围的 Bolivian-Peruvian 高原气候湿润,该区在这一适宜气候条件下出现了发达的农业,人口增长,人类文明得以长足发展。1100~1400 年,该区气候发生突变,极端干旱的气候使该区农业产量下降,土地荒芜,Bolivian-Peruvian 高原地区的人类文明开始衰落。

Gary 等(2007)研究了华盛顿州的 Marmes Rock Shelter 考古遗址地层的土壤化学特征和 $\delta^{18}O$、$\delta^{13}C$ 指标的变化,揭示了该区 9 000 aB. P. 暖干的气候特征,这一气候特征一直保持到全新世晚期才趋于冷湿。但是 Snake River 下游峡谷由于非线性的地质和成土过程,本区古土壤的湿度和温度的转换得到一定的缓冲,从而影响到当地居民的农耕、渔猎和采集策略,从而减小环境变迁对当地人类食品供应的影响程度。

Fryxell 等(1963,1964)曾试图在华盛顿州建立遗址之间的第四纪环境与人类适应的模型。Rober(2004)在中美洲的萨尔瓦多 Sierra de Apaneca 建立了 8 ka 以来的植被、气候和人类活动的对应序列。认为该区在中全新世(8 000~5 500 aB. P.)时期的低地(200~250 m)为热带植被类型,平均气温比现代高出约 1 ℃,此后气候开始变凉。在此过程中人类的影响贯穿始终,但在 1 520 aB. P.,Tierra Blanca Joven 火山爆发后人类影响显著下降。

Philipp(2001)等通过沿撒哈拉东部一系列古湖泊盆地面积的测量及对湖泊沉积物所做的沉积学、地球化学测试结果并结合考古发掘的研究表明,9 400~3 500 aB. P. 期间古湖泊的演化阶段(湖泊面积从无到有、由小到大,直至消失)与研究区 6 300~3 500 aB. P. 期间根据陶器类型不同分区的四个人类文明阶段相吻合,验证了在撒哈拉东部地区人类文明与环境变迁之间的耦合关系。

### 2.1.3.2　生态环境与人类活动的关系

既然人类自身属于生态系统的一个环节,那么不单是环境变迁对人类活动造成显著影响,人类活动同样可以对整个生态系统的稳定产生深刻反馈作用。生态环境的恶化有时是自然成因的,有时却是人类不合理的生产、生活活动造成的。非洲的撒哈拉地区在 8 kaB. P. 就已经开始了对植物的培育与利用(Fred,1999)。当时的农耕与剧烈的生产活动可能是现代撒哈拉沙漠地区生态恶化并导致沙漠面积不断扩大的原始动因之一。叙利亚西北部的 Ghab 大峡谷地区的孢粉研究结果显示,9 000 aB. P. 以来,该区常绿橡树林遭到人为大规模的破坏,改变了该区 14 500 aB. P. 以来长期保留的森林和地貌景观,进而使该区的湖泊生态破坏、土壤侵蚀加剧,致使当地生态系统功能性崩溃。

Brain 等(1988)认为人类大约在 50 万年前就开始用火,在人类经常用火的地区,周围的生态环境就可能发生显著变化。0.5~0.9 MaB. P.,火的广泛使用及猎杀大型食肉动物等激烈的人类活动破坏了非洲的生态平衡,导致植被的破坏与土壤肥力的下降,在相当大的程度上改变了区域性气候因子(Burchard,1998)。有研究表明,在植被良好的地区,特别是森林覆盖地区的气温要低于无植被覆盖的裸露地区的气温。相应地,受人类活动影响的区域下垫面性质的改变必然导致地区气候的变化。

Dodson 等(1999)分析了 3 kaB. P. 以来卡罗来纳群岛西部雅浦岛(Yap)的孢粉时间序列记录,结果表明,3.3 kaB. P. 以来雅浦岛上的人类大肆烧荒垦田,严重破坏了当地的植被。致使当地的原生植被被 Sawana 植被取代,同时也改变了原生成土过程和土壤化学过程。在英国和德国发现的 220~200 kaB. P. 间冰期的一个温带森林阶段里出现的短暂森林植被退化现象,以及法罗群岛植物大化石的 AMS[14]C 测年和木炭、火山灰碎屑对岛上早期人类和环境的影响及人类最早居住的时间进行了研究,结果表明,乡土动物物种(绵羊、山羊)的引入最早始于公元 700 年,这些牲畜的引入加速了当地乡土植物物种的退化,食草动物的引入及气候的恶化导致了大量树林的破坏,植被的破坏进一步加剧了环境的恶化。肇端于公元前 3 000 年的印度河文明,由于刀耕火种破坏了原始生态平衡,造成原始森林的大面积破坏。生态平衡的崩塌导致沙漠化,最终导致古印度河文明的衰落。

人类活动产生的甲烷气体对大气成分的影响不仅仅是工业化以来的事件,Ruddiman 等(2001)提出,工业革命之前,由于人类原因造成的甲烷气体增加的份额占到 25%,基于这个前提,Ruddiman 探讨了 5 ka 以来冰芯记录的甲烷含量变化的演化图式。如果用非人工原因来解释甲烷气体在全新世中期以来的变化特征,则与当前所掌握的证据(泥炭沼泽和热带湿地的扩张)并不符合。而人类早期的水稻种植因为效率较低而向大气输出大量甲烷气体在数量上是合理的解释,如果大面积用于种植水稻的田地由于洪水泛滥导致了产生甲烷的泥炭沼泽,那么大量的甲烷同样与当时较小的人口规模不成比例。显然,史前时期人类虽然没有通过直接方式向大气输送甲烷气体,但间接通过农业生产方式增加了甲烷的浓度,改变了大气成分和生态环境。

### 2.1.3.3　考古遗址古地貌重建

Katleen 等(2007)研究了叙利亚东北部卡巴尔(Khabur)流域上游的考古遗址的冲积地貌环境背景。认为在公元前 4~公元前 3 世纪沿 Jaghjaph 一带有森林和沼泽带存在,而目前该区则为夏季河流断流的不毛之地。在公元前 2500 年后他根据地层沉积得出的河流流速减小、河流改道信息,推论当地开始出现干旱化特征,公元 9 世纪后沉积层开始出现短暂间歇性冲积层表明气候出现明显干湿跳跃性波动。结合对当地考古遗址发掘出的灌溉沟渠等遗物的对比研究,作者认为公元前 5 世纪、公元前 4 世纪、公元前 3 世纪中期的河水间歇性断流与人类的造坝引水灌溉活动有密切关系。

Meena 等研究了美国新墨西哥州 Folsom 考古遗址第四纪晚期风尘堆积中保留的曾为可耕地的蜗牛化石中的 $\delta^{18}O$ PDB 含量从+2.7‰(高于当现代值)迅速下降至−3.6‰(介于现代值范围)。样品测年值为 10 500 aB. P. 基本可以对应新仙女木期的气候变化。而湿度的增加、温度的下降与降水中 $\delta^{18}O$ 的减少导致同时期蜗牛活动的组合关系解释了蜗牛贝壳中 $\delta^{18}O$ PDB 含量的变化。同时,贝壳中 $\delta^{13}C$ 含量在不同的遗址中表现为−7.3‰~6.0‰,并未达到现代贝壳中 $\delta^{13}C$ 含量的负向低值,表明 Folsom 遗址 C4 植物的比例在大约 10 500 aB. P. 比现在高得多。这与由其他证据得出的本区同时期高比例 C4

植物的结论完全吻合(Connin,et al,1998;Holliday,2000)。

新石器文化时期人类的居住场所有许多岩石洞穴,这些洞穴中沉积物的堆积特征往往可以反映人类居住地貌的基本特征。国外许多文献研究了洞穴沉积物及沉积物中的人类遗物,进而用以判断古人类对居住环境的选择和原有洞穴地区和洞穴内的地貌概况(Kukla,et al,1958;Trudgill,1985;Campy,et al,1992;Farrand,2001)。Spirálka Cave位于捷克首都布拉格的东南部,Šroubek等(2007)用磁化率、重矿、地层样品烧失量和粒度指标,结合历史记录和当地的气候记录恢复了近600年来该洞穴的沉积地貌变化与区域环境变迁的关系,相关数据表明洞穴沉积变化与区域气候变化和洪水泛滥的周期有直接关联。

从上述内容可见,国外环境考古的落脚点一般基于典型考古遗址地层结合流域布设的点网体系建立宏观古环境和古地貌的恢复研究工作。另外,可用高分辨率的采样和最新的测试技术获取高精度的古人类活动和气候变化的多指标体系以构建精确的区域性人地关系框架。但大区性的遗址空间分布研究并不突出,这与西方国家新石器文化时期人类活动遗址集中区的零星分布特征有关。

## 2.2　我国环境考古研究概况

环境变迁与人类活动的关系研究在我国很早就受到关注。自20世纪60年代以来已经在许多考古遗址开展了环境考古研究(周昆叔,1963;贾兰坡等,1977;王开发等,1980),而竺可桢(1973)利用翔实的考古和历史资料,论述了黄河流域5000年来气候变化及其与人类文化发展之间的关系,可谓以文献考古资料恢复古环境变化特征研究的典范之作。

20世纪80年代初期,欧美环境考古学的理论和方法被介绍到中国,许多地区开展了环境考古研究。该时期环境考古研究的内容以探讨古文化遗址的生态环境为主,还包括对聚落变迁与地理环境变化关系、遗址内动植物遗存的分析等内容(周昆叔,1991;田广金等,1991;方金琪等,1990;柯曼红等,1990;巫鸿,1987)。1987年在北京平谷上宅遗址的发掘过程中,学者们引入了"环境考古学"的概念,并开展了上宅遗址的环境考古学研究(周昆叔,2000)。之后的20余年,环境考古逐渐成为考古学和第四纪科学的一个主要研究方向。在国内,涉及新石器文化时期环境考古研究的主要内容如下。

### 2.2.1　古气候变化与人类关系的重建

西北地区一直是我国第四纪气候变迁研究的热点地区,20世纪90年代尹泽生等(1992)对中国西部干旱区全新世环境变化及人类文明兴衰进行了研究。认为在距今11 000~5 000年,研究区域气候转暖,人地关系属于自然有序型。距今8 000~2 200年,相对优越的地理环境为史前人类活动提供了很好的发展条件,人类的活动地域扩大,生产力水平有较大的提高,社会关系多样化,人地关系变为依附型。距今3 500~100年,气候转暖变干,区内出现土地沙化,人类社会在获得发展的同时,也导致环境恶化。这时期的人地关系为顺应、干预型。距今100年来的人地关系为制约开发型。熊黑钢等(2000)对塔里木盆地南缘10 ka以来的人地关系研究的结果与上述结论类似。莫多闻等(1996)通过沉积环境研究了甘肃葫芦河流域中全新世环境演化及其对人类活动的影响。水涛（2000）则认为甘青区青铜时代农业经济转变为不发达畜牧经济的直接原因在于 4 kaB. P. 开始的新冰期的影响。

陆巍等（1999）重建了中原地区 12～3 kaB. P. 的古年均气温和古年降水量曲线，建立了反映古文化与古气候的数学模型，模拟了关中地区史前文化繁荣的气候条件是年降水量>500 mm，年均温>13 ℃。

长江中下游地区是中全新世以来洪涝自然灾害研究及环太湖地区的遗址高度与海面变化关系研究的重要方面。朱诚等（1996，2001，2003）、张强等（2001，2003）通过对上海马桥遗址的研究发现，良渚文化末期（4 000 aB. P.）突然消失的原因是长江三角洲出现的大规模洪灾造成的。太湖东岸平原苏州草鞋山的研究表明，5 365 aB. P. 和 5 160 aB. P. 孢粉组合中木本植物和喜湿的蕨类植物急剧减少，旱生草本植物迅速增加，沉积物以粗沙为主，表明了研究区出现过两次短暂的干旱事件。干旱事件导致了崧泽文化的衰落（于世永，1999）。江大勇等（1999）对河姆渡遗址研究显示，古环境的演变与河姆渡古人类的不同发展阶段可以对比：缓慢降温之后的急剧升温过程是引起人类文化面貌发生重大改变的重要因素。

20 世纪 90 年代以来，配合长江三峡工程抢救发掘了一大批考古遗址，朱诚等（2002，2005，2008）、张芸等（2001）、张强等（2001）对长江三峡地区 5 000 年来的人地关系从洪水、气候变化、人类生产生活等方面进行了深入探讨，重建了近 5 000 年特大洪水的发生规律。孢粉指标变化特征表明，三峡地区东周时期—汉代为凉干的气候特征；此后该区的大洪水导致了大宁河地区文化层的中断。尔后，人类活动加速了水土流失的速度。

此外，靳桂云（1999）、杨晓燕（2003）分别深入探讨了华北红山文化、小河沿文化的兴衰与气候环境的关系；青海齐家文化区喇家遗址文化地层与古代灾害事件的对应关系。张振克等（2000）则结合流域的 Fe、Al 含量的变化特征对洱海地区人类活动遗址特征进行了研究。

## 2.2.2　古人类遗址空间分布与遗址地貌特征研究

赵济等（1992）研究了胶东半岛的贝丘遗址认为，全新世贝丘遗址废弃的原因包括两个方面：海退和大汶口文化的东扩。夏正楷等（2000）对赤峰西拉木伦河流域古文化演变的地貌背景进行了研究，表明该流域地貌发育过程造成了史前文化遗址在垂向上的分布格局。较老的文化遗址分布在位置较高的地貌面上，较新的文化遗址主要分布在位置较低的地貌面上。同时，西拉木伦河流域黄土覆盖面积的变化和沙地的进退直接影响史前文化的水平迁移。胡金明等（2002）则探讨了同一地区人地关系的耦合系统及其空间变迁的特征。

莫多闻等（2000）对北京王府井旧石器晚期遗址的形成进行分析后认为，在早期文化层形成后，相对温暖的自然环境，造成古永定河的泛滥，迫使古人类向高地迁移。之后随着气候变为温凉，人类遗址上的文化层重新恢复，因而形成上下两个文化层。李月从等（2000）研究了河北徐水县南庄头遗址的上下覆盖关系，分析了文化层的组合与当地自然环境变迁的互动特征。

内蒙古的岱海、黄旗海附近分布着不少新石器文化时代的遗址,且文化遗址的分布随岸线的变化而变化(周廷儒,1992)。田广金(2000)分析了岱海老虎山剖面的地层特征认为,中国北方季风尾闾区季风东西摆动而其考古文化呈东南—西北摆动的规律,与季风的摆动规律大体一致:在夏季风强盛时,中原文化北上,东部文化西进;冬季风强盛时,干旱区文化南下和东进。朱诚等(2006)研究了苏北地区新石器文化时期以来人类遗址的空间分布规律,发现青莲岗时期用遗址分布恢复的海岸线与地层学研究的结果不符,周时期的遗址分布平均海拔有所增高的规律,这可能对应当时的高海面海侵事件。

黄光庆(1996)研究了珠江三角洲贝丘遗址,认为遗址古文化层的兴废与高海面和海侵有直接关系。而翁齐浩(1994)认为珠江三角洲不同经济类型和文化类型的产生与演变是与当地全新世气候变化,特别是海侵、海退过程变化相一致的。此外,黄润等(2005)对淮河流域,高华中等(2006)对山东沂、沭河流域的新石器时代人类活动遗址的空间分布进行了研究并探讨了与环境变迁的关系。

### 2.2.3　人类活动与农业生产关系

20世纪90年代以来,作为交叉学科的环境考古学不断引入其他学科的手段和理论拓宽研究领域,其中通过人类遗址发现的作物残留物类型如孢粉(姜立征,1998;靳桂云,1999),动物骨骼釉质的碳、氧同位素(胡耀武等,2005;田晓四等,2008)和植物硅酸体(吕厚远,1989;王永吉,1992)判断古人类农业生产的方式和作物类型相应地推断当时的气候背景特征,并且用当时人类的食物结构推断当时的社会文化特征(宇田津彻郎等,1998)。

另外,用于第四纪地层学研究的地球化学、地球物理和生物地层学技术的应用也极大提高了遗址地层中古土壤学研究及其农业生产背景和古气候意义(邓兵等,2004;杨用钊等,2006)。

近20年来,我国环境考古主要集中于考古遗址古环境恢复、古文化的转型和气候环境的对应耦合关系、农业起源及其人类活动的时代特征等。从区域上看,环境考古开展较多的地区集中于华北区和东南区,而西南地区、环洞庭湖和汉江流域则相对薄弱。在研究的遗址时段方面,多关注中全新世以来的古环境与人类关系而很少涉及8 kaB.P.以前的遗址研究。这表明,我国的环境考古研究在地区上主要集中在黄河流域和长三角地区,在内容上侧重于文化变迁与环境演变的关系。而长江中游地区的环境考古及典型遗址研究尚处于起步阶段,尤其是中全新世环境变迁背景下人类活动方式的转变、环境变迁在文化类型变异过程中扮演的角色和二者之间关系研究亟待深入。

# 2.3　汉江中上游环境考古的科学意义

## 2.3.1　本书研究内容

全新世是人类活动迅速发展的时期,在过去全球变化的研究中,全新世环境演化与人类活动发展的关系是一个关键课题,全新世环境演化与人类活动的关系也是世界气候影响计划研究的主要内容之一(王鼎新,1990)。新石器中后期(中全新世)是全新世气候转型的时期,也是我国人类社会从新石器时代向文明社会过渡的门槛时期,弄清 6.0~3.0 kaB. P. 环境变迁对人类社会的影响,是了解环境变迁与人类活动相互关系的重要内容。

在整个中国历史上,汉江一直是一条沟通南北交通的要道(张光直,2002)。其中,上游地区地形相对封闭,北靠秦岭、伏牛山,西连大巴山,南依神农架、巫山,东有大洪山、桐柏山。但该区并不闭塞,溯汉江可西去汉中、关中,过襄阳可达南阳盆地、中原,顺江而下可抵江汉平原、长江中下游地区。同时,这里是我国地形第二、第三阶梯的过渡区域,气候温和、植被繁茂、土壤肥沃、交通便利是我国史前文明的重要发祥地之一(高星,2003)。中全新世(仰韶文化中后期)以来,本区先后出现了大溪、屈家岭和石家河文化等较为完整的新时期文化序列,而研究该时期环境变迁与人类活动关系,是长江中游环境考古的重要组成部分。

全文共分 8 章。第 1 章绪论。第 2 章介绍环境考古研究现状及科学意义。第 3 章汉江流域自然地理概况,介绍了研究范围,汉江流域的地质概况、地貌特征、气候特征及气候植被演化的自然地理背景。第 4 章汉江流域新石器时代文化遗址考古地层研究。以汉江上游郧县境内的辽瓦店遗址和丹江下游的凌岗遗址为例,通过剖面地层的地球化学、粒度、磁化率、重矿等指标恢复遗址地层所记录的不同文化时期环境变迁、人类活动信息。考虑到遗址中关于文化断层(文化地层缺失)的存在,尝试用生态承载力模型模拟恢复当时的生态承载力系数,借以恢复在地层资料缺失条件下人类活动强度,并与当时的气候和地貌条件结合,探讨文化断层期的人类活动强度和文化断层出现的原因。第 5 章是对三个新石器文化时期的生态承载力研究。基于神农架大九湖地区的气象资料,利用马春梅(2008)在神农架地区采集的地表孢粉资料和大九湖泥炭地层的孢粉谱系,用逐步回归法建立汉江区域 6.3~3.8 kaB. P. 气温和降水变化曲线,以此为基础构建汉江中下游地区中全新世不同文化时期的生态足迹和生态承载力的半定量数据,通过模拟结果从物质资料承载能力角度探讨人类社会繁荣和萧条与环境变迁的相关程度。第 6 章,从有代表性的大溪文化期、屈家岭文化期、石家河文化期等已经发现的遗址地理位置、海拔讨论其空间分布在时间轴上的变迁规律。用趋势面方法拟合三个文化期遗址分布的空间趋势,然后与该区地貌、气候变迁的阶段特征做对比,探讨人类活动范围的变化与气候变迁的耦合关系,以及从大溪文化时期、屈家岭文化时期、石家河文化时期汉江中下游地区人类活动对自然环境的影响,揭示人类活动受地貌、气候变迁及湖面涨缩特征等因素影响的程度。结合已有研究资料,对江汉平原为中心的汉江中上游地区 6 kaB. P. 以来地质条件、地貌变迁、气候变化和植被覆盖类型进行综合归纳。利用神农架大九湖的 TOC 和孢粉指标记录的区域性气候变化序列与其他指标揭示的同期东亚地区冬夏季风强度、全球气候变化特征观察汉江流域气候变迁背景。同时,根据考古文化序列观察每个文化时期对应的地貌、气候和植被特征。第 7 章基于前述讨论内容,讨论汉江流域新石器文化发展与环境变迁的互动关系。第 8 章结论与展望。

### 2.3.2　本书的研究意义

从大区上看,汉江中上游地区属于长江中游盆地考古分区的核心区域,因为楚文明是中国古代最强大、最出色、文化程度最高的文明之一(张光直,2002)。而且该区在史前时期有完整的新石器文化发展序列:大溪文化(4.3~3.0 kaB.C.)、屈家岭文化(3.0~2.6 kaB.C.)、石家河文化(2.6~2.0 kaB.C.)等三个时期的文化遗址和夏代至东周的文化遗存在鄂西北、豫西南的汉江中上游均有分布。20 世纪 70 年代以来,在鄂西发现了古人类化石,包括郧县梅铺龙骨洞和郧西白龙洞的牙齿化石;80 年代在郧县学堂梁子发现了著名的郧县直立人头骨化石和石器(高建,1975;吴汝康,1989;Li,et al,1992),表明该区是古人类和古文化发源的重要地区。然而从已发表的文献看,中全新世(6.5~3.8 kaB.P.)以来,汉江流域的环境考古研究相对不足(杨晓燕,2003),更缺乏典型遗址的专题研究(朱诚等,2007)。

进入 21 世纪,南水北调中线工程开始实施,丹江口水库作为源头水库需要扩容增加蓄水量,新的库区淹没区范围内的郧县、淅川、邓州等县市对新石器以来的文化遗址进行了保护性发掘。出土的大批文物和遗址地层的研究成为该区中全新世以来环境变迁与人类活动关系研究的第一手资料。本书对鄂西北、豫西南地区的汉江中上游流域业已发现的新石器时代的文化遗址的地理位置和海拔,用将今论古的方法讨论该区人类活动空间分布在时间轴上的变化特征,及江汉地区进入石家河文化时期的复杂社会期后在即将进入文明门槛之际,文明突然中断现象与环境变迁的关系;以神农架大九湖泥炭氧同位素揭示的鄂西地区的气候变迁信息,探讨该区不同文化时期的生态承载力;最后以郧县辽瓦店遗址和淅川凌岗遗址地层的地球化学指标、磁化率和粒度指标作为验证时空分布、生态承载力结论的实证研究。

从已经发表的环境考古文献看,环境考古工作在我国多集中于黄河流域、辽河流域和长江三角洲地区,其他地区的工作相对滞后(杨晓燕,2003)。近年来,由于长江三峡大坝建设而开展的抢救性遗址挖掘,使长江三峡地区的环境考古成为热点(朱诚等,2003,2005,2008;张强等,2003,2006;张芸等,2003)。长江中游地区在从新石器时代进入文明社会的过渡期曾扮演着我国史前文明发展的重要角色,但目前已开展的工作除了出土器物的统计、定年和社会学研究外,通过典型文化遗址从地层序列角度进行的环境考古研究还是空白。因此,文明探源工程二期也增补该区的史前文明环境考古作为重要的研究内容。

从研究方法上,除了遵循空间分布研究、典型遗址研究、关键地层研究外,尝试用史前研究区域的生态承载力和史前人类活动的生态足迹概念对环境变迁与人类活动的耦合关系进行讨论。从承载人类社会文明发展的物质基础角度,审视中全新世时期人地关系的互动机制和汉江中上游地区文明发展与其他文明发展的物质和信息的传递方式。另外,考察环境因素在人类社会文明转型期的作用,讨论人类社会活动的急剧变化是否为人类对环境变迁反馈作用的直接体现。

### 2.3.3　本书的研究思路

遗址的空间分布研究不仅可以反映某一文化时期的地貌、气候特征,也可以反映社会复杂程度和由此衍生出的聚落空间布局特征,从而可以恢复某一时期人类活动对自然环境变化的响应关系。而将不同文化期遗址空间分布特征串联起来,则形成了区域人类活动的时空系统,将其与气候、地貌等自然地理环境变迁时间序列做对比,便可获得相对完整的人类活动与环境变迁的互动机制的时间序列,这样就可对研究区内某个时段的人类活动进行探讨。近年的考古遗址时空分布研究区域集中在环太湖地区(张强等,2003),淮河流域(黄润等,2005),江苏省(朱诚等,2006)、湖北省(朱诚等,2007)、沂沭河流域(高华中等,2006),不但获得了翔实的基础资料,而且对上述地区的环境变迁有了新的认识。

基于已经公布的人类活动遗址的地理坐标和高程参数,探讨了人类遗址的空间分布在时间轴上的演化特征,并与本区的环境变化序列相对比。另外,目前关于生态承载力研究中常以生态足迹(特定发展阶段某区域一年内人均消费的土地生产力指数)为基础,推算区域发展与生态环境的和谐度,本书尝试用生态足迹指标探讨本区人类活动生态足迹与环境变化的一般特征。然后用大九湖泥炭地层获取的环境指标中的气温和降水序列,从生态承载力的角度,构建不同文化阶段的生态承载模型。并以此模型模拟的生态承载序列与人类活动的生态足迹做比较研究,进而分析汉江中上游地区自中全新世以来人类活动与环境变迁的耦合关系。

在得出研究区人类活动与环境变迁的一般关系后,利用汉江上游辽瓦店遗址和凌岗遗址的地层资料进行实证研究,来检验前述一般规律的正确性,完成从理论到实践的回归。

而上述目标的实现需要完成三方面的技术性工作:

(1)资料收集。

首先是研究区域考古遗址地理参数的收集整理工作。本书涉及的人类遗址跨湖北、河南两省,三个新石器文化时段至东周时期的文化遗址数量较多,而且分别发表在自 20世纪 60 年代以来的《考古学报》《考古》《江汉考古》《文物》《史前研究》《文物集刊》《中原文物》等刊物上,查阅文献的工作量大。其次是研究区内多年气候资料的收集,用以拟合区域内气温和降水的时间序列。最后是收集本区已有的古地质、地貌、气候变迁的研究成果,以便较完整地恢复 6 kaB. P. 来研究区内的自然地理环境变化特征。

(2)野外采样与指标测定。

当前,因丹江口水库扩容而展开的遗址抢救性发掘正在进行,野外采样主要与兄弟院校合作,两个遗址分别选在汉江上游郧县境内的辽瓦店遗址和丹江下游的凌岗遗址(位于河南淅川县境内),并获取了两个遗址典型探方采集的样品。样品采集严格按照量测准、地层全、无污染、取样细和重视关键层与当地地貌环境特征绘图等原则完成。样品经分样、称重后,进行样品前处理然后送交实验室测试。根据相关文献给出的方法,做到样品称重精确、添加试剂适量、操作程序正确、可疑样品重做,以获得客观准确数据,为理论分析进行扎实准备。本书通过实验室完成的测试主要是质量磁化率、粒度、重矿、氧化物百分含量、元素含量及孢粉鉴别等。

(3)数据处理。

众多的数据分析需要通过因子分析法来进行数据分类和主成分遴选,才能剔除冗余数据,将众多的人类活动和环境变迁要素融合到主成分中,进而利用有限的数据组对讨论议题进行分析。空间分析主要利用遗址点的地理信息借助 Arcview 软件的空间分析功能通过空间插值方法,实现众多遗址点空间分布特征的分析和信息提取。不同文化时期生态承载力模型的建立,需要先利用区域环境的温度、降水序列,采用逐步回归方法建立某一文化时期的生物第一生产力方程,然后根据十分之一定律和汉江中上游地区的土壤、植被类型给出理想化的区域生态承载力模型。其中要用到的软件分别是:SPSS13.0;ARC-VIEW6.0;STATISTICA6.0 等。制图软件主要借助 MapInfo8.0 和 CorelDraw13.0 完成。

# 第 3 章　汉江流域自然地理概况

## 3.1　研究范围

　　汉江流域在行政区划上分属陕西、河南和湖北三省,从目前已经发现的新石器文化中、后期人类活动遗址看,这些遗址绝大多数都分布在汉江上游的鄂西北、其支流丹江流域的南阳盆地和汉江的中下游地区。本书的研究范围主要是汉江流域在湖北省内的地区和南阳盆地的西南部,不涉及该流域的陕南地区。具体地,研究范围所在地市为:湖北境内的十堰、襄樊、随州、枣阳、荆门、孝感和潜江、仙桃、天门、武汉及河南的南阳市西南部。另外,由于大溪文化时期(6.3~5.0 kaB. P. )遗址数目相对较少,但考虑到该时期分布在汉江流域的人类遗址与长江中游的宜昌、荆州的大溪文化遗址的同根同源性,所以在对大溪文化时期的遗址点进行空间分析时一并划入研究区域。本书的研究区域如图 3-1 所示。

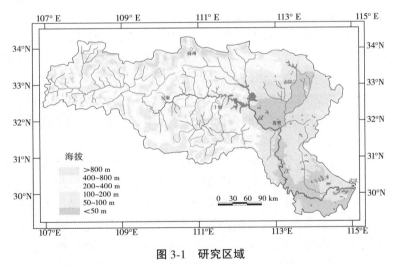

图 3-1　研究区域

## 3.2　汉江流域的自然地理背景

### 3.2.1　区域地质概况

#### 3.2.1.1　地质基础概况

　　汉江流域按地层性质和分区可以大致分为以下三个亚区。

　　1. 鄂西北亚区(房县、襄樊、安陆以北)

　　本地层区元古界广泛分布,下古生界特别发育,大部分岩层有轻微变质,上古生界不发育,缺失三叠系、侏罗系。其中,郧县、郧西一带以变质的火山碎屑为主;随州、应山一带属于浅变质岩区,夹有白云岩和灰岩等。震旦系下部为变质的中基性火山碎屑岩,下古生界厚度可达 6 308 m。

**2. 汉江中下游亚区**

本区地层与鄂西北区的前古生界地层相同,但下古生界碎屑多、厚度大,侏罗系—白垩系夹多层火山岩系。白垩系—第三系内陆红色沉积(紫红色砂砾岩、砂岩、泥岩)主要在江汉平原,其次为南阳盆地南缘的新洲、随州、丹江口等断陷盆地。下白垩统上段为石门组(砾岩、砂岩、粉砂岩等),下段为五龙组(砂岩、泥岩等);上白垩统下段主要有两组地层:红花套组和跑马岗组,其上段为罗镜滩组,岩性多为砾岩、泥岩和粉砂岩。第四系广泛分布于江汉平原及盆地河流两侧,由砂、砾石层及黏土层组成,鄂西山地及大别山等地有第四纪冰碛物堆积。

**3. 南阳盆地亚区**

南阳盆地位于秦岭造山带东段,秦岭造山带为多阶段、多期运动的复合造山带,其基本构造格局是:①华北板块南缘构造带:由基底和盖层两部分组成,基底为太古界太华群盖层,包括中元古界熊耳群火山—沉积建造、管道口群和汝阳群、新元古界栾川群、洛峪群、陶湾群等。②北秦岭构造带:是南阳盆地区主要的地质构造单元之一。南以西官庄—镇平断裂为界,北以栾川断裂为界。主要沉积建造包括秦岭群、二郎坪群、宽坪群、峡河岩群和二郎坪群,主要的区域性断裂有瓦穴子断裂、朱夏断裂等。③南秦岭构造带:南阳盆地只包括了其北部的一小部分,指西官庄—镇平断裂以南的南阳部分,由基底火山岩系和被动陆缘浅海碳酸盐—陆缘碎屑岩建造盖层三个次级构造单元组成。三个构造单元之间以三条区域性巨型断裂带为界,自北而南依次为三门峡—鲁山断裂;栾川—维摩寺断裂;西官庄—镇平断裂。南阳地区地质结构表现为南北分野、变化较大、东西相对稳定延伸、变化较小。一系列平行山链的巨型断裂构造横跨全区,分割了不同的地质构造单元。南襄盆地则是其中横跨秦岭最为重要的一个。

可见,汉江流域地跨秦岭褶皱系和扬子准地台两大构造区,地质构造复杂,从元古代至新生代各时代地层发育齐全,区域内部的构造分异现象明显,从汉江上游的元古代、古生代深褶皱变质区到中下游的第四系沉陷堆积区,叠加了中生代多次大规模构造变动的构造体系,一系列重大地质事件如火山、地震、岩浆、断裂、地陷、岩溶、冰川、矿产及古人类、古生物等遗具有典型意义地质景观,而以 NW、EW 和 NE 为主要走向的断裂体系又将流域内的构造分割为次一级的地质单元,为汉江流域地貌格局奠定了基本骨架。以上诸地质单元的地层分布见图 3-2。

本区侵入岩主要形成于前寒武纪、加里东期和燕山期,其中以燕山期中酸性岩浆侵入为主,其次是前寒武纪侵入。

前寒武纪侵入岩系主要分布在大别山、大洪山、武当山、黄陵背斜和神农架等地。酸性岩包括花岗岩和片麻花岗岩,如大别山和大洪山地区;基性岩包括辉绿岩和辉长岩,主要分布在随州附近的山地和桐柏山区。

加里东期侵入岩体主要分布在竹山、竹溪、郧县、郧西一带,侵入岩多为北西向岩墙和似层状产出,基本为寒武纪和志留纪时期地层,常见岩石有辉长岩、粗面斑岩、闪长岩和花

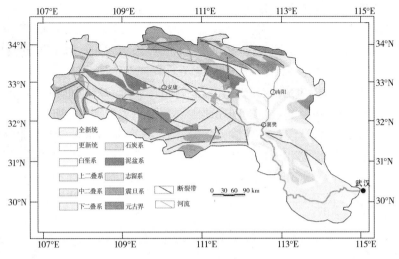

图 3-2　汉江流域地质

岗斑岩等类型。

　　燕山期为中酸性类型,遍布大别山和鄂东南山地,酸性岩主要包括花岗斑岩和二云母花岗岩,侵入方向多沿南北走向。

### 3.2.1.2　构造体系

　　汉江流域构造运动历经太古代末期的大别运动、早元古代的黄陵运动、加里东运动、印支运动、燕山运动、喜马拉雅运动和新构造运动。其中,大别运动、黄陵运动和燕山运动强度大,影响深远,但由于数亿年外力剥蚀,古构造体系对地貌的控制作用已被新构造体系所取代。喜马拉雅运动对本区地层褶皱的形成影响轻微,但断裂十分发育,局部伴随玄武岩喷发。而第四纪时期的新构造运动成为决定当今地貌格局的主导。按其构造形迹特征可将其分为纬向构造体系、淮阳山字形构造体系、新华夏构造体系及华夏构造体系。

　　1. 纬向构造体系

　　在汉江流域主要指秦岭—大别山构造体系,其中郧西—均县构造带为北西向褶皱。竹溪—谷城构造带属于武当山地块的东西向和北西向压扭性断裂。压扭性断裂作用区主要分布基性、超基性和酸性岩体,整个纬向构造带受淮阳山字形构造牵引,自东向西由东西向变为北西向。

　　2. 淮阳山字形构造体系

　　属于中生代以来具有强烈活动规模较大的扭动构造体系,对整个湖北省的地貌格局具有整体控制作用。该山字形体系的两翼自武穴往西北至大洪山在襄樊—房县一带成西翼反射弧,由北西—东西向褶皱和压扭性断裂组成,黄陵背斜为两翼反射弧之脊柱,为北北西宽缓的穹状背斜。

　　3. 新华夏构造体系

　　呈北北东向展布,分布在南漳—远安—枝城以西的广大地区,属于新华夏体系的三个隆起带。分隔四川盆地和江汉盆地。沙湖—湘阴断裂以东属于新华夏构造体系的第二隆起带,介于二、三隆起带之间的江汉盆地为巨型沉陷带,控制了中、新生代沉积,是中国东部新华夏第二沉降带的一部分,占据整个鄂中地区,同样呈北北东布列。南襄夹道实际上是重叠在秦岭纬向体系上的新华夏系第二沉降带的一个小盆地。

4. 华夏构造体系

多呈北东和北北东长条形褶皱体系,主要分布在幕阜山以北、黄石—武汉以南地区,对汉江流域的地貌格局影响不大。

总体上,江汉流域的大地构造分为扬子准地台、中朝地台和秦岭地槽三大块,自新构造运动以来秦岭地槽褶皱隆起成为控制湖北省地貌的框架体系,而处于沉降带的扬子准地台继续下沉形成地势低洼、泄水不畅的汉江凹地。鄂西北地区低缓丘陵和南阳盆地却缓慢上升,第四纪地层受河流下切、分割成为岗地、山间断陷盆地等区域地貌。因此,就汉江流域地貌类型的比例而言,山地占48%、丘陵岗地占22%、平原占30%。

## 3.2.2　区域地貌特征

汉江流域的地貌大体可以分为五个小地貌单元,即上游的秦巴谷地、南阳盆地、中游地区的低山丘陵、起伏岗地及下游的江汉沉陷平原。现分述如下。

### 3.2.2.1　秦巴谷地地貌单元

秦巴谷地地貌单元为秦岭与大巴山中山地区之一部,也是秦岭与大巴山的东延部分,包括秦岭东段分支的鄂豫陕边界群山,武当山,大巴山东段分支的神农架、荆山山脉等。诸山的走向大致为东西或北西西—南东东。它们虽然分属于几个不同的大地构造单元(秦岭低槽、淮扬地盾、扬子准地台),但主要都是受燕山运动影响形成的许多东西向紧密褶皱和深大断裂,在山间断陷小盆地中沉积了第三纪红色岩系。喜马拉雅运动使本区再度抬升,产生了许多东西向的断层,如青峰大断裂。第四纪以来此区地壳仍不断上升,经历过几次山地冰川作用(湖北地方志编纂委员会,1990),现地貌类型以中山为主,海拔800~2 000 m,西高东低,汉江中游河谷许多红岩盆地已被河流切穿贯通,形成峡谷与宽谷相间排列的串珠状河谷地貌。此地貌区内各处差异很大,可以细分为以下几个小区。

1. 秦岭断块低山地貌小区

秦岭断块低山地貌小区位于汉江中游河谷以北,南襄夹道以西,包括郧西、郧县及丹江口市各一部分。其地质构造包括南化复向斜及郧西倒转背斜,前者居北,核部西端出露志留系——二叠系地层,其东端则由寒武系及奥陶系组成;后者居南,为由中上部元古界的变质岩系及少量中酸性岩浆岩组成的复背斜,褶皱紧密。两者轴向均呈北西——南东伸展,与山岭走向一致。区内断层十分发育,其中以北西——南东走向的逆掩断层为主,多围绕武当隆起发育。区内地势北高南低,北部鄂豫陕边界山地海拔700~1 200 m,少数山峰在1 300 m以上。本区岩性主要是硅质石灰岩、千枚岩和片岩,山顶一般比较宽缓,当地称为"坪",如郧西的马坪、芳坪等。

2. 汉江中游河谷盆地和红岩丘陵小区

汉江中游河谷盆地和红岩丘陵小区位于从陕西白河至湖北丹江口的汉江中游河谷地带,南界为武当山北麓,北界到鄂豫陕边界诸山南麓,包括郧西、郧县、十堰、丹江口的一部分或全部。其地质构造属于郧西复背斜的南半翼,出露岩层中有中上部元古界的变质岩系及第三系的红色岩系。汉江谷地及红岩盆地多发育在向斜槽中,地面抬升经流水切割成红岩丘陵地貌。汉江为该区的主要河流,东西横贯其中部,山势低缓,两岸坡度在30°~

40°。峡谷之间为宽谷与峡谷相间分布,自西向东依次有郧县盆地、赵家坝峡谷、安阳盆地、黄家湾峡谷、均县盆地、丹江口峡谷等。盆地内河谷很宽,一般在 2~3 km,郧县附近河谷宽达 500 m,河谷内曲流发育。

以上两个地貌小区的地质基础同为北秦岭东端海西淮褶皱带,北、南、东均被元古界所围绕,为发育在元古界基底上的构造凹陷地带,基底具"地台"特性;盖层属于地槽与地台间的过渡带。全区地势向东南倾斜,除红岩盆地外,大部分为低山和丘陵。

### 3. 武当山断块中山小区

武当山断块中山小区东靠汉江河谷平原西缘,西南抵房县、竹山一线,南临房县青峰镇深大断裂,北到武当山北麓,是以陡峭中山为主的地貌,包括丹江口、郧县、竹山一部。

本区地质构造属淮阳地盾的西延部分,为元古界变质岩系的各种云母石英片岩及绿色片岩所组成,有吕梁期基性及偏超基性岩浆岩侵入,多为沿片理方向的长条形脉状岩体。山脉走向北西—南东,同构造线基本一致。山顶海拔在 1 000 m 左右,山势陡峭雄伟,整个地势由西向东递降。由于新构造运动断块翘起的影响,北坡陡峻、南坡和缓,循地表倾斜发育的河流下切作用强烈,造成山坡深切为横谷和横岭,山地分割十分破碎。堵河从南向北流注入汉江。其他发源于此山地的河流向四方放射流动。

### 4. 竹溪—竹山低山地与断陷盆地地貌小区

竹溪—竹山低山地与断陷盆地地貌小区介于武当山与大巴山东段之间,包括竹溪、竹山、房县各一部分。本区属于南秦岭褶皱带的东延部分,处于秦岭地槽的最东端,构造线大多为北西——南东或北西西——南东东,各处构造形态差异较大,包括竹溪复向斜和竹山断折带单元。地表组成物质主要是浅变质的志留系砂页岩,以及房县附近构造盆地内分布的第三系红色砂岩等类型,以低山与丘陵为主。整体区域地貌呈山间盆地。

#### 3.2.2.2　南阳盆地地貌单元

南阳盆地位于秦岭、大巴山以东,桐柏山、大别山以西,其北端是秦岭东延的伏牛山地,其南是大巴山的东段,盆地南端地势开阔、地形平缓,整体呈马蹄形地貌单元。南阳盆地因其西北为伏牛山的低山丘陵地貌,加之整个盆地开口向南,历来为鄂西北通向中原地区的天然走廊,有"南襄夹道"之称,在地质构造上属于重叠在秦岭纬向体系上的新华夏系第二沉降带的一个山间小盆地。

南阳盆地在地质构造上属于南襄凹陷,在第三纪之前为一外流湖,湖水经襄阳向南注入汉江,后来地壳抬升、河流下切导致湖水全部下泄而形成盆地。第四纪初,该区广泛沉积红土,厚度可达 40 m,盆地边缘只有 7~8 m。第四纪新构造运动将红土沉积抬高,遭受流水切割而成岗地平原。近代沉积物则沿河谷分布,总体地势向南微倾,比高变化很小,一般为 40~50 m。盆地四周附近山麓地带起伏较大,有 70~80 m。平原上留有个别残丘,如南阳的独山。唐河与白河流贯区内,二者在双沟以下汇合注入汉江,本区的丘陵与岗地地区水土流失严重。

#### 3.2.2.3　三北岗地平原地貌单元

此区包括老河口、襄阳、枣阳三地区的北部,地貌类型为岗地平原,故称"三北"岗地平原。在地质构造上处于南襄凹陷的最南部,地面组成物质为第四纪红土,老河口北面出露泥质灰岩、钙质砂岩和沙砾岩等。它们对地貌的影响存在差异,整体地势由北向南呈扇形辐聚,以襄樊为结点地势最低,而其西北面、北面、东北面均较高,汉江由西北而东南,处于此区西南边缘。岗地是此区内分布最广泛的地貌类型,比高不大,岗顶平坦,坡度多在3°以下;岗坡坡度不大,一般只有5°左右,有的地方沟间分水岭地带与谷坡是逐渐过渡的。整体地貌为波状起伏的岗地平原。

### 3.2.2.4　鄂中丘陵地貌单元

本区位于以大洪山为中心的鄂中丘陵地区,介于汉江与涢水之间,含宜城、京山、随州、安陆大部。地质构造属于扬子准地台的大巴山褶皱带的东部,称为大洪山断褶束,包括襄阳—三洋店复式背斜和客河坡—板凳岗复式倒转向斜。前者居东北部,核部由震旦系组成,在断层出露面常可见元古界地层,复背斜中断裂十分发育,以大规模近于平行走向的逆掩断层为主;后者居西南部,互相平行,构造线均呈北西—南东方向倒转,是受燕山运动影响的断块山地。其北部主要是由前震旦系千枚岩、片岩及志留系页岩构成,南部主要是由寒武、奥陶系石灰岩组成,最南端京山一带有志留系页岩出露。第三系时盆地内沉积了红色岩系。红岩沉积受喜马拉雅运动影响抬升,使红岩及更古老的岩层都受到剥蚀,因而形成了剥蚀面。后来红岩上又沉积覆盖了第四纪红土,被流水切割为起伏的岗地。

本岗地地貌区主要集中在北起襄阳、南到京山的大洪山一带,宽为 30~80 km,长约 160 km。区内南部奥陶纪石灰岩地区地貌最高,北部张家集至板桥店以北,山体中断,地势低缓,为第三纪末期准平原面,京山—钟祥段志留系页岩分布区内谷宽坡缓,呈浑圆浅丘地貌。水系呈放射状向四周辐散,而以涢水最大。区内地貌类型主要为丘陵,兼有少数低山。本区以汉江为主体的水系在中下游段多形成谷地平原,现分述如下。

1. 汉江中下游地堑河谷平原小区

汉江中下游地堑河谷平原小区包括襄阳、宜城、南漳、钟祥、荆门、京山局部地区。地堑中为第三系与第四系所充填,两侧古老地层出露,为新构造运动所致。总的地貌形势是南北向延伸的长条状汉江河谷冲积平原,地面比较平坦,平原东西两侧边缘也有被切割的红土岗地及低丘。

2. 涢水河谷冲积平原小区

涢水河谷冲积平原小区位置与汉江地堑河谷冲积平原相反,处于大洪山丘陵以东,沿南北方向延伸。涢水由西北流向东南,经随州附近第三系红岩盆地时,河床平坦,河谷宽广,一般可见二级河流阶地。第一级阶地比高仅 5~6 m,为现代冲积物组成的高河漫滩阶地;第二级阶地比高 20 m 左右,由红土岗组成。

### 3.2.2.5　江汉湖积冲积平原地貌单元

汉江下游湖积冲积平原在地质构造上属于鄂中台断区与下扬子地台褶皱带的一部分,据物探地质资料,大面积第四系覆盖的江汉平原下部基岩构造基本一致。特征为基底断裂发育,有北北西及北东两组方向,它们切割了开阔宽缓的地台型褶皱,并控制了褶皱带的后期发育,从而使此区以穹窿断块、断陷盆地、地堑、地垒等为基本构造单位。地表物质组成为新生代沉积,老地层出露很少。一般边缘部分为红色岩系及红土层,中心部分全为近代湖积冲积层。老地层主要有前震旦系变质岩(板溪群)、泥盆纪砂岩、三叠纪页岩及花岗岩等零星出露于边缘地区,构成孤立丘陵。该地貌单元可分为荆北汉江水网湖积冲积平原小区、荆南水网湖沼平原小区两部分。

1. 荆北汉江水网湖积冲积平原小区

江汉平原本为一个地形区,但由于长江、东荆河、汉江的天然堤日益升高,形成两河天然堤之间的长条形凹地,如四湖凹地、汈汊湖凹地。本区即为东荆河以北,汉江两侧的排湖凹地与汈汊湖凹地水网湖积冲积平原。地质构造属于江汉拗陷的北半部,为北北西与北西西两组基底断裂控制的新生代断陷盆地。第三系与第四系地层十分发育,厚达 2 000 m 以上,地表特别低洼,这是本区地貌的最大特色。汉江自西北向东南贯穿全境,港汊纵横,湖泊星罗,显示湖沼平原的地貌特色。地势以江汉两岸天然堤为最高,向两侧缓降,地表组成物质从粗到细,天然堤部位为油沙土,透水性好,肥力高,多为棉田;低洼地为亚黏土,透水性差,肥力低,多为稻田。

2. 荆南水网湖沼平原小区

荆南水网湖沼平原小区位于东荆河以南,地处江汉拗陷新生代断陷盆地的南半部,地势更为低洼,为江汉拗陷之"锅底",是华中地区地表水与地下水汇集之所在,以长江为主干,东西横贯,包括其北面的四湖(长湖、白露湖、三湖、洪湖)凹地与南面的王家大湖凹地。因大小湖泊众多,愈显示其水乡泽国的湖泊平原地貌特色。区内长江纵比降和缓,水流缓慢,流路曲折,河面宽阔,侧蚀力强,河曲发育,沙洲众多。

区内众多的湖泊包括岗边湖、垸内湖、敞水湖、牛轭湖、决口湖等 5 种不同的基本类型。岗边湖分布于泛滥平原外围,靠近第四纪红土岗地边缘,多作长条形,如四湖中的长湖;垸内湖数量多、规模小,多分布在各垸中最低洼处;敞水湖系平原上的天然水库,原与江河相通,有天然调剂江水的作用,今多已人工修闸,与江湖隔绝;牛轭湖多分布在江河沿岸,为遗弃的旧河曲部分。由于湖泊多,水资源相当丰富,淤积层土壤肥沃,本区为湖北省典型的"鱼米之乡"。

## 3.2.3　流域的气候特征

### 3.2.3.1　气温与降水

汉江流域全都属于亚热带,南北纬度相差约 4°。流域的上游为秦巴山区的中、高山地貌单元,流域中上游地区为山地丘陵和高低起伏的岗地,下游则为地势低洼的江汉平原。复杂多样的地貌类型对气候要素产生再分配作用,使流域内产生多种气候环境。在水平方向上,随纬度的变化从南至北有中亚热带和北亚热带。中亚热带热量丰富,日均温≥10 ℃的积温高于 5 300 ℃,日均温≥10 ℃的连续天数达 238 天以上,最冷月平均气温高 4 ℃,年均降水量 1 200~1 600 mm;而北亚热带广大地区,日均温≥10 ℃的积温值为 4 500~5 300 ℃,≥10 ℃的持续天数为 225~237 天,最冷月平均气温为 1~4 ℃,年均降水量 800~1 200 mm。在垂直方向上,随海拔的变化从下而上依次属亚热带、南温带、中温带乃至北温带。表 3-1 显示,气温随高度的变化十分显著,同时不同地区的差异也十分明显。

另外,由于湖北省的东、北、西三面山脉环绕,对冬季风有一定的阻滞作用,而山岭之间的大小盆地、河谷及不同坡向等的影响,更使气候资源在短距离内相差悬殊。如再考虑湖泊和山区水库的水体效应及各种小气候,流域内的气候特征就更加复杂。

**表 3-1　汉江流域不同地区山系平均气温递减率**　　　（单位：℃/100 m）

| 山区 | 坡向 | 1 月 | 4 月 | 7 月 | 10 月 | 年 | 资料时间 |
|---|---|---|---|---|---|---|---|
| 神农架 | 南 | 0.543 | 0.611 | 0.643 | 0.573 | 0.598 | |
| | 北 | 0.478 | 0.543 | 0.607 | 0.525 | 0.542 | |
| 大别山 | 南 | 0.435 | 0.505 | 0.552 | 0.436 | 0.523 | 1959~1983 年 |
| 鄂西南 | 南 | 0.619 | 0.609 | 0.617 | 0.614 | 0.614 | |
| | 北 | 0.564 | 0.565 | 0.596 | 0.577 | 0.574 | |

　　汉江流域自西北的秦巴山区向东南江汉盆地延伸，东西长约 400 km、南北宽约 350 km，在纬度位置上，位于亚热带北部；在地势上，处于我国第二阶梯向第三阶梯的转折地带，各气象要素呈现出东西差异和南北区别，过渡性特点显著。无论从东西向，还是从南北向均可表现出气候的过渡特征。

　　在降水方面，汉江流域同样表现出南北过渡、东西有别的特征。如汉江流域代表城市在东西方向上，武汉占 40.1%、西安占 38.5%、南昌占 32.6%，这三个城市秋季降水所占比重分别是 18.5%、33.1%、11.5%，过渡特征显著。在南北方向上，郧西春季降水所占比重为 25.3%，长沙和郑州分别是 41% 和 19.3%，而夏季降水量所占比重的过渡特征就更加明显。尽管流域内气候的特征有过渡特征，但从整体上看仍然和我国东部季风区的气候特征一致，即气候指标的四季分配存在差异，冬季干冷、夏季湿热、雨热同期、春秋过渡。

### 3.2.3.2　四季气候特征

　　春季（3~5 月）气温回升较快，冷暖变化剧烈。春季蒙古高压不断衰退，暖空气势力不断增强，入春以后，气温明显升高。各地 4 月的平均气温，北部升至 15 ℃，南部达 16 ℃，与 2 月相比，高出 11~12 ℃，但这时冷高压还有相当势力，冷空气活动仍较频繁，平均每月 3~4 次，遂使春季冷暖空气争雄，气温升降急剧，乍暖陡寒。

　　雨量雨日增多，且南北相差悬殊。由于冷暖空气频繁活动，并受南岭静止锋系的影响，流域内各地的雨量 2 月为 30~70 mm，4 月就增加至 80~200 mm，降水日数达到 12~14 天，且南多北少，其中江汉平原春雨现象突出。但在鄂北和鄂西北，春雨则大为减少。流域内以 31°N 为界，其南北春雨的差别如表 3-2 所示，较为悬殊。

**表 3-2　31°N 汉江流域春季雨量、雨日对比**

| 地点 | 总雨量（mm） | 总雨日（d） | 日照时数（h） |
|---|---|---|---|
| 襄阳（32°02′N） | 253.9 | 33.3 | 466.5 |
| 京山（31°01′N） | 312.5 | 37.8 | 457.8 |
| 荆州（30°20′N） | 336.4 | 40.7 | 425.5 |

　　流域内春季多大风，多由寒潮侵袭引起。瞬时风速 ≥8 级的大风，大部分地区多出现在 3 月、4 月，而汉江中游谷地尤为突出。在鄂西河谷、盆地，周围有高山屏障，春季大风日数较东部平原地区少，极端大风多出现在地势坦荡的江汉平原地区和局部河谷。

　　夏季（6~8 月）初期，流域内常处于西太平洋副热带高压外围，南部海洋上的暖湿空气源源不断地沿副高边缘向北输送,与北方冷空气交汇于江淮流域,形成锋面和气旋,产生强烈的辐合上升运动,使流域内大部分地区出现较强的连续性降水天气,即"梅雨"。如果此时有暴雨发生,则往往由于排水不畅在汉江中下游地区形成洪涝灾害。

盛夏为高温期,常有伏旱出现。从 7 月中旬开始,副热带高压北跳,流域内处在稳定的西太平洋副热带高压控制之下,下沉气流兴盛,雨消云散,烈日炎炎。除去鄂西北和鄂北山地外,流域内日平均气温都大于 25 ℃,日最高气温在 35 ℃以上,而江汉平原和汉江中游谷地的气温更是达到 40 ℃以上。伏旱期流域内常常由于连续 20 天以上滴水不降,形成农业生产的旱灾。但鄂西山地却由于海拔和地形因素气温不高且迎风坡有降水能缓解局部旱情。

秋季(9~11 月)自 9 月开始。此时,大气低层干冷的蒙古高压迅速替换印度低压而成为控制系统,气温下降剧烈。9 月下旬日均气温从 8 月下旬的 27 ℃左右降至 20 ℃左右,一月之内陡降 7 ℃之多。此外,由于冷空气的侵袭,流域内 31°N 以南的地区常出现连续 3 天日均气温低于 20 ℃的"秋寒",对本区的晚稻生长十分不利。9 月下旬,大气低层虽然已是北方冷高压控制,但大气中高层仍是副热带高压盘踞,大气层复杂结构十分稳定,导致了罕见平原地区少雨多晴、秋高气爽。鄂西山地却因地势高峻,地形复杂,入秋以后暖湿气流受山地阻滞,南退缓慢,北方冷空气常常与之交绥,造成鄂西云山雾罩,秋雨绵绵。鄂西山地与江汉平原地区的春秋雨量比较如表 3-3 所示。

表 3-3 鄂西山地与江汉平原地区的春秋雨量比较

| 地区(城市) | | 春雨 | | | 秋雨 | | |
|---|---|---|---|---|---|---|---|
| | | 雨量(mm) | 雨日(d) | 4 月雨量(mm) | 雨量(mm) | 雨日(d) | 10 月雨量(mm) |
| 江汉平原 | 武汉 | 383.1 | 40.1 | 139.8 | 224.6 | 27.7 | 67.7 |
| | 荆州 | 336.4 | 40.7 | 114.2 | 234.5 | 29.0 | 80.8 |
| 鄂西山地 | 竹溪 | 258.9 | 39.8 | 87.3 | 258.7 | 39.6 | 88.0 |
| | 郧县 | 207.7 | 23.4 | 77.8 | 217.2 | 32.9 | 72.4 |

冬季(12 月至翌年 2 月)在稳定的蒙古高压大陆气团控制下,冬季风势力强大,主要气候特点是寒冷干燥。冬季气温为全年最低,1 月平均气温在 3~5 ℃,河谷气温为 5~7 ℃。有的年份因强冷空气突然南下,气温降幅常常达 10 ℃,甚至 20 ℃。极端气温在 0 ℃以下常伴有冰凌和积雪。冬季总体上降水量最少,雨量仅占全年降水量的 10% 左右;雨日也少,平均每月为 5~8 天。

## 3.2.4 主要水系

### 3.2.4.1 汉江

汉江,其源地名漾水,流经沔县(今勉县)称沔水,东流至汉水;自安康至丹江口段古称沧浪水,襄阳以下别名襄江、襄水等。汉江是长江最长的支流,在历史上占据重要地位,常与长江、淮河、黄河并列,合称"江淮河汉"。汉江集水区域遍及陕、川、豫、鄂四省,府河改道后全流域面积为 17.4 万 km²(见图 3-3)。

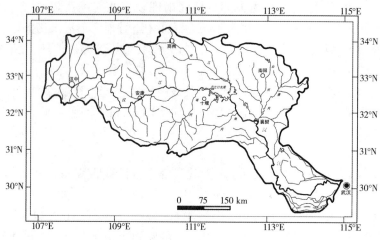

图 3-3　汉江水系

　　汉江发源于陕西省秦岭南麓,有北、中、南三源,其中北源沮水最长,为正源。干流在陕西省境内基本上自西向东流,经白河县后,自郧西进入湖北。丹江口以下,干流折向东南,沿途经过襄樊、宜城、钟祥、天门、潜江、仙桃和汉川等地,最后由汉口龙王庙汇入长江,全长 1 577 km,总落差 1 964 m,其中陕西境内干流长 657 km,湖北境内 920 km。

　　汉江水系呈格子状排列,两岸支流较短,左岸较右岸发育,其中主要支流如表 3-4 所示。一般把丹江口以上河段称为上游,丹江口至钟祥碾盘山之间河段为中游,碾盘山以下为下游。

表 3-4　汉江主要支流情况

| 支流 | 河源 | 积水面积(km²) | 河长(km) |
| --- | --- | --- | --- |
| 夹河 | 终南山(陕西) | 5 670 | 210 |
| 天河 | 天桥洞(陕西) | 1 614 | 79 |
| 丹江 | 赵家湾(陕西) | 17 190 | 310 |
| 唐白河 | 老君山(河南) | 25 800 | 310 |
| 汉北河 | 官桥(湖北) | 8 691 | 242 |
| 堵河 | 大巴山(陕西) | 12 431 | 338 |
| 南河 | 神农架(湖北) | 6 497 | 303 |
| 北河 | 南进沟(湖北) | 1 212 | 103 |

　　汉江上游全长 956 km,积水面积 9.5 万 km²,干流呈东西走向,穿行于秦岭、大巴山之间,沿途峡谷盆地交替,多为基岩河床,河道比降大。干流自郧西进入湖北后,北为秦岭、南为武当山,河流弯曲系数 1.78。中游自丹江口至碾盘山,全长 223 km,区间积水面积 4.5 万 km²,河道流经丘陵及开阔的河谷盆地,平均比降 0.19‰,河床宽浅,水流散乱,有大小江心洲散布江中,属于游荡型河道。汉江接纳南河和唐白河后,水量和沙量大增,河

床时冲时淤,并受两岸山势节点控制,宽窄不一,低水河槽宽为 300~400 m。下游河段,汉江进入江汉平原,本段全长 398 km,区间积水面积 1.8 万 km²,平均比降只有 0.09‰,水流变缓,弯曲系数 1.81,属平原蜿蜒性河道。河床多为沙质,两岸有防护堤紧束。在潜江泽口龙头拐,有汉江分流到东荆河,汛期可分泄汉江部分洪水,最大过水能力为 5 600 m³/s,干流自新城以下,河曲发育,素有"曲莫如汉"之说,且两岸堤距和河床断面呈上宽下窄的特点,所以洪水期往往造成宣泄不畅,极易溃口成灾。据统计,汉江下游干支河堤,1822~1967 年的 146 年共有 73 年发生决口水灾,其中 1931~1955 年的 25 年间,有 15 年溃口。

汉江干流水位与流量变化基本上与降水变化相应,每年 5~10 月为汛期,12 月至翌年 2 月为枯水期,全年中最高水位与最大流量出现的时期,呈现自下游向上游逐步推迟的规律。如仙桃站最大月平均流量出现在 7 月,而上游郧县站推迟到 9 月。在汛期中 6 月相对少雨,因而各测站水位、流量明显低于 5 月。此外,由于受到江水变率大的影响,汉江流量过程极不稳定。如碾盘山站最大月平均流量是最小月平均流量的 7.6 倍。另据洪水调查资料,碾盘山 1935 年最大洪峰流量高达 $5.8×10^5$ m³/s,中游襄阳站为 5.2 万 m³/s,反映了汉江洪水威胁十分严重。

汉江干流年径流量沿途变化与一般河流不同,皇庄站以上,年径流量沿途增加,皇庄站以下下游河段,则沿途减少。

### 3.2.4.2　湖泊

根据汉江流域湖泊分布与湖区地貌起伏及江河水系之间的关系,全省湖泊又可分为汉北湖泊带、汉南湖泊带、荆北四湖湖泊带、荆南湖泊带等,流域内各片内的湖泊自成系统。

1. 湖泊的数量与面积

汉江流域湖泊数量众多,分布密集。受外江水位涨落影响,遇到洪水、相邻的湖泊常常连成一片,大湖套小湖,枯水季节又各自独立。由于千百年来江水泛滥,泥沙冲淤,人工围湖垦殖等影响,湖泊易变,因此该流域湖泊面积和数量极不稳定,表 3-5 是荆门地区湖泊面积的变化记录。

表 3-5　荆门地区湖泊面积的变化

| 年份 | $A≥33$ km² | | $6.6$ km²$≤$ $A<33$ km² | | $0.6$ km²$≤$ $A<6.6$ km² | | $0.1$ km²$≤$ $A<0.6$ km² | | 合计 | |
|---|---|---|---|---|---|---|---|---|---|---|
| | 个 | km² | 个 | km² | 个 | km² | 个 | km² | 个 | km² |
| 1930 | 1 | 187.6 | 1 | 9.6 | 10 | 26.2 | 17 | 5.1 | 29 | 228.1 |
| 1950 | 1 | 153.6 | 1 | 6.7 | 11 | 28.3 | 17 | 3.7 | 30 | 192.4 |
| 1980 | | | | | 11 | 15.6 | 10 | 3.2 | 21 | 18.7 |

就湖北全省而言,根据农业区划调查、地名志、水利志等有关材料,全省 20 世纪 30 年代约有湖泊 867 个,面积 6 083 km²,20 世纪 50 年代末全省湖泊面积为 5 389 km²,湖泊数量则因许多大湖被分解而增加到 1 441 个;其后受大规模围湖造田的影响,湖泊面积急剧

下降,到 20 世纪 80 年代中期,仅剩 2 848 km²,比 20 世纪 50 年代减少了近一半。

2. 湖泊的演变与成因

1) 湖泊的演变

从地质历史时期来看,流域内的湖泊主要是在江汉内陆断陷盆地基础上逐步形成发育的,经历了漫长的演变过程。在地质构造上属于江汉内陆断陷盆地且位于东部新华夏构造体系第二沉降带,其构造框架早在侏罗纪末期发生的燕山运动时期便具雏形。湖盆四周的地壳相对上升,形成一系列山岭,在这些山岭环绕的盆地中间地区,形成相对低下的断陷,具备了潴水成湖的条件。由于当时气候干燥,盆地上发育了高矿质的咸水湖。在长达亿年的地质时期里,盆地不断接受四周山岭上冲刷下来的碎屑堆积,形成了巨厚的陆相地层(4 129~11 824 m)。从湖区各地层岩性变化、膏盐岩层的间隔来看,湖盆多次被夷平、填平,咸水湖曾几度消失、几度出现,说明盆地上发育的咸水湖几经变化。

江汉湖盆目前的基本轮廓,则是在第四纪以来的新构造运动的作用下,在老构造基底上重新陷落(主要表现为拗陷)逐步形成的。其间沉积范围有所变动,沉降中心有所迁移。与前一时期相比,主要差异是:长江、汉江先期贯通,湖盆的沉积环境,已经由内陆盆地盐湖沉积为主,转变为外流盆地河、湖相沉积形式。同时,江汉湖区是由 12 个构造单元组合成的复式断陷盆地,其基底并不平整。第四纪以来的新构造运动,在湖区各地的沉降速率也不一致,有的还表现为微弱的抬升。因此,湖区各地第四纪沉积物的厚度,以及上下相序的组合差别较大,从各地沉积物岩性来看,主要是河流相冲积物,大部分地区的湖沼相沉积层比较薄,而且层位交错,难以比较。说明第四纪以来广大平原湖区在大部分时间里呈现河网发育、河湖相间的自然景观状态。

进入人类历史时期(本书主要指新石器时代),江汉湖区的演变处于新的发展阶段。湖泊的演化更为复杂而快速,长江、汉江干流及其网状分支河道的不断变迁,湖泊时而产生时而消亡,湖沼位置相应发生游荡变化,是这时期的基本特征,使得平原上河、湖在空间与时间上交错的格局更为鲜明与强烈。

在此时期里,一方面,由于江汉湖盆已经基本定型,湖盆演变与上一时期之间存在明显的继承性,外力作用主要是江汉洪水与泥沙冲淤、生物沉积作用,深深地制约了江、湖变迁;另一方面,人类活动的干扰与影响愈来愈强。根据湖区出土的古文化遗址,证明早在4~5 kaB.P.,平原腹地的洪湖、监利、仙桃一带已有人类再次定居,进行原始的狩猎渔业与农耕。随着人口增长、社会发展、经济活动能力的增强,人类对自然界与生态系统的干扰愈来愈大,平原湖区也就在自然力和人类活动双重作用下,加速演变,其演变速度,愈到近代愈快。尤其是随着荆江大堤的修筑与加固,为江汉湖区进行大规模围湖造田创造了条件。历代盲目围湖造田使许多湖泊被分割、解体,同时又形成许多垸内小湖。

目前,江汉一带的许多湖泊往往是宋代,甚至是明清时期才形成的,均是在江汉冲积、淤积平原上,新形成的次生湖泊。这些湖泊和地质历史时期存在过的咸水湖之间不存在什么关系,就是和湖区广为流传的古云梦泽亦无直接关系。至于平原上众多的垸内中心湖泊,以及由河流改道、淤塞等残留下来的旧河床湖,其寿命更为短促。可见,江汉湖盆本身经历了漫长的演变过程,但自人类历史时期以来形成、发育的湖泊水浅、底平,在自然力与人为影响下,时生时灭,游荡变化,是许多湖泊的共同特征。

2) 湖泊的成因

发育于江汉断陷盆地上的湖泊,自第四纪以来,随着长江、汉水干支流水系的发育,江汉冲积、淤积平原的形成、变化,平原上湖泊经历了无数次的巨变。目前,本区湖泊主要受外力作用控制,基本上是河流作用的产物。东晋南北朝后,随着堤垸的兴建,出现了许多人工作用影响下的垸内湖泊。

(1) 河流遗迹湖。由残存的河道转化而成,河流的变迁、泥沙阻塞是成湖的主要原因。根据形成方式和外流特征可分为两种:一种是平原上紊乱的水系、网状分流,因排水不畅,泥沙阻塞而形成的湖泊。另一种是由河流的侧向侵蚀,自由河曲发育过程中,自然截弯取直形成的牛轭湖。

(2) 河间洼地湖。江汉平原演变过程中,由于江汉洪水泛滥,泥沙不等量的淤积,沿江地带,地势较高,而在江河之间形成相对低下的条带状河间洼地。洼地中间,地势低平,地下水位高,每当汛期,上游来水汇集致使洼地上渍水无法及时外排,渍水成湖。

(3) 壅塞湖。多分布在汉水两岸天然堤脚下,以及中小支流入江口门附近。主要是由于天然堤的发育,两岸支流入江口门因泥沙淤积、阻塞,排水不畅,于是就在天然堤一侧洼地上积水成湖。

(4) 河谷沉溺湖。这类湖的成因主要是伸入岗地、丘陵中间的河谷,因受新构造运动的影响,河谷逐渐沉溺,形成可潴水洼地,加之入江口门附近,受到泥沙淤积影响,港口排水不畅,形成很狭窄的水道,于是水面扩展形成湖泊。

## 3.2.5 植被与土壤

### 3.2.5.1 植被分布特征

汉江流域的植被种类几乎涵盖湖北省植被类型的全部种属,据统计仅维管束植物就有 207 科,1 165 属,3 816 种,242 个变种。其中,蕨类植物 35 科,67 属,182 种;裸子植物 7 科,23 属,37 种,5 个变种;被子植物 165 科,1 075 属,3 579 种,237 个变种。属热带、亚热带成分的有 84 科,占总数的 40.6%,315 属,占总数的 26.4%;属温带成分的有 59 科,占总数的 28.5%,346 属,占总数的 29%;属广布成分的有 51 科,占总科数的 24.6%,494 属,占总属数的 41.3%。在种子植物中,木本植物所占比重较大,占总属数的 34%,其中鄂西地区植被种属类型最多,占全省的 87.5%。

自中生代以来,汉江流域所在地壳变动较小,温暖湿润的古气候变化不大,很多古老植物类群得以延续和发展,成为第三纪植物的避难所和繁衍地。现代汉江流域的植物区系中,属于第三纪或第三纪以前的古老植物有:水杉(*Metasequoia glyptostroboides*)、银杏(*Ginkgo Liloba* L.)、粗榧(*Cephaiataxus sinensis*)、金钱松(*Pseudolarixa mabilis*)、红豆杉(*Taxuschinensis*)、穗花杉(*Amentotaxus argotaenia*)及鹅掌楸(*Liriodendron chineses*)等。

特有种也比较丰富,属单种属的植物有香果树(*Emmenopterys*)、青檀(*Pteroceltis*)、山拐枣(*Poliothyrsis*)等。而且水生植物种类繁多,是我国水生植物区系最丰富的地区之一。本区水生维管束植物有 32 科,60 属,101 种。其中分布较广的科有睡莲科(Nymphaeceae)、菱科(Hydrocaryaceae)、小二仙科(Haloragidaceae)和雨久花科(Pontederiaceae)等。

另外,鉴于汉江流域具有地貌和气候上的过渡性特征,反映在植物区系上,也具有明显的过渡性。在区系分区上属中国—日本森林植物地区的华中植物分区,在区系成分上既有华中成分特点,又有与西南、华南、西北、华东和华北分区成分密切相关的特点。在鄂西北地区,植物种类较汉江中下游地区丰富,同时与华南、西北区系成分亦有联系。本区的热带亚洲植物区系成分延伸至鄂西山地,占鄂西植物总属数的31%,如木莲属(*Manglietia*)、含笑属(*Michelia*)、杨桐属(*Cleyera*)等。北温带植物区系占鄂西总属数的20.8%,如红豆杉属、圆柏属(*Sabina*)等。东亚植物区系成分在鄂西有69科117属,占鄂西地区总属数的15.3%。另外,还有东亚—北美植物成分和澳洲植物区系成分等。

### 3.2.5.2　土壤类型

汉江流域属于北亚热带到中亚热带过渡地带,降水和气温的过渡性特征十分明显。总体上,本区土壤类型介于暖温带落叶阔叶林—棕壤类型到常绿阔叶林—黄红壤地带之间。从土壤发生学原则上说,本区土壤的发生动力属于淋溶—铁铝风化作用主导的类型。因此,汉江流域的土壤类型主要如下。

1. 黄棕壤

黄棕壤主要分布在鄂西北低山丘陵和鄂中丘陵的广大地区;在中亚热带海拔800~1 500 m亦有分布,占湖北省土壤总面积的34%,是地带性土壤中面积最大的一个土类。该区年均气温15~16 ℃,≥10 ℃积温3 400~5 000 ℃,年降水量约1 000 mm。自然植被为常绿阔叶及落叶阔叶混交林。正常情况下,自然肥力较高,适合多种植物生长,山地则为杉木、油松、华山松、黄山松、山杨等用材林。

2. 黄褐土

黄棕壤主要分布在鄂北岗地和鄂西北河谷盆地的阶地上,具体分布区域是:①鄂北岗地及鄂中丘陵,如老河口、襄樊和钟祥地区;②鄂西北地区河谷阶地和低缓盆地,如汉江、唐白河两侧二级阶地的侵蚀堆积地形。而断陷盆地主要指竹山、房县、丹江口、郧县和郧西等盆地。黄褐土地带年均温14.3~16 ℃,≥10 ℃活动积温4 489~5 139 ℃,多年平均降水量在169~866 mm。本区岗地植被主要是半湿润半干旱灌木草本类型,如茅草、刺槐、紫穗槐、枣树等,间有稀疏的用材林。

3. 水稻土

水稻土主要分布在平原丘陵地区,有水源条件的耕地多为水稻土分布区。水稻土与旱地土壤的主要区别是氧化还原环境的不同。在蓄水种稻期间,表土层水分处于过饱和状态,犁底层及心土层为饱和或不饱和,使土壤呈还原状态;在冬季旱作期间又处于氧化状态,这种周而复始的理化性质转换影响水稻土的形成和物质转化过程。根据地下水位和土壤中水分饱和状况将水稻土分为淹育型水稻土和潜育型水稻土等类型,前者的地下水位较低,土壤长期处于氧化状态;而后者地下水位高,土壤基本处于氧化状态,有机质分解慢而积累较多。

4. 山地棕壤和山地暗棕壤

山地棕壤和山地暗棕壤分布在1 800 m(阴坡可达2 500 m)以上山地,成土条件为年均温7~9.6 ℃,≥10 ℃积温2 000~2 200 ℃,年降水量1 900 mm,相对湿度85%,淋溶作用强;冷湿气候导致母岩风化不深,土层厚度只有40~60 mm。本区成土植被主要是华山松、巴山冷杉、红桦、水青冈林等。

5. 石灰土

石灰土主要分布于鄂西、鄂西北山地和鄂北地区,是一种由碳酸盐发育的非地带性土壤。在亚热带生物条件下,石灰岩与其他岩石风化物一样,经富铝化过程形成红壤或黄壤。

6. 紫色土

紫色土是紫红色砂页岩母质发育的一种土壤类型,在汉江流域主要分布在襄樊、郧县、孝感和荆门等地。但由于不同的气候、地貌和植被条件,该类土可以分为灰紫色砂泥土、灰紫砂土和灰紫渣土。

7. 潮土

潮土是由河流冲积物和湖相沉积物直接发育而成的一类非地带性土壤,广泛分布在长江及其支流沿岸的冲积平原、河流阶地、河漫滩及滨湖地区广阔的低平地带。主要集中分布在武汉、孝感、襄樊一带,植被多为稀疏的马尾松、青冈栎、刺槐等。

# 第4章　汉江流域新石器时代文化遗址考古地层研究

　　人类的文化是对环境的适应,一种文化形式总是与其所处的环境相平衡,文化的区域性是适应环境区域差异的结果,汉江新石器稻作农业文化就是对暖湿气候特征的适应。如果环境不发生变化,环境对人类的影响可以作为一种常数来看待,但实际上环境一直存在着不同幅度的变化,变化的结果不可避免地会对人与环境之间本已存在的平衡产生影响。短期文化的影响可能是暂时的,但有可能产生灾难性的后果;长期变化的影响更为深远,有可能导致平衡关系的彻底破坏,引起一个地区生产方式的改变甚至文明的兴亡。在人类历史进程中所发生的许多重大事件都存在着环境演变的背景,农业的发展、文明的出现、古文明的消亡、游牧民族的兴起都在一定程度上与环境的变化相联系。而在今日撒哈拉沙漠的腹地和冰天雪地的格陵兰都曾有过文化相对繁荣的时期。从这一点上说,正是全球变化导演了人类历史的某些重要篇章,人类是在适应全球变化的过程中谱写了自己的历史。

## 4.1　中全新世汉江流域新石器文化的主要特征

　　全新世大暖期进入稳定发展阶段后,我国境内的新石器文化得到了快速发展,这些文化类型又因环境背景的差异和农业生产的类型出现区域分异。虽然随着长期的文化融合,地方文化类型无论是在生产工具上,还是在器物类型上都日益趋同,但在人类历史早期的新石器时代,地理环境对文化的影响极其显著,中全新世时期的新石器文化类型可谓泾渭分明、参差有别。

### 4.1.1　中国新石器时代文化区划

　　著名考古学家苏秉琦(1984)通过对大量考古资料的分析研究,形成了对于中国文化尤其是远古文化的宏观认识,他将中国新石器时代的文化划分为六个区域:①陕豫晋邻境地区;②山东及邻省一部分地区;③湖北和邻近地区(包括汉水中游地区、鄂西地区和鄂东地区);④长江下游地区(包括太湖地区、宁绍地区和宁镇地区);⑤以鄱阳湖—珠江三角洲为中轴的南方地区(包括赣北地区、北江流域和珠江三角洲地区);⑥以长城地带为中心的北方地区(包括以昭盟为中心的地区、河套地区和以陇东为中心的甘青宁地区)。

　　佟柱臣(1986)依据现有的考古文化遗存,认为中国新石器时代文化有七个系统中心(实际上是围绕七个中心的文化区域):①洮河流域的马家窑文化系统中心;②渭河流域的半坡文化系统中心;③豫西晋南的庙底沟文化系统中心;④海岱地区的大汶口文化系统中心;⑤宁绍平原的河姆渡文化系统中心;⑥太湖地区的马家浜文化系统中心;⑦江汉平原的屈家岭文化系统中心。

严文明(1987)把中国新石器时代的文化划分为三大区域:旱地农业经济文化区、稻作农业经济文化区、狩猎采集经济文化区。陈剩勇(1994)从考古学的维度将中国新石器时代文化划分为中原文化圈、海岱文化圈、江汉文化圈、东南文化圈、华南文化圈、幽燕文化圈等七大文化圈。

周廷儒(1984)根据不同区域文化的不同特征,将中国新石器时代的文化划分为十个区域,即华北地区、西北地区、华北沿海区、东北地区、蒙新区、华中区、华南区、东南沿海区、西南地区和青藏区。

另外,历史地理学家侯甬坚(1995)曾经运用"中单边杂分区法",将中国新石器时代文化划分为9个考古文化区、26个考古文化亚区。

综上所述,我国学者对中国新石器时代文化区域划分的主要观点是:第一,对中国新石器时代文化区域划分的范围有所不同,有些学者以慎重的态度依据我国新石器时代文化遗存面貌特征显著者仅对黄河流域、长江流域等地区文化进行界定。第二,对新石器时代我国文化的区域划分主要依据的是考古学文化的区域特征尤其是经济文化的地域差异。第三,对中国新石器时代文化区域的划分虽然依据的是考古学文化的特征,运用的是考古学的方法,但这种方法与地理学的方法是相通的,考虑到了文化差异与地理环境区域分异的关系,王妙发(1988)指出:考古文化的有些研究方法是与地理学方法相通的。第四,对我国新石器时代文化区域的划分,上述学者既考虑到了新石器文化的东西差异,如沿海与内地的差异,黄河下游文化与黄河上、中游文化的差异,长江下游文化与长江中游文化的区别;同时也看到了中国新石器时代文化的南北地域(如北方草原区的狩猎采集文化、南方的稻作文化、黄河流域的旱作粟黍文化)差异。

## 4.1.2 长江中游新石器文化的地位

李伯谦(1997)曾经指出:"只要对黄河、长江这两河流域文明的进程有个基本的了解,中国文明起源的问题就基本解决了。"长江中游是长江流域的一个重要环节,也是一个相对独立的原始文化区域,长江中游文明进程的探索,不仅旨在了解长江中游文明化的步伐是如何迈进的,而且还在于探求其新石器时代文化的演进机制,为进一步理解长江流域文明化进程和探索中国文明起源奠定基础。

江汉地区是长江中游最重要的一个文化区,具有古老而发达的史前文化,并独立成体系:城背溪→大溪→屈家岭→石家河文化体系。鄂西一带,发现有巨猿(与人类有近缘关系)牙齿化石、郧县猿人化石和长阳人化石(李天元,1990)。江汉地区是我国研究人类从山区走向平原,从旧石器时代转变为新石器时代的重要地区;鄂西至湘北一带有新石器较早的城背溪文化和彭头山文化。江汉地区应是我国最早的新石器时代文化分布区。从郧县人到城背溪、彭头山文化,可以从各个不同阶段的文化内涵中了解到古人类在江汉地区,不但完成了从山区洞穴走向平原定居的历史性重大转变,而且逐渐形成了以种植水稻为主,以饲养、渔猎为辅的人类共同体,确立了长江流域是我国稻作农业发源地的地位。

大约到了新石器时代晚期的较早阶段,江汉地区的史前文化已发展到了相当高的水平。这个时期的大溪文化,无论是时代的上限,还是发达的程度都可与黄河流域的仰韶文化相比。在长江西陵峡中段有密集的大溪文化遗址(杨权喜,1991),以中堡岛为中心,周围有朝天嘴、三斗坪、杨家湾、白狮湾、伍相庙等遗址,构成一个大型的聚落群遗址。大型聚落群的出现,促使氏族内部的社会分工、手工业与农业的分离。在中堡岛和杨家湾都发现有相当规模的石器制作工场,对工场中采集到的各种石器成品、半成品、石料和制作过程中的抛弃物进行观察发现,石器的制造过程可分打、琢、磨等工序;石器成品的种类繁多,大小形状不同,用途显然是多方面的。同时,大溪文化中期的少量薄胎彩陶单耳杯、碗,在全国彩陶系统中显示出较大特点和较高工艺水平。这证明当时从事手工业的专业活动已经进入专业化阶段。所有这些大溪文化遗址的居住区都集中在地势较高的位置上。显然这个大型聚落群已开始脱离了居住、劳作、埋葬及其他活动相混杂的形态,正向具有整体布局的都市形态变化(杨权喜,1994)。

至 5.0 kaB.P.,长江中游地区进入屈家岭文化发展阶段。屈家岭文化以大量种植粳稻和制作彩陶纺轮、蛋壳彩陶、朱绘黑陶、双腹陶器而闻名于世。并以此证明屈家岭阶段江汉的农业、纺织业、制陶手工业等方面都有重大变革(张绪球,2004)。经过初步调查或局部发掘的屈家岭文化城址,在湖北境内的有天门石家河、荆门马家堰、江陵阴湘城。屈家岭文化时期,稻作农业不断发展,生产规模、技术水平进一步提高。这与大溪文化时期以逐水而渔的生产方式截然不同。在陶器和红烧土中,稻谷壳作为掺合料继续广为使用。水稻品种一改以往仅有小粒形稻种的情况,而广泛种植了较大粒的粳稻优良品种,这从一个侧面反映出两湖平原地区史前稻作农业已相当发达(屈家岭考古发掘队,1992)。屈家岭文化的彩陶,采用彩陶器内外壁上的晕染画法,已较普遍地在陶纺轮上绘彩,而这在我国新石器时代文化中独占特殊的地位。

石家河文化(4.6~4.0 kaB.P.)聚落以石家河古城及其聚落群最为典型。古城工程浩大,内涵丰富,集中了许多独特和精华的东西,为石家河文化最上层的政治中心,也是龙山时代体现一个文化"首府"性质的核心聚落之一。古城城垣大体呈圆角长方形,面积约 $12×10^5 m^2$。城垣四边规则地围绕着周长 4 800 m 左右的宽大护城河,目前在史前城址中则居首位(任式楠,2004)。从邓家湾遗址出土的石家河文化时期的陶偶看,邓家湾当时是陶偶的专门和批量生产烧造地,许多陶偶的造型几乎完全一样,体现了较高的专业化技术与规模,作为特殊用品的规格要求,还达到了一定程度的标准化。此外,天门肖家屋脊、钟祥六合等地出土了一批小型象形玉雕,种类有玉人(神人)头、兽类、鸟禽和昆虫,其形态多样,写实形象与想象造型并存,总量也较丰富,共 90 多件,这在我国新石器时代实属罕见和独特(荆州博物馆,1987)。

## 4.1.3 汉江流域中全新世新石器文化的概况

### 4.1.3.1 大溪文化(6.3~5.0 kaB.P.)

在江汉流域大溪文化的分布范围相对有限,主要分布在江汉平原西部的钟祥、京山和天门一带。主要代表遗址是:京山油子岭(屈家岭考古队,1992)、朱家嘴(张绪球,1992)、屈家岭(石家河考古队,1990)、钟祥边畈(张绪球,1992)、六合(荆州地区博物馆,1987)等,其分布范围如图 4-1 所示。

根据张绪球的研究(1987),汉江中下游地区属于油子岭类型,器物中多见支座。何介钧(1987)将大溪文化的关庙山类型分为 4 期。第一期(6.3~6.0 kaB.P.):典型遗存有

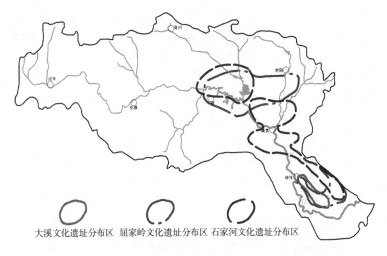

大溪文化遗址分布区　屈家岭文化遗址分布区　石家河文化遗址分布区

**图 4-1　中全新世时期汉水流域的三期新石器文化遗址分布范围**

关庙山遗址、荆南寺遗址等。陶器以夹炭粗泥红陶为主。陶器表面多施深红色或红褐色陶衣。纹饰有刻划纹、细绳纹、戳印纹和镂孔,仅有极少量彩陶。第二期(6.0~5.7 kaB.P.):典型遗址有关庙山、红花套等地。陶器中夹炭红陶仍较多,器表为红色陶衣。但泥质红陶、红陶、加砂、加蚌陶有所增加。第三期(5.7~5.4 kaB.P.):典型遗址有关庙山、毛家山、红花套等。陶器以泥质红陶为主,夹炭、夹砂泥红陶减少,泥质黑陶和灰陶增加。第四期(5.4~5.2 kaB.P.):典型遗址有关庙山、清水滩等。陶器仍是泥质红陶,但黑陶和灰陶明显增加。

### 4.1.3.2　屈家岭文化(5.0~4.6 kaB.P.)

根据有关测年数据(张绪球,2004),屈家岭文化存在于 5.0~4.6 kaB.P.,属于铜石并用时代初期,在此之前,长江流域的新石器文化已经历了七千余年的发展过程,这一过程由于自然环境的变迁和社会结构的演替而充满了曲折。屈家岭文化作为一种后起的地域文化,应当是由几种原始文化长期融合的发展而产生的。

屈家岭文化分布范围较广,以江汉平原为中心向南向北分别延伸至湖南省和河南省境内。在汉水流域主要分布在江汉平原中北部汉水中游到涢水流域之间的地区,包括天门、京山、钟祥、应城等地,该区为屈家岭文化区的中心部位;鄂西北及鄂北地区主要包括十堰市和襄樊市管辖的范围,本区的屈家岭文化遗址主要有:郧县青龙泉、大寺、梅子园等地;丹江口林家店、观音坪;房县羊鼻岭;竹山县霍山等地。河南省境内的屈家岭文化主要分布在南阳盆地地区。

器物形制一般以黑陶为主,灰黑陶次之,还有少量红陶和泥质橙黄陶。快轮制陶技术较为普遍,一些厚重的炊器和容器仍用手制。陶器多素面,以凸弦纹和镂孔为主要装饰,也有少量凹弦纹、刻划纹、附加堆纹、压印菱形纹、蓝纹和绳纹。有较多彩陶,主要施于壶形器、薄胎陶杯和纺轮上。晕染法流行,主要纹饰有网格、棋盘格、菱形、卵点、涡旋纹等。

本期流行双腹碗、双腹豆、双腹鼎、壶形器、高领罐、薄胎喇叭形陶杯等。前屈家岭文化时期的曲腹杯、簋、直壁瓶和深腹豆少见。

屈家岭文化时期的文化面貌较大溪文化时期均质性明显加强,不同区域的器物形制在长江中游史前时代是最小的时期(郭立新,2005)。根据器物组合和形制差异,有学者(张云鹏,1986;张绪球,1992;樊力,1998)将屈家岭文化分为两期:早期和晚期。早期器物制作精致,双腹器的腹部较浅,仰折明显;喇叭形薄胎彩陶杯腹部斜直,底径大;壶形器多为扁圆腹。晚期陶器变化不大,但一些器物陶胎增大,制作粗糙。双腹器腹部相对加深,仰折程度不如早期明显,双腹豆圈足出现台座;喇叭形薄胎彩陶杯底径变小,腹变深,腹壁呈弧形;壶形器腹部出现扁折,腹腔变小。

#### 4.1.3.3　石家河文化(4.6~4.0 kaB. P.)

石家河文化是江汉地区继屈家岭文化之后发展起来的一种考古学文化,与北方的龙山文化大致处于同一时期,其中心范围在江汉平原中北部。

石家河文化的陶器以夹砂陶、泥质陶和夹炭陶、红陶为该时期的主流。陶器饰纹以蓝纹为主,后期拍印方格纹、绳纹渐多。器物以圈足器、三足器为主。圈足器有豆、盘、碗;三足器有鼎;平底器以罐、缸为主。本期器物的风格是厚重粗大、制作粗糙。郭立新(1995)将石家河文化按器物形制分为以下三期:

石家河文化早期:代表遗址有天门石家河和肖家屋脊等地。早期陶器的屈家岭文化因素还较浓厚。红陶开始增加,以蓝纹为主,还有一定的凹凸弦纹、镂孔、按窝纹、网状划纹等。薄胎红陶外壁施有红陶衣,制作相对精致。主要器物有宽扁足盆形鼎、罐形鼎、高领罐、豆、圈足盘、鬶等。

石家河文化中期:典型遗址有房县七里河遗址、天门肖家屋脊等。本期红陶剧增,彩陶少见,尚有少量素面磨光陶器,有饰纹的陶器增加,仍以蓝纹为主,拍方格纹增加,绳纹少见。制作工艺已显粗糙。新出现的器形有:腰鼓形罐、夹砂厚胎陶臼、实足高足杯、直领折肩小罐。壶形器和细长条形特高圈足杯已罕见。泥质红陶塑动物数量大量出现。

石家河文化晚期:典型遗址有房县七里河遗址晚期,通城尧家林遗址、天门肖家屋脊遗址早期晚段等。该期陶器制作工艺粗糙、以大型器物为主,器表施以蓝纹、方格纹和绳纹等。凹弦纹之间施蓝纹或方格纹的复合纹饰出现。罐形鼎增加,侧装扁三角形鼎足增高。麻面足或饰凸棱的宽扁足鼎仍流行,锥足鼎渐多。

### 4.1.4　长江中游新石器文化与其他同期新石器文化的比较

从旧石器时代到新石器时代,长江流域和黄河流域基本上是同步发展的,大体处在同一发展水平上。从旧石器时代到新石器时代各个时期,几乎可以连成一完整的发展系列。而且,通过对长江流域出土的旧石器文化的研究,发现其有鲜明的地域特征,是和华北地区的旧石器文化有一定区别的自成一个系统的旧石器文化(任式楠,2005)。9.0~8.0 kaBC,长江流域同黄河流域均开始进入新石器时代。那时人们赖以为生的来源主要还是采集和狩猎,农业开始出现,在整个经济生活中还不占主要地位。

从6.0 kaBC前后,长江流域和黄河流域均开始进入新石器时代中期阶段,与黄河流域的磁山文化(河北省文物管理处等,1981)、裴李岗文化(中国社会科学院考古研究所河南一队,1982)、老官台文化(济青公路文物考古队,1992)出现的时间相似,长江流域出现了彭头山文化(湖南文物考古研究所等,1989)城背溪文化(陈振裕等,1984)等新石器中期文化。与新石器早期相比,各方面都有了长足的进步,稳定聚落的出现、水稻的普遍种植,成为长江流域考古学文化突出的特点。

5.0~3.0 kaBC 是中国新石器时代的晚期阶段。在晚期阶段的前期,和黄河流域的仰韶文化(半坡期)、北辛—大汶口文化(早期)(郑笑梅,1986)基本在同一时期,长江流域有大溪文化(四川长江流域文物保护委员会文物考古队,1961)、河姆渡文化(河姆渡遗址考古队,1980)、马家浜文化(牟永抗等,1978)等。该时期生产规模较前扩大,农业、手工业有了进一步的分工,生产品有了较多剩余,私有制已经出现,作为记事的刻符广泛采用,产生文明因素的条件已基本具备。这一阶段长江流域和黄河流域都进入了文明因素的孕育时期。在新石器时代晚期阶段的后期,大溪文化发展为屈家岭文化、马家浜文化发展为崧泽文化。这时期,手工业内部有了新的分工,社会财富急剧增加,开始出现贫富不均现象(李伯谦,1997)。因此,距今 6 000~5 000 年,长江流域和黄河流域一样,是文明因素开始出现并得到初步发展的时期。

中全新世时期,长江中游有屈家岭文化发展而来的石家河文化(严文明,1987b),下游有崧泽文化发展而来的良渚文化。石家河文化、良渚文化与屈家岭文化和崧泽文化相比,出现了许多重要的新事物。一是设防城堡的出现。在石家河文化分布范围内已发现湖北天门石家河、荆门马家垸、江陵阴湘城、石首走马岭等多处,有的甚至可追溯到屈家岭文化时期,其数量虽不及黄河流域龙山诸文化中发现者多,但规模却不相上下。尤其是石家河古城,其面积达 $10×10^5$ $m^2$,是黄河流域山东龙山文化中发现的最大的古城城子崖古城的 5 倍。第二,玉器大量使用。石家河文化和良渚文化均有玉器出土,而尤以良渚文化最为突出。三是墓葬规模大小的悬殊。在石家河文化和良渚文化中均发现有少量墓室规模长 3 m 以上、宽 2 m 以上,并有丰富随葬品的较大型墓葬,它们和大量存在的墓室面积不足 2 $m^2$、随葬品十分贫乏甚至没有随葬品的小型墓形成了强烈的对比。良渚文化中大型墓专门集中葬在人工堆成的圆形土丘上和大型祭坛上的现象更是以前所没有出现过的。显然,5.0~4.0 kaB. P. 长江流域的石家河文化和良渚文化如同黄河流域的龙山诸文化一样,均已发展到一个新的阶段。

长江流域从文明因素的孕育,文明因素的起源、发展,直至石家河文化、良渚文化时期开始向文明社会的过渡,是一个独立的、自然发生的过程。在这一相当长的发展过程中,长江流域古文化和黄河流域古文化曾有过接触,并有过互相影响,二者的相互影响程度是此消彼长的关系,有时黄河流域强些,有时长江流域强些。它们在长期影响中都从对方吸收了一些对自己有益的因素,以利于自己的发展。但这些外来因素都没有能够改变自己的文化特质,没有能够改变自己的发展方向。因此,按照正常途径发展下去,长江流域在自己创造和积累的文明因素基础上,也会像黄河流域在中原龙山文化后期至二里头文化(邹衡,1980)时期正式进入文明一样,在后石家河文化、后良渚文化阶段正式建造起自己的文明大厦。

然而遗憾的是,根据考古调查和发掘提供的材料,当黄河流域继中原龙山文化之后的二里头文化即夏文化已经确立并进入文明时期的时候,却没有过硬的证据来证明相当于中原二里头时期的后石家河文化在长江中游一带的发展情况。考古证据的不足和长江中游在铜石并用时期的文化缺环现象,为长江中游地区中全新世以来环境考古研究埋下了伏笔,自然环境的演变、社会因素的进化、人地关系的耦合以及难以尽述的偶发事件都有可能诱发区域文明体系的前进方向。本部分从汉江流域中全世新石器遗址空间分布的演变、生态系统的理论容量并结合典型遗址地层的相关指标,讨论长江中游地区中全新世以来环境演变与人类活动的关系。

# 4.2　淅川县凌岗遗址考古地层研究

　　人类活动与环境演变的互动影响是全球变化研究的重要内容(Curtis,et al,1996;Binford,et al,1997;朱诚等,2000),考古地层是研究人地关系的一种重要载体,对于考古地层的研究可以将人类活动与自然环境状况联系起来进行综合研究,考古地层已成为当前人地关系研究的重要方面(朱诚等,1997,2002)。2000 年来,借助考古遗址地层、运用第四纪环境的研究方法,国内外对全新世以来的古人地关系研究取得了不少成果和新的认识,尤其在古洪水研究(夏正楷等,2001;朱诚等,2005,2008;白九江等,2008;)、灾变性气候事件的研究(Huang,et al,2000;Weiss,et al,2001;吴文祥等,2001)以及古生态环境与人类关系研究(李宜垠等,2003;黄春长等,2003;安成邦等,2006)等方面成绩显著,可见利用典型遗址剖面的地层信息揭示全新世以来的环境变迁,特别是关于该时期人地关系的研究(杨用钊等,2006)已成为全球变化领域的重要环节。纵观孕育中华文明的自然环境背景,它们大体位于我国地形第二、三级阶梯的过渡地带,该区属于不同自然地理环境的景观复合带,其生态链环节既有多样性、复合性的特征,也有交叉性、脆弱性的表现。早在6 000 年前,这些地区受全新世大暖期气候影响,气候温暖湿润、植被葱郁茂盛,自北向南分别在西辽河地区、伊洛河地区和汉水流域分别出现了独具特色的新石器时代文化聚落,是中华文明形成的酝酿时期,迈入前文明时代的新石器文化类型竞相繁荣;而其后气候的变迁导致生态环境和地理环境的大幅震荡、文化内容和形式也随之出现波动,不同文化内涵和文明成就的文化社会接受了自然和社会双重限制因子的选择,进而优化演变为灿烂的中华文明。研究三个地区文化形态与环境变迁的关系不仅是全球变化研究的重要内容也是中华文明探源研究的核心课题。

　　就目前已经开展的地貌过渡带地区典型文化圈的环境考古研究看,位于西辽河地区的红山文化研究(靳桂云,1998)、嵩山文化圈研究(周昆叔,2006)及长江三角洲地区(朱诚等,2003a、b)西北齐家文化圈研究(杨晓燕,2003)等,已做了较多工作。而位于汉水流域的新石器文化中全新世以来同样相继出现了大溪文化、屈家岭文化和石家河文化,亦同样是中华上古文化的重要组分,但相比其他文化圈的环境考古工作相对滞后。本书借助南水北调工程在丹江口地区抢救性发掘的遗址剖面,试图对该流域中全新世时期的人地关系进行一简要剖析。然而,汉水流域新石器文化核心遗址的发掘时期多在 20 世纪 70年代,并且主要集中在京山、钟祥一带,而丹江口水库沿岸地区的新石器遗址在该区文化圈中处于边缘位置,其代表性可能与汉水下游地区遗址难以比拟,但作者还是希望能获取些许古环境信息,即便是挂一漏万的结局也不失为圆满。

　　本章涉及的两个典型遗址分别是位于丹江中游的凌岗遗址和汉水上游的辽瓦店遗址(见图 4-2),二者的最老考古地层仅限于石家河文化,而且历史时期的文化层或由于人为原因或由于地貌剥蚀,文化断层的时间尺度均在千年以上,这使得获取较为完整的环境考古信息十分困难,而且难以对大溪文化时期、屈家岭文化时期人类生存的具体环境变迁信息进行对比研究,但也为将来从理想遗址地层揭示更全面、更精确、更深刻的环境信息留下了余地。

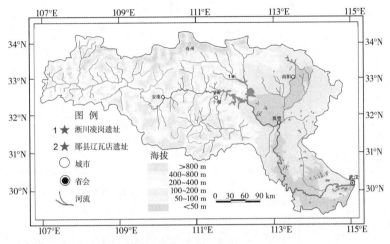

**图4-2 典型遗址点在汉水流域中的位置**

凌岗遗址位于汉水支流丹江中游地区,现为丹江口水库南水北调扩容工程的淹没区,行政区划属于河南省淅川县,与湖北省郧县毗邻。由于自然环境的相似性和人类迁徙通道的畅通性,该地区在新石器文化区域类型上往往与湖北省内汉水流域的新石器文化类型具有同根同源、器物组合相似的特征,如附近地区先后发掘的黄楝树遗址、下王岗遗址,它们都含有石家河文化层就是最好例证(郭立新,2000)。本书利用凌岗遗址的剖面资料,通过磁化率、氧化物含量、烧失量等环境代用指标的分析,尝试对丹江下游地区中全新世以来环境演变与人类文明兴衰之间的关系进行探讨。

## 4.2.1 研究范围与自然环境

凌岗遗址位于南阳盆地西南缘的低山丘陵地区,行政区划属于淅川县滔河乡凌岗村(见图4-3),地理坐标为33°06′12″N、113°11′58″E;遗址距淅川县城约36 km。该遗址总面积约12万 $m^2$,现已发掘的遗址面积约为1 600 $m^2$,2008年9月底由中山大学考古系负责发掘,经中山大学考古系王宏教授根据出土器物组合界定,已发掘探方最老地层年代为石家河文化早期遗存,并有较厚的龙山文化层堆积,对于研究4.6~3.8 kaB. P.时期人类活动与自然环境的特征有重要价值。淅川县凌岗地区属于北亚热带季风性气候,受丘陵山谷地形影响夏热冬冷,春季升温快,容易形成春旱、秋季受阻滞气团影响秋雨时间长。本区多年平均降水量约844 mm,主要集中在夏秋季;年均气温15.2 ℃,1月均温2.5 ℃,7月均温33.7 ℃。

遗址东北距丹江口水库0.6 km,位于丹江右岸的冲积平原上,地势开阔平坦,向西约1 200 m有不连续的低山丘陵。本区的村落主要沿交通线布设,而较偏远落后的自然村仍然按照原始的依山傍水格式布局。凌岗遗址在地貌单元上原来位于丹江右岸的二级阶地面上,自丹江口水库蓄水后水面上升,淹没一级阶地。按目前丹江水位与阶地的相对关系看,现在遗址的位置则位于一级阶地上。

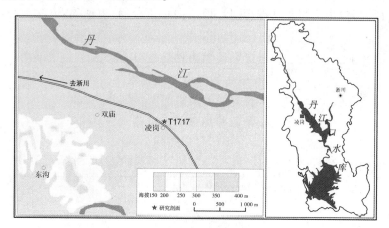

**图4-3　凌岗遗址及其在淅川县的位置**

#### 4.2.1.1　样品采集

研究样品于2008年11月29日采自淅川县凌岗遗址的T1717探方的西壁,剖面深186 cm,根据研究文化层的重要性,采用不等距采集方法共获得有效测试样品42个,分别对样品进行磁化率、氧化物含量(X射线荧光光谱法)、粒度、黏土矿物含量(X射线衍射光谱法)等项目进行测试,以获取不同文化层的环境和人类活动信息。同时,在丹江右岸采集两个对比样品,以便与文化层样品对应参数进行对比。

#### 4.2.1.2　地层特征

凌岗遗址为六叉口墓葬群之一部,主要包含新石器晚期的文化层,而历史时期的文化地层除清代文化层比较完整外,由于毗邻丹江河道、受河流下切侵蚀从而产生了有3 000余年的文化断层,而且整个剖面嵌有7个清晰可辨的文化间歇层(阶地洪积层)。T1717探方地层特征见图4-4。

T1717探方研究剖面地层的基本性状描述如下:

第一层,耕作层(0~20 cm):深褐色砂质黏土,含有作物根系和腐殖质斑块,土质疏松,多含现代生活废弃物。

第二层,清代自然堆积层(20~39 cm):黄褐色粉砂质黏土,质地均一致密,多见植物深层根系,偶有钙质团粒状结核。

第三层,清代文化上层(室内堆积层)(39~49 cm):深褐色黏土,硬度大、有板结现象,含有少量瓷片、砖瓦残片及动物骨骼碎片遗存;未发现文化间歇层。

第四层,清代文化下层(49~79 cm):灰褐色到深褐色黏土质粉砂土,含红烧土粒;本层无文化间歇层。

第五层,龙山文化堆积上层(王湾三期,79~114 cm):暗褐色黏土,质地坚硬,含相当比例的红烧土屑和陶片,偶见类铁锰结核与黏土的透镜体,另有动物骨屑等人工残留物;本层有1条不连续延伸的粉砂质文化间歇层(90 cm),平均厚度2~3 cm。

第六层,龙山文化堆积下层,本层分a亚层(114~150 cm)和b亚层(150~160 cm):a亚层暗棕色砂质黏土,含丰富炭屑和陶片;b亚层深褐色黏质土,含有大量炭屑;本层夹4

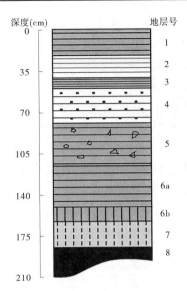

1—耕作层；2—清代自然堆积层；3—清代文化上层(室内堆积)；4—清代文化下层；5—龙山文化堆积上层；
6a—龙山文化堆积下层(含少量炭屑、文化间歇层)；6b—龙山文化堆积下层(含大量炭屑和文化间歇层)；
7—石家河文化早期堆积层；8—生土层

**图 4-4　T1717 探方西壁柱状图**

层文化间歇层(116 cm、125 cm、138 cm、150 cm)，均为沙质土或沙质黏土。

　　第七层，石家河文化早期堆积层(160~186 cm)：浅灰色黏土，含陶片和少量炭屑；本层嵌有 2 条黏土质文化间歇层(170 cm 和 181 cm)。

　　第八层，生土层(186 cm~)：浅黄色硬质黄土堆积层，未见底。

### 4.2.1.3　地层的文化时期的界定

　　关于地层时代的界定，在考古遗址地层研究中常用出土器物组合排比法，就是将某一文化层出土的典型代表性器物与已知时代的遗址地层代表性器物做对比，根据其相关性进而确定研究地层的文化时期。T1717 探方剖面属于六叉口墓葬区，位于滔河—盛湾乡际公路东北侧，从已经发掘的遗址区最老地层(第七层)出土的陶器看，多为灰黑陶，兼有个别红陶，且以夹砂灰陶较多，泥质灰陶次之，多为粗泥陶，仅红顶碗和少数陶豆等质地细腻纯净，有的厚胎缸以稻壳为羼和料。器类有大量三足器、少量圈足器。最主要的器形有鼎、斝，其他代表性的器物主要有鼓腹红顶碗、扁条足釜形鼎、篮纹斝、敞口厚胎杯、橄榄形篮纹罐、花瓣形钮器盖、镂孔粗圈足浅盘豆，喇叭口澄滤器等。纹饰主要是篮纹，另有凸弦纹、绳纹，附加堆纹、镂孔和方格纹等。最老地层出土的陶器主要采用泥条盘筑法，少数采用模制，轮制的只占少数。这类器物形制特征与湖北省房县七里河遗址石家河文化层出土的器物组合基本吻合，可以认为该文化地层为石家河文化早中期人类活动堆积。

　　第六层出土的器物中，泥质陶多于夹砂陶(多夹细砂)。泥质陶中有灰黑陶、黑陶(多为厚胎黑皮陶)，夹砂陶中多为黑褐陶，泥质和夹细砂深灰陶次之，还有泥质红陶和极少夹砂褐红陶。纹饰主要有篮纹(最多)、方格纹、绳纹，还有弦纹、刻划纹等。陶器多由泥条盘筑法制成。主要器形有大型浅腹粗圈足盘(有的圈足带箍)、浅盘细高圈足豆(多数圈足带箍)、矮直领鼓腹小平底罐、高直领鼓腹小罐、袋足鬶、管流袋足盉、圈钮或花边矮圈钮斜面器盖、弧面器盖,还有盆形截锥足鼎(足上端为波浪形分叉)、釜形矮柱状足鼎(足上部有按窝足跟微撇)、罐形曲状扁锥足鼎、折沿深腹罐、双耳罐、三耳罐、大型茧形腹小饼状底瓮、鬲、斝、盆、篮形器、浅斜腹平底或圈足碗、斜腹或小侈口筒腹杯、漏斗形细柄高圈足喇叭座杯、平底盘和器座等。其中以黑褐陶和较多的厚胎黑皮陶为主,器形以管流袋足盉、双耳罐、三耳罐、鬲、斝、盆形鼎等。该组器物与三房湾文化乱石滩类型属于同一范畴,因此属于后石家河文化时期(龙山文化期)。但本区位于南阳盆地,该地新石器时代晚期与中原文化的交流频繁,器物特征已包含中原区龙山文化(王湾三期)特征。

清代文化层中出土有青瓷片、泥质灰陶片及清代早期铜钱等人工活动遗物,另根据发掘过程中房屋、墓葬的规模、布局和砖瓦等的形制特征,可将第五层至第二层界定为清代早期人工堆积和清代自然堆积两个堆积层。

## 4.2.2　实验方法与结果

### 4.2.2.1　实验方法

粒度测试:每个样品取 3~5 g,加入 10 mL 30%过氧化氢,加热到 140 ℃除去样品中的有机质,然后加入 10 mL 10%的稀盐酸加热至 200 ℃除去碳酸盐,最后加入 10 mL 0.05 mol/L 的六偏磷酸钠[$(NaPO_3)_6$]分散剂后置于超声波清洗仪中荡洗 6~10 min,在显微镜下观察确保处理样品已经充分分散。样品稀释后在南京大学海洋地质实验室用英国产 Malvern Mastersizer 2000 型激光粒度仪进行测试,获取相应的粒度参数。重复测量的相对误差<1%。

氧化物含量:将风干后的样品以 5 g 为单位先研磨至 200 目以下,通过液压法制片后,用瑞士产 ARL-9800 型 X 射线荧光光谱仪(XRF)在南京大学现代分析中心完成测定,再用国家地球化学标准样(GSS1 和 GSD9)验证出分析误差为±1%(×$10^{-6}$)。

X 衍射光谱分析:称取 5 g 烘干样品,在玛瑙研钵中研磨至 120 目,然后制靶用 X 射线衍射光谱仪进行测试(XRD)。测试仪器为瑞士 ARL 公司生产的 X 射线衍射仪(X'TRA)。实验基本条件:Cu 靶 Kα 辐射管压:2.2 kV 管流;测量范围:($2\theta$)0.5~135°、分辨率≤0.07°、测角准确性≤0.01°;40 mA 入射光路:发散狭缝 1°,防散射狭缝 2°;衍射光路:防散射狭缝 6.6°。

样品的质量磁化率用捷克 AGICO 公司产卡帕桥 KLY-3 型旋转磁化率仪在南京大学区域环境演变研究所完成。

### 4.2.2.2　测试结果

#### 1.磁化率变化

磁化率是反映物质磁化难易程度的指标,中国黄土岩石磁学研究表明(刘秀铭等,1990):黄土、古土壤的磁性矿物多数是磁铁矿、赤铁矿和磁赤铁矿(Netajirao,2000)。研究表明,降水量与气温愈适宜,土壤生物量越大,生化反应越活跃,越有利于磁性矿物的产生,磁化率高值指示一种较温暖的气候环境(Maher,et al,1991);同时,降水量及其季节变化是古土壤磁化率升高的重要因素,同时磁化率高值也指示一种较温暖的气候环境。磁化率作为古气候研究的重要指标(Beget,et al,1990)被成功运用于考古遗址地层剖面的研究(王建等,1996)。淅川凌岗遗址样品未烘干状态下直接在卡帕桥旋转式磁化率仪上测定,T1717 探方剖面样品磁化率变化见图 4-5。

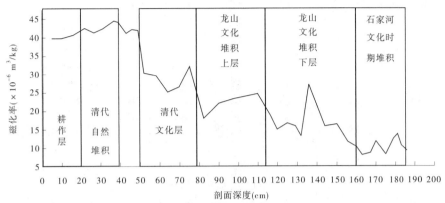

**图 4-5　T1717 剖面地层磁化率变化与文化层对比**

从图 4-5 可以看出,T1717 剖面磁化率值从石家河文化早期到清代文化层逐渐增加并在清代自然堆积层达到最大。就次一级磁化率极值的分布特征而言,三个文化时期由于人工活动的扰动,如大量火烧痕迹、陶片遗存、人工生活废弃物堆积的存在会使铁磁矿物富集,于是出现磁化率曲线上的局部峰值,它们是石家河文化早中期、龙山文化下层中期、龙山文化上层早期、清代文化层早期和清代室内堆积层(39~49 cm)。值得注意的是,自龙山文化堆积层起磁化率值开始趋于上升,并在清代室内堆积早期骤然上升,初步推测其原因为人工活动与降水量增加相互叠加导致堆积物中磁赤铁矿含量大幅增加,而石家河文化时期的降水量则与之形成鲜明对比。

2. 粒度特征

水或风等介质的搬运及沉积作用,使沉积物的颗粒具有某种分布特征。沉积物的粒度是衡量介质能量和沉积盆地能量的一种尺度。一般来讲,粗粒沉积物出现于高能环境,而细粒沉积物多出现于低能环境(赖内克,1979)。鉴于考古地层受人工扰动作用显著,其样品的粒度特征难以恢复丹江的沉积动力特征,但遗址位于丹江的二级阶地面上,该遗址地层中因丹江洪水沉积作用嵌有多层文化间歇层(自然沉积层,由洪积或冲积作用形成),这在恢复遗址古环境时有一定的参考价值。因此,本书有选择地测试了 4 个文化间歇层样品的粒度数据作为恢复遗址环境的参考性指标,并将其与丹江现代沉积样品做对比,具体分析结果见图 4-6。图 4-6 显示,2-③样品(32 cm)>63 μm 粒级的含量最高,暗示清代自然堆积层可能形成于高能沉积环境,与该层磁化率特征吻合。在>63 μm 的样品中,5-③(90 cm)属于龙山文化时期上层间歇层,6-③(125 cm)属于龙山文化时期下层间歇层,二者>63 μm 堆积物含量接近,可能表明两次相似的堆积动力的沉积过程。7-③(170 cm)是石家河文化时期间歇层,粒级>63 μm 的堆积物含量低于 10%暗示较弱的沉积动力特征,与现代丹江岸边自然沉积物对比样品(丹江②)较为接近。

另外,4 个间歇地层样品黏土级(<2 μm)的细粒含量基本保持在 6%~8%,变化不大,暗示悬流沉积的稳定性。而堆积物粒径为 2~30 μm 且含量大于 60%的文化层分别是龙山文化时期上层间歇层、龙山文化时期下层间歇层和石家河文化间歇层,其中龙山文化时

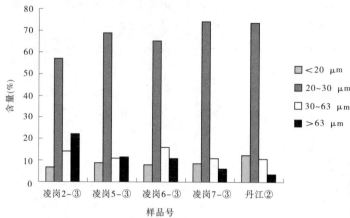

图 4-6　T1717 剖面文化间歇层样品分级粒度对比

期的两个间歇层,该粒级含量都在 65% 左右。而石家河文化时期间歇层,该粒径分布的含量与丹江对比样品均超过了 70%,可能表明石家河文化时期间歇层的形成环境与丹江岸边的现代沉积环境相近,总体上属于憩流沉积产物,丹江对比样品尤其如此。

自然沉积物磁化率值与粒度的关系在很大程度上反映了物源、沉积动力条件及次生条件变化的影响(王建等,1996)。从上述不同粒级含量特征与磁化率对比结果可以看出,T1717 剖面文化时期间歇层中粗粒含量较高的地层可能对应高能沉积动力环境,暗示该文化期为多雨期,反之则降水量较少,而降水量的多寡与磁化率变化也有很好的对应关系。图 4-7 为 4 个文化时期间歇层样品的频率曲线,从不同间歇层样品的粗、细端曲线特征可以看出,图 4-7(a)在 $4\phi$ 和 $7\phi$ 有两个峰值,明显区别于龙山文化时期间歇层和石家河文化时期间歇层堆积物。龙山文化时期上间歇层又区别于其下间歇层,在粗端曲线有亚峰值出现,表明龙山文化时期上间歇层形成时期存在高于下层的沉积动力事件。而石家河文化时期间歇层堆积的粗粒和细粒端的含量分布相对均匀[见图 4-7(d)],图 4-8 是石家河文化时期间歇层堆积物粒度的三段式图谱,无论是悬移质、跃移质还是推移质的斜率都较为接近,反映了比较弱的沉积环境,反映了二者相似的沉积过程。

3. 氧化物含量

对于地层堆积物属性的研究,无论是自然沉积还是人工扰动过的地层,由于地表风化、剥蚀和搬运过程均与地层形成的气候环境背景密切相关,所以常常利用地层样品的氧化物含量变化寻求地层形成时的气候变化或人类活动的特征。图 4-9 显示,$SiO_2$ 含量最高,为 62.8%~70%;其次是 $Al_2O_3$,含量为 12.8%~15.7%;$Fe_2O_3$ 含量为 3.57%~4.67%。这种富铝、铁风化壳堆积过程与暖湿的环境背景相关。这种情况也可以从 $Na_2O$、$K_2O$ 含量的变化得到体现,二者分别在 45~48 cm、150 cm 两处出现谷值,反映湿热条件下 $Na_2O$、$K_2O$ 大量随流水迁移的较多,对应层位的 $Fe_2O_3$ 变化曲线则表现为峰值、有富铁化过程出现。

$TiO_2$ 的化学性质比较稳定,一般在偏碱性、偏氧化性的环境中不易发生迁移(李铮华等,1998)。同时,$TiO_2$ 又是植物生长不可缺的重要元素,植物生长茂密,需要吸收大量的此种元素,然后又随枯枝落叶在土层中富集。虽然 $TiO_2$ 比较稳定,但在暖湿气候下由于

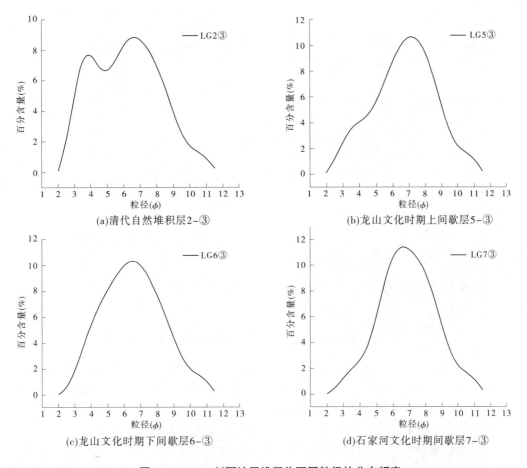

(a)清代自然堆积层2-③

(b)龙山文化时期上间歇层5-③

(c)龙山文化时期下间歇层6-③

(d)石家河文化时期间歇层7-③

**图 4-7　T1717 剖面地层堆积物不同粒级的分布频率**

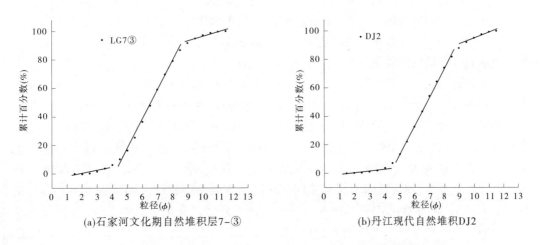

(a)石家河文化期自然堆积层7-③

(b)丹江现代自然堆积DJ2

**图 4-8　T1717 剖面石家河文化期堆积物粒度累计含量现代堆积物对比**

风化过程活跃,加之大量植物残体分解过程中产生的有机酸(如草酸、胡敏酸等)会导致

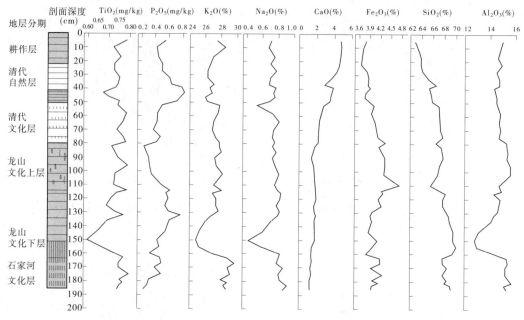

**图 4-9　T1717 剖面氧化物含量变化**

TiO₂ 迁移。因此，TiO₂ 富集的层位，其形成的环境为有利于植物生长的温湿气候环境；反之，TiO₂ 含量低或减少的层位，其形成的环境为较干凉的环境，不利于植物的生长。从图 4-9 的 TiO₂ 的含量变化曲线可以明显地看出，TiO₂ 的含量变化与在剖面的 Na₂O、K₂O 含量变化呈正相关。这说明，TiO₂ 和 Na₂O、K₂O 的环境指示作用是相近的。

P₂O₅ 含量通常指示人类活动强度的大小，这与文化层多含有动物骨骼和人类废弃垃圾中含有 P 产物有关。图 4-9 显示 P₂O₅ 变化曲线在龙山文化下层和清代文化层出现两处峰值，石家河文化层也有亚峰值出现，表明该地层存在生活废弃物、可耕地或人类居所等。CaO 虽然可以反映风化过程的强度，但淋溶迁移水平较 Na₂O、K₂O 低得多且不大灵敏，考古遗址中 CaO 的含量变化常被用来指示遗址区内房屋分布范围、草被堆积、动物骨骼残余或者人和动物的排泄物堆积（Terry，et al，2004）。

另外，为全面了解 T1717 地层沉积环境的气候特征，通常利用惰性元素与活性元素的比值、Rb/Sr 比值及地层样品的烧失量（Loss on Ignition，简称 LOI）相互参照对比，作为恢复古环境的重要手段。一般地，Al₂O₃/（Na₂O+K₂O+CaO）可作为风化指数，该值越高，表明含 Na⁺、K⁺、Ca²⁺ 活性物质迁移量大，反映湿热的风化环境；反之，则指示相对干凉的风化环境。烧失量（LOI）指测试样品中有机成分的百分数，用于指示测试样品所在地层中有机质含量的多少，间接反映地层堆积时期植被及气候干湿程度。图 4-10 显示，风化指数［Al₂O₃/（Na₂O+K₂O+CaO）］曲线从石家河文化层到清代文化层总体走低，三个明显的峰值分别出现在石家河文化中期、龙山文化上层晚期和清代自然堆积层。而 LOI 曲线的高值同样指示湿润的环境，但由于遗址地层存在人类活动影响，LOI 指示的环境特征必须有其他指标来校正，而 Rb/Sr 与 Al₂O₃/（Na₂O+K₂O+CaO）的含义相仿，可以作为它们的校正曲线。可以看出，龙山文化下层为整个剖面较湿热时期；其次的湿润期分别是石家河文化时期、龙山文化上层、清代文化层堆积和清代自然堆积层。Rb/Ca 具有和 Rb/Sr 相同的风化环境指示功能。

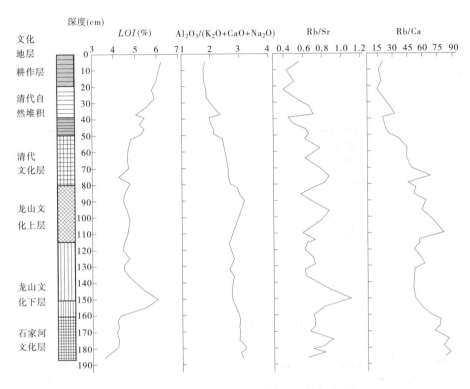

**图 4-10　T1717 剖面地层环境代用指标的变化**

4. X 射线衍射(XRD)分析

X 射线衍射(XRD)分析是利用晶体形成的 X 射线衍射,对物质进行内部原子在空间分布状况的结构分析方法。将具有一定波长的 X 射线照射到结晶性物质上时,X 射线因在结晶内遇到规则排列的原子或离子而发生散射,散射的 X 射线在某些方向上相位得到加强,从而显示与结晶结构相对应的特有的衍射现象。衍射 X 射线满足布拉格方程:

$$2d\sin\theta = n\lambda$$

式中,$\lambda$ 为 X 射线的波长;$\theta$ 为衍射角;$d$ 为结晶面间隔;$n$ 为整数。

波长 $\lambda$ 可用已知的 X 射线衍射角测定,进而求得面间隔,即结晶内原子或离子的规则排列状态。将求出的衍射 X 射线强度和面间隔与已知的表对照,即可确定试样结晶的物质结构,此即定性分析。从衍射 X 射线强度的比较,可进行定量分析。图 4-11 是 T1717 剖面三个测试样品和丹江对比样品的 XRD 分析谱线,从分析谱线可以看出,按 $2\theta = 26.6°$ 时的 Counts 的数量特征 6-⑧(150 cm,龙山文化期下间歇层)与丹江对比样品 DJ2 接近($V_{\text{counts}} < 10\ 000$);而 2-②(27 cm,清代自然堆积层)和 7-⑥(181 cm,石家河文化期间歇层)可划为一个类型($V_{\text{counts}} > 10\ 000$),不同 $2\theta$ 对应的 Counts 值见表 4-1。

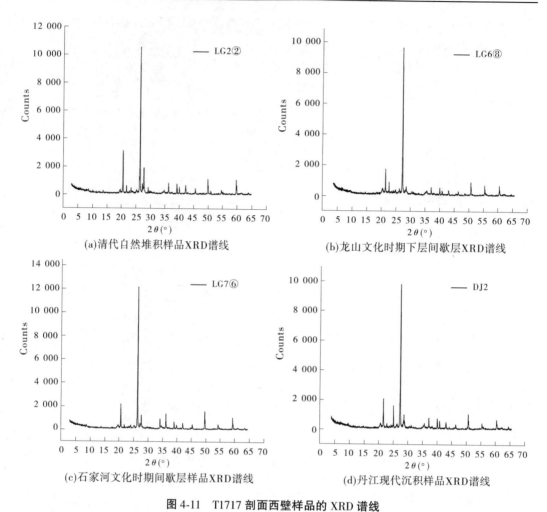

(a)清代自然堆积样品XRD谱线

(b)龙山文化时期下层间歇层XRD谱线

(c)石家河文化时期间歇层样品XRD谱线

(d)丹江现代沉积样品XRD谱线

图 4-11　T1717 剖面西壁样品的 XRD 谱线

表 4-1　T1717 剖面不同层位样品的 XRD 分析 Counts 数据

| 样品号 | $2\theta(°)$ | | | | |
| --- | --- | --- | --- | --- | --- |
| | 20. 84 | 22. 04 | 26. 62 | 27. 9 | 55 |
| 2-② | 3116. 67 | 625 | 10 554. 17 | 1 812. 5 | 212. 5 |
| 6-⑧ | 1 741. 67 | 891. 67 | 9 645. 83 | 620. 83 | 454. 17 |
| 7-⑥ | 2 170. 83 | 337. 5 | 12 162. 5 | 1 225 | 325 |
| DJ2 | 2 066. 67 | 341. 67 | 9 787. 5 | 987. 5 | 208. 33 |

　　测试的四个样品的 XRD 谱线在 Jade5. 0 分析软件里进行分析,四个样品矿物成分基本相似,以石英($SiO_2$)、钙长石[$Ca(Al_2Si_2O_8)$]和云母($KAl_2[Si_3AlO_{10}](OH,F)_2$)为主。而它们的明显差异在于次生矿物的含量,其中 6-⑧ 含有蛭石、水云母和针铁矿[$\gamma-FeO(OH)$]等次生矿物(含量<5%),2-② 含有蛭石和部分高岭石($2SiO_2 \cdot Al_2O_3 \cdot 2H_2O$)成分(含量<2%)。而 DJ2 和 7-⑥ 矿物成分基本相同,基本为石英和长石类矿物,难以检

索到黏土矿物物相,也没有与已知矿物谱线强度对应的峰值。那么可以得到两点结论:①凌岗遗址至少从石家河文化早期(4 500~4 300 aB. P. )以来,自然地层沉积物是来自丹江上游的河流搬运堆积,因为遗址间歇层和丹江现代沉积无主要矿物成分 XRD 分析结果相似;②龙山文化时期(4 300~4 000 aB. P. )间歇层沉积物矿物含有一定量的次生矿物,表明当时岩石风化程度较深,原生矿物被进一步水解为黏土矿物,暗示暖湿的气候背景;清代自然堆积亦含有一定量的黏土矿物但比重较小,表明当时气候也属于暖湿类型而强度则不如龙山文化时期。

## 4.2.3　讨论

### 4.2.3.1　T1717 剖面地层反映的古环境信息

#### 1. 清代文化层

T1717 剖面地层的清代时期地层包括三部分:上层是清代自然堆积层;下层是清代人类活动层,含有砖瓦、瓷片等人类生活废弃物;中间夹层为清代室内堆积。参考该层的粒度特征,清代自然层 2-③样品(32 cm)>63 μm 含量为 22.02%,高于龙山文化层和石家河文化层;图 4-7(a)2-③样品的频率曲线在 4$\phi$ 粗粒端出现亚峰现象,这是测试的其他三个文化层样品所没有的;暗示由于该遗址地层均属于丹江的冲积堆积物。图 4-10 中该层的 Rb/Sr、Rb/Ca 和风化系数( $Al_2O_3/Na_2O+K_2O+CaO$ )均出现峰值:0.72、32.4、2.35 指示了风化活动的活跃期,暗示气候的暖湿特征。在数值上 LOI 和 $TiO_2$ 曲线也有指示。

该时期的人类扰动堆积层在图 4-9 的 $P_2O_5$、CaO、$K_2O$、$Na_2O$ 曲线上有明显变化;根据图 4-10 中 Rb/Sr、Rb/Ca 的变化,清代文化层的早期(75 cm)和中期(58 cm)存在湿润环境,而中期的湿润程度则远不如早期,因为 LOI 和风化系数曲线变化不大,其他时间段则相对干凉。

#### 2. 龙山文化层(4 200~3 900 aB. P)

该时期为新石器时代向文明社会的过渡转型期,本文化层是 T1717 剖面的主要组成部分(82~160 cm),图 4-10 显示从 95~100 cm 剖面的 LOI、$Al_2O_3/$($Na_2O+K_2O+CaO$)、Rb/Sr 都有暖湿迹象,而在 150 cm 层位的龙山早期文化间歇层 LOI 达到 6.04%,Rb/Sr 升至 1.11,表明该地层期为湿热的风化活跃期。图 4-9 表明,对应层位的 $K_2O$、$Na_2O$、$TiO_2$ 含量出现大幅度下降,暗示其较大的淋溶程度和迁移量;而龙山文化上层氧化物曲线开始走高、变化幅度也不大。根据我国东部 4.0 kaB. P. 左右普遍干凉的气候特征,T1717 剖面龙山文化下层的温暖期应当存于 4 kaB. P. 降温事件之前,意味着该地层形成年代最晚在 4.1 kaB. P. 之前。

龙山文化下层的暖湿特点也可以参考文化间歇层粒度和矿物组分特征加以说明。图 4-12 是龙山文化时期上、下间歇层堆积物粒径概率累计百分数图,图 4-12(a)反映龙山文化时期上间歇层(5-③,90 cm)概率分布特征为四段式结构,跃移质和悬移质与 6-③样品(龙山文化时期下间歇层,125 cm)对应概率值相似,而粗粒部分(推移质)则分化为两截,表明 5-③(龙山文化上层)所在地层的堆积环境为沙滩沉积环境;6-③样品[图 4-12(b)]的粒径分段图为河流冲积物的三段式,说明龙山文化下层是河流冲积环境。由此可以判断龙山文化下层为暖湿期,此时丹江流量较大,遗址处于河流一级阶地上;到了龙山文化上层时期气候变干,遗址所在地因丹江流量减小而远离河岸,堆积物性质也发生了变化。此外,图4-11和表4-1的XRD分析结果也表明,龙山文化期上层间歇层的黏土矿物组分少于龙山文化期下层间歇层。

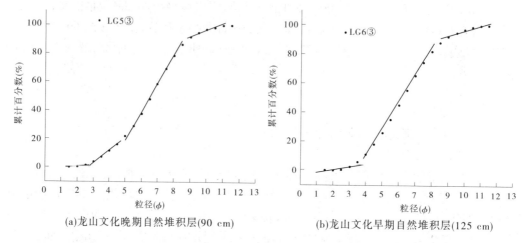

(a)龙山文化晚期自然堆积层(90 cm)　　　　　(b)龙山文化早期自然堆积层(125 cm)

**图4-12　龙山文化间歇层堆积的粒径累计分段曲线**

3. 石家河文化层

由于该地层出土的陶片红陶比重占80%以上,可以认为该地层形成时期为4 500~4 400 aB. P.,此时是石家河文化的早期或中期阶段。从图4-9可见,该地层$K_2O$、$Na_2O$、$TiO_2$、$SiO_2$、$Fe_2O_3$含量呈波动变化,无论从幅度还是持续期,其峰值和谷值都难以和龙山文化下层的暖湿期相比。图4-10显示,Rb/Sr、Rb/Ca曲线在175 cm和180 cm层位有局部峰值;与风化指数和*LOI*对比可知,180 cm层位存在短暂暖湿环境,而总体上石家河文化时期以干凉气候特征为主。图4-5中的磁化率曲线在该层位的高值现象亦证明了这一点。图4-7显示,石家河文化时期间歇层堆积物[测试样品7-③(170 cm)]粒度组分中粗粒比重与现代丹江的憩流沉积相近,推断凌岗遗址在石家河文化时期的地貌环境大致相当于现在丹江岸边的一级阶地面环境。图4-8(a)是该地层样品7-③与丹江对比样品的粒径概率累积图,二者均为三段式结构且各段的斜率也相近,推断石家河文化时期该遗址处于丹江一级阶地面上,地层沉积物为丹江的溢岸憩流所致。另外,表4-1中的XRD分析结果中,7-③与DJ2的4个$2\theta$(20.84°、22.04°、26.62°、27.9°)Counts值标准差小于0.19,说明二者在常量矿物(石英、长石等)和微量矿物(高岭石、蛭石、针铁矿等)组合的相对一致性,从另一个角度佐证了凌岗遗址石家河文化时期的沉积环境与现代丹江岸边一级阶地沉积环境相似性的一面。

## 4.2.3.2　T1717剖面地层反映的人类活动信息

Terry等(2004)将现代人类活动相关功能区的地层元素特征与古代人类遗址地层的元素特征做对比研究(见表4-2),结果认为Mn对手工制品有指示作用;Cu对粪堆、骨骼、炭屑、手工品等人类活动遗留有指示作用;Ca对灰浆、集聚点、作物残留等有指示作用;K反映遗址地层中的耕地、生活垃圾残余;Ba元素的变化则对粪堆、炭屑等遗物指示明显;Sr对骨骼、炭屑、可耕地等有指示作用;Pb含量异常对手工制品、集聚点等遗存反应敏感。

图4-13 是凌岗遗址 T1717 剖面地层测试样品的 XRF 氧化物含量,现根据图中显示的元素含量变化尝试恢复遗址各个文化层人类活动的相关信息。

表 4-2　古人类活动场所与相关元素的关系

| 元素 | 燃烧、浸水作用 | 粪堆 | 居所 | 聚居点 | 作物、草被 | 灰浆 | 炭粒 | 动物骨骼 | 可耕地 | 手工制品 | 生活垃圾 |
|---|---|---|---|---|---|---|---|---|---|---|---|
| Mn | ☆ | | | | | | | | | ☆ | |
| Cu | | ☆ | | | | ☆ | ☆ | ☆ | | ☆ | ☆ |
| Ca | ☆ | ☆ | | ☆ | ☆ | ☆ | | ☆ | ☆ | ☆ | ☆ |
| P | ☆ | ☆ | ☆ | ☆ | ☆ | | | ☆ | ☆ | | ☆ |
| K | | | ☆ | | ☆ | | | | ☆ | | ☆ |
| Ba | | ☆ | | | | ☆ | ☆ | | | | |
| Sr | ☆ | ☆ | | | | ☆ | ☆ | ☆ | | | |
| Pb | | | ☆ | ☆ | | | ☆ | | | ☆ | |

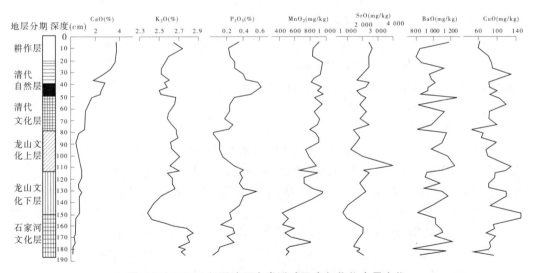

图 4-13　T1717 剖面地层人类活动元素氧化物含量变化

1. 清代文化层

清代文化层室内堆积(39~49 cm;该地层处于残留墙体之间,局部有大量砖块成层排列,疑似地砖残余)的 CaO 含量为 3.8%(39 cm)、$K_2O$ 含量为 2.69%(43 cm)、$P_2O_5$ 含量为 0.82%(43 cm)、$MnO_2$ 含量为 950 mg/kg、SrO 含量为 170 mg/kg(39 cm)、BaO 含量为 620 mg/kg(39 cm)、CuO 含量为 100 mg/kg(46 cm)。上述氧化物含量在该层位都存在异常高值,这表明该地层人类活动遗物除出土的瓷片、砖瓦外,还有其他迹象,如草被灰烬、生活垃圾、手工制品、炭屑、灰浆、动物骨骼等。表明该地层曾是人口集聚点,各种人类活动如取火做饭、墙内粉饰、手工品收藏或制作、生活垃圾的倾泻等相当活跃。而清代早期文化层堆积层氧化物含量变化反而不如清代室内堆积层氧化物含量变化明显:$K_2O$ 含量为 2.75%(52 cm),为谷值,$P_2O_5$ 含量为 0.5%(52 cm)、SrO 含量为 170 mg/kg(75 cm),而该层早期 $P_2O_5$ 含量为 0.48%(75 cm)、$MnO_2$ 含量为 920 mg/kg(70 cm),出现亚峰值,表明有生活垃圾和手工品等遗物残留物。只有 BaO 含量为 890 mg/kg(52 cm)、CuO 含量为 120 mg/kg(58 cm)出现峰值,表明该地层有明显建筑材料使用的灰浆痕迹,可能是进行搅拌建筑材料的集中地点,而 CuO 高值指示含铜器物的存在。

2. 龙山文化层

龙山文化上层的 $K_2O$ 含量为 2.82%(102 cm)、$MnO_2$ 含量为 900 mg/kg(86~90 cm)、SrO 含量为 250 mg/kg(110 cm)、BaO 含量为 850 mg/kg(110 cm)、CuO 含量为 130 mg/kg(110 cm),其含量均出现峰值波动,$K_2O$、$MnO_2$ 升值幅度小,指示该遗址曾有耕地及其草被灰烬存在;SrO、BaO、CuO 增幅较大,明显反映了遗址区为人类集聚的重要场所,有大量生活垃圾、炭屑和动物骨骼残留物。龙山文化下层中 $P_2O_5$ 含量为 0.77%(132 cm)、$MnO_2$ 含量为 900 mg/kg(132 cm)、SrO 含量为 250 mg/kg(160 cm)、BaO 含量为 850 mg/kg(110 cm)、CuO 含量为 130 mg/kg(132~136 cm),图 4-13 显示的氧化物变化曲线中 BaO、CuO 变化与幅度相对较大,可能表明此时遗址人类的铜制品使用比较普及。而龙山文化下层的高炭屑层 $K_2O$ 含量为 2.48%(150 cm),为整个剖面最低值,适宜的气候下各类植物繁茂,人类伐木活动可能加剧,造成地层中大量炭屑存在,动物食品的组分增加。$P_2O_5$ 含量为 130 mg/kg(160 cm)、$MnO_2$ 含量为 130 mg/kg(150 cm)、SrO 含量为 84 mg/kg(150 cm)均处于低值区间,而 CuO 含量为 150 mg/kg(150~160 cm),处于高值区间,可能暗示有青铜器物的使用。图 4-5 的磁化率变化也在 136 cm 地层为峰值($27.1 \times 10^{-6}$ $m^3$/kg),表明有强烈的人类活动和湿暖气候的影响。

3. 石家河文化层

$K_2O$ 含量为 2.97%(167 cm)、$P_2O_5$ 含量为 0.49%(132 cm),含量出现短暂高值后呈高低波动,表明石家河文化时期人类食物组成的反复波动,气候适宜期农作物充足、动物食品的组分下降,而干旱期因粮食减少、捕猎为食的行为重新上升,具体表现为动物骨骼残留的增加。$MnO_2$ 含量为 810 mg/kg(175 cm)、BaO 含量为 820 mg/kg(175 cm)两种氧化物含量在该地层中部(175 cm)出现峰值,是陶制品器物制作和建筑物灰浆残留的指示。而 SrO 含量为 120 mg/kg(179 cm)、CuO 含量为 49 mg/kg(183 cm)则处于低值区间,表明此时尚未进入铜石并用阶段。图 4-7 磁化率曲线也在 170 cm 和 181 cm 出现 $11.7 \times 10^{-6}$ $m^3$/kg、$13.7 \times 10^{-6}$ $m^3$/kg 的局部峰值,揭示了石家河文化时期凌岗新石器人类集聚点至少经历过两次繁荣期。

## 4.2.4　主要认识

通过对河南淅川县凌岗遗址 T1717 剖面地层的氧化物含量、粒度、磁化率和 X 衍射谱线等指标分析的结果,可获得凌岗遗址现存地层所保留的环境与人类活动信息如下:

（1）石家河文化时期。Rb/Sr、Rb/Ca 曲线在 175 cm 和 180 cm 层位有局部峰值；与风化指数和 $LOI$ 对比可知，180 cm 层位存在短暂暖湿环境，而总体上石家河文化时期以干凉气候特征为主。$MnO_2$、$BaO$ 两种氧化物含量在该地层中部（175 cm）出现峰值，指示陶制品器物制作和建筑物灰浆残留。而 $SrO$（179 cm）、$CuO$（183 cm）则处于低值区间，推测此时尚未进入铜石并用时代。磁化率曲线也在 170 cm 和 181 cm 出现 $11.7×10^{-6}$ $m^3$/kg、$13.7×10^{-6}$ $m^3$/kg 的局部峰值，揭示出石家河文化时期凌岗新石器人类集聚点经历过两个繁荣时期。

（2）龙山文化时期。龙山文化时期上间歇层（90 cm）粒径分布特征为四段式结构，表明龙山文化时期上层的堆积环境为沙滩沉积环境；龙山文化时期下间歇层沉积物概率分布三段式是河流冲积环境，表明龙山文化时期下层气候为暖湿期，到了龙山文化上层时期气候变干。龙山文化下层中 $BaO$、$CuO$ 变化与幅度相对较大，可能指示青铜器物的使用。而龙山文化下层的高炭屑层很可能因燃烧遗迹或毁林开荒造成地层中大量炭屑存在，动物食品的组分增加。磁化率变化也在 136 cm 地层为峰值（$27.1×10^{-6}$ $m^3$/kg），揭示了强烈的人工活动和湿暖的气候影响。

（3）清代时期的凌岗遗址在地貌位置上仍处于丹江的洪积范围之内，Rb/Sr、Rb/Ca 和风化系数（$Al_2O_3$/$Na_2O+K_2O+CaO$）均出现峰值，指示了风化活动的活跃期，暗示气候的暖湿特征；清代文化层的早期（75 cm）和中期（58 cm）存在湿润环境，而中期的湿润程度则远不如早期。该地层曾是人口重要集聚点，人类活动如取火做饭、墙内粉饰、手工品收藏或制作、生活垃圾的倾泻等相当活跃。

# 4.3　郧县辽瓦店遗址地层的古环境研究

辽瓦店遗址位于汉江上游，南接巫山、北连秦岭、东与南阳盆地毗邻，为我国地形第二与第三阶梯的地理分界和鄂豫陕交接的三角地带。该区重峦叠嶂、植被繁茂、气候温和湿润，是古人类和古文化发展的重要区域（高星，2003）。本书利用湖北郧县辽瓦店遗址 T0709 探方南壁地层样品，通过粒度、重矿、地球化学等环境指标的分析，对辽瓦店地区夏代以来的环境演变与人类活动之间的关系进行了探讨。

## 4.3.1　遗址概况及年代标尺的建立

### 4.3.1.1　辽瓦店遗址概况

辽瓦店遗址（$32°49'33''$N，$110°41'18''$E）位于湖北省郧县县城西南约 18 km 的汉江南岸，西侧与辽瓦店村毗邻（见图 4-14），属于北亚热带季风气候，年均降水量 860 mm、年均气温 15.2 ℃。该遗址总面积达 20 万 $m^2$，由于南水北调工程丹江口水库扩容，遗址区将被淹没；2005 年 3 月开始，武汉大学考古系、湖北省考古研究所联合发掘了该遗址。已初步确定其为从新石器时代到有人类文明历史以来的通史式遗址，是夏、商、周时期的一个重要文化遗存。

研究探方 T0709 位于汉江南岸的一级阶地面上、北距汉江约 20 m，海拔 149.8 m。东、西、南三面有低山环绕，东侧 100 m 有一季节性河流，距汉江平水期水位（142 m）约

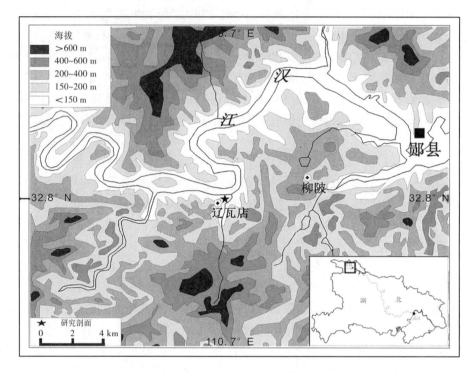

**图 4-14　辽瓦店遗址的位置**

7.8 m；遇有特大洪水阶地面会有溢岸憩流沉积。另外，季节性洪流也会在遗址面产生洪积层。本研究剖面为 T0709 探方的南壁（见图 4-15），自上而下该剖面的主要特征是：

第①层为耕土层。呈灰色、土质疏松，包含植物根茎和砾石，堆积厚度 6 cm。

第②层为近现代文化层。呈灰褐色，堆积厚度 15 cm，含少量砾石；本层下部略显黄褐色、土质疏松，包含物少。

第③层为清代文化层。为砂质灰黄色土层、质地坚硬，包含砖瓦碎屑。堆积厚度 50 cm；含多处近现代人类活动堆积的灰坑。

第④层为明代文化层。为黑褐色砂姜土，含大量红烧土粒和炭粒，有褐陶、灰陶和瓷片；堆积厚度 49 cm。

第⑤层为东周文化层。土色呈灰黄色，土质坚硬，包含大量红烧土粒、炭屑、骨屑和陶片。堆积厚度 136 cm。该层含人类活动堆积的灰坑。土层含较多骨屑、炭屑和红烧土粒，堆积厚度 10~40 cm 不等（采样处厚 15 cm）。

第⑥层为夏代文化层。土质紧密，堆积物呈灰褐色、纯净，偶见陶片。堆积厚度为 70 cm。下为自然堆积层，未见底。

该剖面的④、⑤层之间和⑤、⑥层之间为文化断层，即存在时代不整合现象。但与同一遗址区的 T0713 等有完整文化层序列❶（其商代文化层为浅褐色砂质黏土，平均厚度 18 cm；唐宋文化层为灰褐色泥质砂土层，厚 20~33 cm）的剖面对比后可知，这两期文化断层

---

❶　湖北省文物局，武汉大学考古系. 湖北郧县辽瓦店遗址考古发掘汇报. 2006.

很可能为人类活动改造的结果。

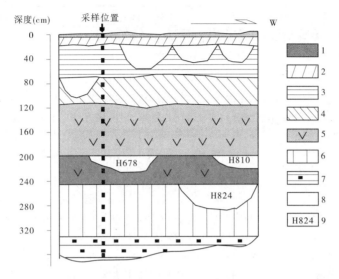

1—耕作层;2—近现代文化层;3—清代文化层;4—明代文化层;5—东周文化层;
6—夏代文化层;7—自然堆积层;8—近现代土坑;9—灰坑

**图 4-15　T0709 探方南壁剖面**

### 4.3.1.2　文化地层的界定

整个剖面地层按出土器物排比法结合古钱币定年。根据辽瓦店遗址 22 个探方出土的器物(见表 4-3)及其形制特征可以确定该剖面文化层时代的下界。辽瓦店遗址最老文化层出土的器物以陶罐、釜、大圈足盘为主,少见高圈足杯。这些陶器制作风格粗糙豪放、多大型红褐色陶器,黑灰陶次之。饰纹以竖拍篮纹为主,其次是菱形方格纹,凹弦纹(或带纹)之间施篮纹、方格纹的复合型纹饰流行。这组器物组合与湖北天门的肖家屋脊遗址(BK89038)后石家河文化时期地层出土器物的形制特征组合相近,在文化地层上具有可比性。BK89038 剖面该期文化地层的 $^{14}$C 测年结果为:2185±70B. C. (石家河考古队,1999);考虑到有青铜器出土(夏代文化层的主要标志),可以断定辽瓦店遗址最老文化地层堆积期为公元前 2100~2000 年。而 T0709 探方出土的陶器多为灰黑陶,其上有中、粗绳纹纹饰,陶罐为卷沿方唇、腹部圆胖;夹砂陶类型多,如小口瓮、瓠、盉、爵、角、斝、鬶等食器均与二里头出土器物相似,因此可以确定辽瓦店遗址 T0709 探方最老文化层属于夏代而不早于后石家河文化晚期。

东周文化层的确定主要根据具有楚文化特征的青铜器物组合。该遗址可以辨别的青铜器主要包括鼎、壶、盘、匜、镖、镞、刀等。它们多出土于楚国墓葬,因此将含有较多青铜器的地层定为东周文化层。另外,饰纹为阴线网状、羽状浮雕的玉牌雕刻工艺也明显区别于西周时期的内线细、外线宽的双钩阴线风格。

明清文化层多出土明清期的陶、瓷碎片,砖瓦碎片及钱币。这些陶、瓷碎片大多做工精细,遍施白釉,在瓷器的内心和外缘均有豆青和粉青色釉质花饰;做工细腻的青花瓷壶瓶多有纹饰或产地,加之明清期出土钱币的佐证,从而确定该地层的堆积年代。

表 4-3　辽瓦店遗址出土器物及其时代特征❶

| 地层号 | 出土器物 | 器物形制及特征 | 鉴定地层年代 |
|---|---|---|---|
| 2 | 近代砖瓦及玻璃碎片;铁制农具 | 砖瓦与现代当地农居建筑砖瓦近似;农具形制与现代传统农具相当 | 近现代文化层 |
| 3 | 青花瓷碟、盘、碗碎片;砖、瓦碎片;钱币 | 瓷碟为圆唇、敞口、平折沿,沿面稍内凹,圈足,边缘施有粉青釉莲花纹饰;瓷盘胎体厚薄不一,胎色细白,通体遍施白釉层,里外边缘均施有青釉花饰,做工精细;瓷碗胎体较厚,胎色不纯,仅在外面施以青釉,且色调浓淡不均,工艺粗糙;砖瓦碎片上有菱形凸纹 | 清代文化层 |
| 4 | ①陶器:罐、壶、盘、盏形器;②瓷器:盘、壶、瓶;③铜器:铜碗 | 瓶形壶为圆唇、撇口、长束颈、圆鼓腹、圈足有削痕;除圈足底施一圈紫红色釉外,通体施豆青釉,釉色晶莹润泽。盘、碗的胎体较厚,胎质较细,胎色细白,圆唇、平折沿,沿面微内凹,浅坦腹、圈足;除足心外,通体施豆青釉,内底心饰首尾相向的印花双鱼纹 | 明代文化层 |
| 5 | ①陶器:罐、盂、豆、釜、甑;②青铜器:鼎、盂、壶、盘、匜、镞;③石器:石网坠、石牌、玉璜 | 多夹细砂黑陶罐、豆、釜等,纹饰以绳纹为主,其次是弦纹和方格纹。石质网坠由河卵石简单加工而成。青铜器物缺损严重、质地坚硬,疑似铜、锡合金所制;玉璜表明饰纹为阴线网状、羽状浮雕 | 东周中晚期 |
| 6 | ①食器:罐形鼎、罐、钵、釜、盂、圈足盘、铜瓿等;②工具:石镞、石刀、石网坠、石凿、骨镖、蚌刀、骨鱼钩,铜镞、铜刀、铜鱼钩;③饰物:石牌饰、骨簪、铜牌饰 | 制作粗糙,多大型红褐色陶器,黑灰陶次之,偶见青铜器物;饰纹以竖拍篮纹为主,其次是菱形方格纹,凹弦纹(或带纹)之间施篮纹、方格纹的复合型纹饰流行;凸棱、划纹渐少见;罐形鼎增加,锥足鼎渐多;折沿垂腹釜的最大腹径下移;出土器物多以釜、大圈足盘为主,高圈足杯少见 | 对比地层:肖家屋脊 BK89038 剖面 $^{14}C$ 测年结果为:2185±70 B. C. (石家河考古队,1999);青铜器的出现标志着该地层已进入夏代 |

## 4.3.2　样品采集与测试方法

### 4.3.2.1　样品采集

　　样品于 2007 年 11 月采自湖北省郧县辽瓦店遗址 T0709 探方的南壁,剖面深度为 325 cm。采用自下而上不等距采样方法共获取有效测试样品 27 个,用于各种指标的测试。

---

❶　武汉大学考古系. 湖北郧县辽瓦店子遗址考古发掘记录. 2005-2007.

为尽量避开人类干扰严重的地层部位,采样位置见图 4-15 中的竖直虚线处。另在 T0709 探方北侧约 20 m 处汉江河岸剖面采集了 2 个疑似洪水憩流沉积物的对比样品 C1 和 C2。

#### 4.3.2.2　测试方法

粒度测试与凌岗遗址剖面文化间歇层样品测试方法和仪器一致,在南京师范大学地理科学学院地表过程实验室完成。

地球化学元素含量:用实验室内自然风干的样品,碾磨至 200 目,取 0.125 g 加 5~6 滴亚沸水润湿后加 4 mL HCl,混合均匀加热 1 h(100~105 ℃)。降温后加 2.5 mL $HNO_3$、加热 20 min,再加 0.25 mL $HClO_3$,然后加 6~7 mL HF。加热、定容后,在南京大学现代分析中心用美国 Jarrell-Ash 公司产 J-A1100(精密度:$RSD \leqslant 2\%$)的 ICP-AES 仪上进行测试。

氧化物含量:将风干后的样品以 5 g 为单位先研磨至 200 目以下,通过高温熔融法制片后,用瑞士产 ARL-9800 型 X 射线荧光光谱仪(XRF)在南京大学现代分析中心完成。再用国家地球化学标准样(GSS1 和 GSD9)分析误差为 $\pm 1\%(\times 10^{-6})$。

重矿鉴定:样品先后经过洗泥、筛分、磁选,再用三溴甲烷($CHBr_3$)将轻重矿物分离,然后用酒精清洗、烘干、称重,最后在莱斯实体显微镜下对重矿类型进行鉴定。

### 4.3.3　测试结果

#### 4.3.3.1　粒度特征

一般地,粗粒沉积物出现于高能沉积动力环境下,而细粒沉积物多出现在低能动力环境下(Friedman, et al, 1978)。为恢复整个剖面沉积环境特征,同时考虑到研究剖面距汉江仅 5 m(遗址核心区距汉江 20 m),其地层自然沉积属性大于其文化属性,因此为获取较为全面的古环境的信息,对 27 个样品进行了粒度测试(见图 4-16)。

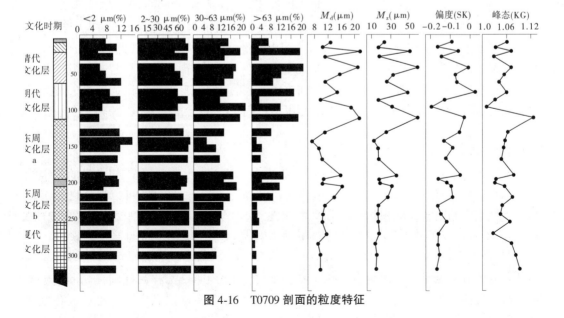

图 4-16　T0709 剖面的粒度特征

由图 4-16 中的粒级组分柱状图可见,变化显著的粒级是<2 μm、>63 μm 和 30~63 μm。而它们所区分的粒度变化特征与各样品的平均粒径变化的特征一致,即平均粒径的高值对应>63 μm 粒级的高值、平均粒径的低值对应<2 μm 粒级的高值;而 30~63 μm 粒级的变化特征与>63 μm 粒级基本相同。显然,样品的平均粒径变化更具沉积物沉积环境的综合特征。

该剖面中值粒径($M_d$)和平均粒径($M_z$)的平均值分别为 12.7 μm 和 25.6 μm,它们的 $C_v$ 值(离差系数)分别为 0.32 和 0.54,表明样品的 $M_z$ 变化较大。其中,285 cm 层位[25 号样品(书中的样品号均按采样层位自上而下排列,并与曲线点位相对应)]的 $M_z$ 为 13.5 μm,40 cm(5 号样品)的 $M_z$ 为 59.3 μm。$M_z$ 曲线上的 6 个峰值自上而下分别位于近代文化层底部(18 cm,3 号样品)、清代文化层(40 cm,5 号样品)、明代文化层顶部(75 cm,8 号样品)、明代文化层底部(110 cm,11 号样品)、上东周文化层底部(190 cm,16 号样品)、下东周文化层顶部(205 cm,19 号样品)。这 6 个样品的粒度峰值中前 4 个均在 48 μm 以上。与>63 μm 组分含量柱状图对比可知,这 6 个样品在>63 μm 粒级含量均大于 17%,应是高能沉积环境所致。而从下东周文化层中部(232 cm)到夏代文化层(320 cm)平均粒径波动较小,反映了相对稳定的沉积动力环境。12 cm(2 号样品)、25 cm(4 号样品)、60 cm(7 号样品)、85 cm(9 号样品)和 142 cm(13 号样品)层位为平均粒径($M_z$)曲线的谷值地层(见图 4-16),除 60 cm 层位样品的 $M_z$ = 25.9 μm 外,其余 4 个平均粒径为 11.9~16.9 μm。它们与<2 μm 粒级含量柱状图的高值对应(9.6%~15.1%),为汉江洪水形成的溢岸憩流在阶地面低洼部位形成的细粒沉积层(杨晓燕,2005)。

就其偏度($SK_1$)而言,以洪积物样品(3 号、5 号、8 号、11 号、16 号和 19 号样品)$SK_1$ 值为-0.09~0.02,接近常态,而憩流沉积物样品(如 2 号、4 号、7 号、9 号和 13 号样品)$SK_1$ 值为-0.17~-0.06,显负偏。同时,测试样品的峰态($KG$)曲线的走势与平均粒径($M_z$)基本一致,表明憩流沉积物频率曲线尖锐而洪积物频率曲线相对和缓。

为便于对不同沉积动力形成的沉积物及其环境背景的讨论,现将测试样品按粒级的四分位粒径值进行比较分类(见图 4-17)。图中矢量方向反映 Q3(含量为 75%的粒径值)数量特征、矢量长度反映 Q1(含量为 25%的粒径值)的量度,而矢量的位置表示其中位数 Q2(含量为 50%的粒径值)的大小。图 4-17 显示,沉积特征近似的沉积物矢径矢量和标量值相近,可以大致将沉积物分为高能沉积型(A 区)、低能沉积型(C 区)和过渡型(B 区)。

#### 4.3.3.2　重矿特征

重矿组合是物源变化极为敏感的指示剂,重砂矿物的搬运距离受矿物本身的化学稳定性和物理特征(硬度、解理、晶型等)控制(何钟铧等,2001)。因此,可以根据已知沉积物的类型组合判断未知沉积物的沉积动力属性。本书鉴定了 T0709 剖面地层的第 2(12 cm)、3(18 cm)号样品和汉江南岸出露的沉积物样品(C1 号和 C2 号)的重矿类型。

图 4-18 是 4 个样品不同晶形重矿的百分含量。4 个样品可以分为两类:2 号样品浑圆柱和复四方锥晶形重矿含量为 40%~50%;3 号、C1 号和 C2 号样品浑圆柱晶形重矿含量<40%、复四方锥晶形重矿含量>50%。这两个类型除在四方柱晶形重矿含量上有差别外,其他晶形重矿含量差别不大。3 号样品晶形特征与 C1 号和 C2 号沉积物相似,且 3

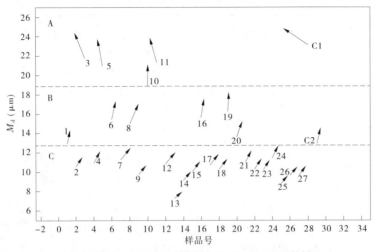

图中数字为自上而下排列的样品号;C1 和 C2 是比较样品

**图 4-17　沉积物的四分位—中值矢量**

号、C1 号和 C2 号浑圆状晶形重矿含量分别是 1.96%、2.35% 和 1.47%,表明 C1 号沉积物被搬运距离略大于 C2 号和 3 号沉积物。2 号沉积物浑圆柱晶形矿物含量较高,反映了较远的搬运距离,但在复四方双锥和四方柱晶形重矿含量的差异表明 2 号样品与其他样品的物源差异。

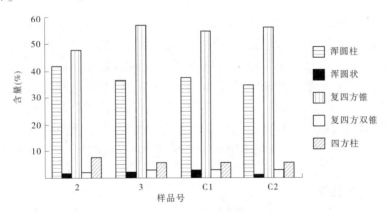

**图 4-18　鉴定样品的晶形百分数**

　　从鉴定的 4 个沉积物样品的重矿类型看,主要重矿的类型基本相同(见表 4-4),并且它们多源自强氧化环境(陈静等,2007)。但 2 号(12 cm)沉积物主要矿物缺少不稳定的角闪石,推断 2 号样品层位沉积物物源较远。而 3 号(18 cm)、C1 号和 C2 号地层沉积物均含有角闪石,表明这类沉积物的物源较近。考虑到 3 号样品沉积物为高能动力沉积型,而溢岸憩流沉积物多为弱动力沉积环境,那么以 3 号样品代表的图 4-17 中 A 区及 B 区部分沉积物(如 8 号、16 号、19 号样品)应为遗址东侧季节性河流洪积作用形成的洪积扇地层。

表 4-4　T0709 剖面地层重矿类型组合

| 样品号 | 重砂矿物含量（%） | 主要重砂矿物类型 | 次要重砂矿物类型 |
| --- | --- | --- | --- |
| 2 | 0.14 | 绿帘石、赤褐铁矿、磁铁矿、石榴石、锆石、金红石、磷灰石、重晶石 | 电气石、角闪石、绿泥石、辉石、榍石、白钛石、锐钛矿、碳酸盐类、黄铁矿、蓝晶石、辰砂 |
| 3 | 0.40 | 绿帘石、赤褐铁矿、磁铁矿、石榴石、锆石、角闪石、金红石、磷灰石、重晶石 | 电气石、绿泥石、辉石、阳起石、榍石、白钛石、锐钛矿、碳酸盐类、黄铁矿、辰砂 |
| C1 | 0.17 | 绿帘石、赤褐铁矿、磁铁矿、石榴石、锆石、角闪石、金红石、磷灰石、重晶石 | 电气石、绿泥石、辉石、阳起石、十字石、榍石、白钛石、锐钛矿、碳酸盐类、黄铁矿、辰砂 |
| C2 | 0.47 | 绿帘石、赤褐铁矿、磁铁矿、石榴石、锆石、角闪石、金红石、磷灰石、重晶石 | 电气石、绿泥石、辉石、透辉石、榍石、白钛石、锐钛矿、碳酸盐类、黄铁矿、辰砂 |

综合地层的粒度特征和重矿类型，T0709 剖面地层的沉积物大体分为两类：一是汉江上游洪水造成的溢岸憩流形成的憩流沉积，这类沉积物的平均粒径较小，分选较好。重矿组成中为稳定性矿物，由于长距离搬运，矿砂常有一定的磨圆度，如 2 号样品[见图 4-19（a）、（b）]。另一类是山前洪积地层，沉积物的平均粒径较粗，分选较差；重矿组分中含近距离搬运的不稳定矿物如角闪石。由于搬运距离近，这些矿砂的外形往往有尖锐的棱角，如 3 号样品[见图 4-19（c）、（d）]以及 C1 号样品、C2 号样品。因此，对照粒度的四分位分布，参考重矿类型特征，大体可以把 T0709 剖面地层分为憩流沉积（见图 4-17 中 C 区）和洪积层（见图 4-17 中 A 区和 B 区）两类。

#### 4.3.3.3　元素地球化学特征

元素地球化学在黄土沉积（张西营等，2004）、湖泊沉积（陈敬安等，1999）、遗址地层（朱诚等，2005）的古环境变化信息提取中广泛应用。地球化学元素的迁移、沉积规律与其地球化学行为有关，同时与沉积物化学组成和人类活动有关。目前，常通过元素含量的加和或比值去放大元素指标对气候变化的响应或减少各种扰动因素的影响（陈克造等，1990）。因子分析方法则可以将庞杂的原始数据按成因上的联系进行归纳，以提供逻辑推理的方向（舒强等，2001）。本书利用辽瓦店遗址剖面 27 个样品分析取得的 32 个元素含量（用 ICP-AES 方法测试）的原始数据经标准化处理后，在 SPSS.13 上用 R 因子分析中的主成分分析（PCA）方法，设置公因子最小方差贡献值为 1，经方差极大正交旋转后，选取公因子负载绝对值大于 0.6 的变量（见表 4-5）。

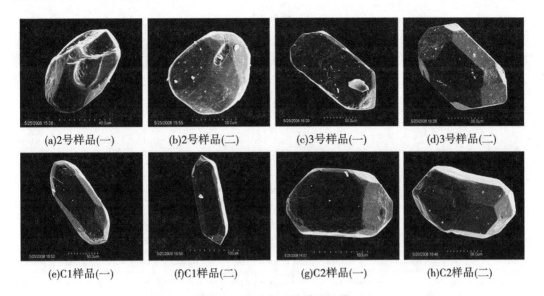

(a)2号样品(一)　　(b)2号样品(二)　　(c)3号样品(一)　　(d)3号样品(二)

(e)C1样品(一)　　(f)C1样品(二)　　(g)C2样品(一)　　(h)C2样品(二)

图 4-19　鉴定样品的锆石照片

表 4-5　主成分载荷矩阵及方差解释

| 元素 | 主成分载荷矩阵 | | | | | | 旋转后主成分载荷矩阵 | | | | | |
|---|---|---|---|---|---|---|---|---|---|---|---|---|
| | 主成分因子 | | | | | | 主成分因子 | | | | | |
| | F1 | F2 | F3 | F4 | F5 | F6 | F1 | F2 | F3 | F4 | F5 | F6 |
| Al | 0.95 | −0.2 | 0.10 | 0.02 | −0.08 | −0.05 | 0.96 | 0.13 | 0.12 | 0.08 | 0.08 | 0.07 |
| B | 0.36 | 0.19 | −0.18 | −0.32 | −0.47 | 0.49 | 0.23 | 0.30 | 0.11 | −0.40 | 0.12 | 0.66 |
| Ba | 0.80 | 0.33 | −0.3 | 0.22 | −0.11 | −0.16 | 0.59 | 0.67 | 0.31 | 0.06 | −0.18 | −0.03 |
| Be | 0.84 | −0.23 | 0.10 | −0.18 | −0.15 | −0.01 | 0.88 | 0.05 | 0.05 | −0.10 | 0.12 | 0.13 |
| Ca | 0.01 | −0.15 | 0.33 | 0.81 | 0.28 | 0.16 | −0.03 | −0.14 | 0.14 | 0.92 | 0.07 | −0.01 |
| Cd | 0.23 | 0.62 | −0.63 | 0.09 | −0.12 | 0.08 | −0.08 | 0.86 | 0.16 | −0.15 | −0.19 | 0.12 |
| Ce | 0.75 | 0.16 | −0.22 | −0.23 | 0.32 | −0.08 | 0.59 | 0.53 | −0.04 | −0.14 | 0.29 | −0.25 |
| Co | 0.79 | 0.06 | 0.06 | −0.22 | 0.23 | 0.27 | 0.65 | 0.33 | 0.04 | −0.04 | 0.53 | 0.07 |
| Cr | 0.94 | −0.09 | 0.01 | 0.22 | −0.08 | −0.06 | 0.89 | 0.28 | 0.18 | 0.22 | −0.02 | 0.06 |
| Cu | 0.25 | 0.47 | 0.52 | 0.28 | −0.41 | −0.1 | 0.15 | −0.06 | 0.87 | 0.08 | −0.09 | 0.10 |
| Fe | 0.87 | −0.33 | 0.29 | 0.01 | −0.05 | −0.08 | 0.96 | −0.12 | 0.15 | 0.09 | 0.07 | 0.09 |
| In | 0.68 | 0.23 | 0.38 | −0.34 | 0.12 | −0.11 | 0.61 | 0.05 | 0.42 | −0.28 | 0.37 | −0.14 |
| K | 0.87 | 0.44 | −0.05 | −0.13 | −0.05 | −0.07 | 0.65 | 0.56 | 0.42 | −0.20 | 0.16 | −0.05 |
| La | 0.89 | −0.01 | −0.09 | 0.19 | 0.24 | −0.08 | 0.77 | 0.43 | 0.07 | 0.27 | 0.14 | −0.16 |
| Li | 0.87 | −0.38 | 0.14 | 0.05 | −0.12 | −0.06 | 0.96 | −0.02 | 0.02 | 0.13 | 0.02 | 0.09 |
| Mg | 0.64 | −0.35 | −0.23 | 0.55 | 0.11 | 0.13 | 0.61 | 0.31 | −0.20 | 0.63 | −0.11 | 0.15 |

续表 4-5

| 元素 | 主成分载荷矩阵 | | | | | | 旋转后主成分载荷矩阵 | | | | | |
|---|---|---|---|---|---|---|---|---|---|---|---|---|
| | 主成分因子 | | | | | | 主成分因子 | | | | | |
| | F1 | F2 | F3 | F4 | F5 | F6 | F1 | F2 | F3 | F4 | F5 | F6 |
| Mn | 0.38 | 0.81 | -0.21 | -0.21 | 0.17 | -0.02 | 0.03 | 0.74 | 0.40 | -0.31 | 0.27 | -0.19 |
| Na | 0.62 | 0.25 | -0.59 | 0.05 | 0.24 | 0.18 | 0.35 | 0.85 | -0.15 | 0.06 | 0.12 | 0.03 |
| Ni | 0.80 | 0.03 | 0.18 | 0.15 | -0.13 | -0.04 | 0.74 | 0.16 | 0.34 | 0.14 | 0.05 | 0.08 |
| P | 0.19 | 0.75 | 0.39 | 0.24 | -0.09 | -0.05 | -0.05 | 0.22 | 0.87 | 0.08 | 0.12 | -0.08 |
| Pb | 0.23 | -0.13 | 0.64 | 0.15 | 0.45 | 0.19 | 0.22 | -0.30 | 0.17 | 0.45 | 0.72 | -0.13 |
| Sb | 0.13 | 0.50 | 0.44 | -0.4 | 0.23 | 0.29 | -0.07 | 0.05 | 0.41 | -0.26 | 0.59 | -0.02 |
| Sc | 0.92 | -0.23 | 0.27 | -0.06 | -0.08 | -0.04 | 0.96 | -0.02 | 0.16 | 0.04 | 0.18 | 0.06 |
| Si | -0.08 | 0.28 | -0.01 | -0.18 | 0.52 | -0.55 | -0.12 | 0.14 | 0.03 | -0.15 | 0.09 | -0.79 |
| Sn | 0.29 | -0.08 | 0.17 | -0.15 | 0.40 | 0.31 | 0.23 | 0.04 | -0.12 | 0.11 | 0.57 | 0.00 |
| Sr | 0.50 | 0.49 | -0.23 | 0.63 | 0.17 | 0.11 | 0.17 | 0.74 | 0.36 | 0.53 | -0.01 | 0.00 |
| Ti | 0.92 | -0.07 | -0.19 | -0.14 | -0.03 | 0.06 | 0.84 | 0.41 | -0.03 | -0.09 | 0.13 | 0.12 |
| V | 0.77 | -0.57 | -0.19 | -0.04 | 0.04 | -0.02 | 0.89 | 0.09 | -0.39 | 0.11 | -0.01 | 0.07 |
| Y | 0.83 | -0.28 | 0.24 | -0.32 | -0.01 | -0.05 | 0.90 | -0.07 | 0.02 | -0.16 | 0.28 | 0.00 |
| Zn | 0.40 | 0.73 | 0.41 | 0.19 | -0.22 | -0.02 | 0.15 | 0.25 | 0.92 | 0.02 | 0.02 | 0.02 |
| Zr | 0.77 | -0.33 | -0.38 | 0.07 | -0.15 | -0.09 | 0.80 | 0.32 | -0.24 | 0.05 | -0.15 | 0.12 |
| W | 0.79 | 0.10 | -0.03 | -0.2 | 0.15 | -0.07 | 0.68 | 0.35 | 0.10 | -0.13 | 0.26 | -0.13 |
| 特征值 | 14.47 | 4.51 | 3.05 | 2.54 | 1.73 | 1.06 | 12.46 | 4.87 | 3.87 | 2.52 | 2.26 | 1.39 |
| 方差(%) | 45.24 | 14.11 | 9.52 | 7.93 | 5.42 | 3.29 | 38.93 | 15.22 | 12.09 | 7.89 | 7.06 | 4.34 |
| 累计(%) | 45.24 | 59.35 | 68.87 | 76.8 | 82.22 | 85.51 | 38.93 | 54.15 | 66.24 | 74.13 | 81.19 | 85.52 |

由表 4-5 可知,所有元素被分成 6 个主成分,找出与这 6 个主成分相关系数绝对值最大的元素,并考虑其环境意义,进而选出 6 组特征相关元素进行环境和人类活动的分析研究。根据旋转后主成分载荷矩阵,从 F1 因子中挑出相关系数大于 0.95 的 Al、Fe、Li 和 Sc;从 F2 因子中挑出相关系数大于等于 0.74 的 Cd、Na、Mn 和 Sr;从 F3 因子中挑出相关系数大于 0.86 的 Cu、P 和 Zn;从 F4 因子中挑出相关系数大于等于 0.63 的 Ca 和 Mg;从 F5 因子中挑出相关系数大于 0.6 的 Pb;从 F6 因子中挑出相关系数大于 0.79 的 Si 制成地球化学元素含量随深度变化曲线,进行环境和人类活动信息的提取。

图 4-20 是 6 组特征元素随遗址地层变化的曲线组合图。由图 4-20 显示,F1 组元素曲线变化特征基本一致,4 个元素的平均含量分别是:Al 为 366.66 mg/g,Fe 为 185.53 mg/g,Li 为 0.19 μg/g,Sc 为 0.07 μg/g。温湿气候条件下,沉积物中岩矿物质化学风化作

用强烈,有机质分解快,富含气体及有机物的酸性水溶液最容易侵蚀含铁矿物和其他金属矿物,大量 Al、Fe、Sc、Li 等元素从岩矿中风化出来造成沉积物中元素的大量积累。相反,在干冷气候条件下,沉积物中岩矿物质风化作用减弱,这些元素含量一般较低。因此,Al、Fe、Li、Sc 等元素在风化壳物质迁移中具有指示意义,F1 因子主要反映了剖面地层沉积时的风化环境及相应的气候背景。F1 组元素曲线变化在上东周文化层(130 cm,12 号样品)、下东周文化层的晚期(220 cm,20 号样品)有两个显著低值,暗示较弱的风化壳形成环境和干旱气候条件;而 3 个高值分别位于清代文化层中部(40 cm)、明代文化层中部(95 cm)和夏代文化层顶部(254 cm),反映了 3 个文化层经历过活跃的风化作用过程和温湿的气候背景。

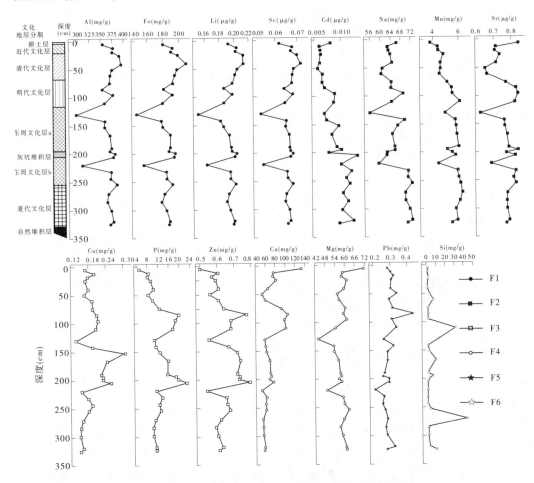

**图 4-20　T0709 探方南壁剖面地球化学元素含量随深度变化**

F2 组元素包括 Cd、Na、Mn 和 Sr,它们在本剖面中的平均含量是:Cd 为 0.009 μg/g,Na 为 65.91 mg/g,Mn 为 5.36 mg/g,Sr 为 0.77 μg/g:其中 Na 和 Sr 是用于指示淋溶程度的重要指标(陈骏等,1999),因此 F2 因子反映剖面地层中元素的淋溶水平,间接指示沉积环境当时降水的淋溶程度。图 4-20 中 F2 组元素曲线在夏代文化层顶部(232 cm)至下东周文化层底部(254 cm)、明代文化层中下部(85~110 cm)为两个高值区间,是整个剖面地层中两个显著的多雨期。

F3、F4、F5 和 F6 组元素涵盖了 Cu、P、Zn、Ca、Mg、Pb、Si 等元素,四组特征元素的平均值分别是:Cu 为 0.19 mg/g,P 为 12.9 mg/g,Zn 为 0.65 mg/g,Ca 为 70.99 mg/g,Mg 为 57.79 mg/g,Pb 为 0.29 mg/g,Si 为 5.58 mg/g。在人类活动遗址地层,它们含量的异常往往代表了人类生产、生活的特征信息(Pierce,et al,1998;Wilson, et al, 2008),可以把这类(F3、F4、F5、F6)主成分因子作为人类活动的指示因子。此外,该类元素含量曲线变化与 F1 和 F2 组元素有相似的一面,既示踪了环境的风化强度(如 130 cm 和 220 cm 样品层位的低值),也记录了人类活动的相关信息。

Cu 含量在上东周文化层(152 cm)—灰坑堆积层(200~205 cm)为显著高值区间,尤以上东周文化层中部、灰坑堆积层为代表。据 Terry 等(2004)的研究,Cu 可以指示动物粪便、墙壁灰浆、生活垃圾和动物骨骼的存在,但其低值则反映炭屑物质的存在。图 4-20 中 P 和 Zn 含量走势相似,它的高值可以指示古人类的集居点、可耕地、作物残体和动物骨骼及生活垃圾等残留物(Wilson, et al,2008)。因此,明代文化层中部(85 cm)、上东周文化层—灰坑堆积层(152~205 cm)的异常高值可能暗示当时该剖面所在地人类集居的繁荣期。研究认为,Ca、Mg 在人类遗址的高含量对应集居地灶房的红烧土、耕作区、动物骨骼、房屋墙壁灰浆、手工制品及生活垃圾存储地等。而 Pb 含量变化与陶瓷和金属器物的手工作坊相关联。图 4-20 显示 Ca、Mg 曲线在明代文化层中下部(85~90 cm)为高值区间,可能暗示生产、生活的炉灶遗存。而 Pb 曲线的变化表明在清代文化层底部(60 cm)、明代文化层中部(85 cm)、上东周文化层中部(142 cm)、灰坑堆积层(200 cm)和夏代文化层底部(320 cm)均指示该地层有手工制作活动的遗迹。

F6 因子的指示元素 Si 含量总体变化平稳,平均值为 5.58,但在明代文化层底部(110 cm)和夏代文化层上部(271 cm)有两个异常峰值(32.09 mg/g 和 43.20 mg/g),与同地层的 F1 和 F2 组元素变化对比发现,指示风化程度的其他元素含量并无异常表现,而 Si 元素的淋溶除非化学蚀变指数(CIA)超过 90(Nesbitt, et al,1997),这是北亚热带边缘地区的温湿条件所难以达到的,那么 Si 含量的高值可能是石器制作活动的结果。

## 4.3.4 辽瓦店遗址环境变迁与人类活动的关系

### 4.3.4.1 辽瓦店遗址的环境演变

从图 4-16 中平均粒径($M_z$)曲线、图 4-15 中的地层分类和重矿鉴定结果可知,辽瓦店遗址自下东周文化层中期以来(<244 cm),沉积物以细粒的憩流沉积和粗粒的山前洪积物交替出现。而在夏代文化层和下东周文化层(244~325 cm)的沉积物平均粒径小(6.59 μm)且相对稳定,在数值上相当于憩流沉积的水平(图 4-17 中 C 区样品),洪积层缺失(图 4-17 中 C 区样品)。整个夏代地层(图 4-17 中 23~27 号样品)缺乏山前洪积层,表明当时遗址附近区域的植被可以有效阻滞山间洪水的形成,反映了该区较高的植被覆盖度和良好的生态环境。而其后各文化地层的平均粒径大幅振荡,而且均有洪积层出现(图 4-16 中 $M_z$ 曲线中高值点和图 4-17 中 A 和 B 区样品),意味着人类对生活资料的需求量增加,传统的采集渔猎不能满足人类的生存需求,只有通过伐林造田、种植农作物来弥补生活资料的不足。于是植被覆盖面积减少、森林生态系统涵养水源的功能下降,造成江

水泛滥、山洪频仍。在遗址地层表现为山前洪积层与汉江的憩流沉积层交替出现。

此外,T0709 剖面在商代和秦代~元代分别有约 500 年和 1 500 年的文化层间断,对比同一遗址区有完整文化层的 T0713 探方❶(其商代文化层为浅褐色砂质黏土,平均厚度 18 cm;唐宋文化层为灰褐色泥质砂土层,厚 20~33 cm)地层推测,该文化断层的成因主要与历史上人类的制陶、制砖活动相关。可见,人类活动对自然环境的改造强度随生产力的进步而加深。

为反映遗址地层形成的气候背景,引入($K_2O+Na_2O+CaO$)/$Al_2O_3$(文启忠等,1995)(活性组分:惰性组分,称为风化系数)反映风化强度以间接指示气候特征。图 4-19 是 T0709 剖面地层样品的氧化物含量(用 XRF 方法测试)变化曲线,夏代文化层底部(320 cm)一直到下东周文化层顶部(205 cm)风化系数值处于第一个低值期,即活性元素迁移率较高、对应的气候特征表现为温暖湿润特征。进入上东周文化层(190 cm)风化系数升高并在上东周文化层顶部(130 cm)进一步升高,在明代文化层中部(85 cm)达到峰值,指示了上东周文化层风化强度渐弱,在明代文化层中部层位达到风化强度最低值的环境特征。这意味着该区从上东周文化层开始气候渐趋干冷,并在明代文化层中部层位达到干冷的极致。其后的清代文化层堆积时期(20~70 cm)风化系数走低,气候转入暖湿阶段。类似地,地层样品的烧失量[LOI;在电炉加热(550 ℃,3 h)前后分别称重]可以反映地层中有机质的量度(Linden, et al, 2008)。由于地层中堆积的有机质源于流水搬运的地表有机物(暖湿期地表有机质分解快,量少;干冷期有机质分解慢,量多)。因此,LOI 的低值间接反映暖湿期地层沉积特征、高值则表示干冷期沉积。

图 4-21 显示 LOI 曲线变化基本与风化强度系数曲线一致,但 LOI 指示了上东周文化层顶部(130 cm)的暖湿期。由于 $Ca^{2+}$ 迁移能力大于 $Mg^{2+}$,Mg/Ca 比值可以表示雨水淋溶强度(Aston, et al,1998),图 4-21 的 MgO/CaO 比值曲线在 LOI 的低值区间均表现为高值,验证了温暖期的湿润特征。另外,$Al_2O_3$ 和 CaO 的百分含量变化分别指示了环境的风化强度和雨水淋溶强度,它们反映的风化强度及环境背景特征与 LOI 曲线记录的有机质变化特征十分吻合。因此,LOI 曲线可以作为该剖面气候变化的代用指标。

就地球化学元素的主成分因子 F1 和 F2 组元素变化特征而言(见图 4-20),上东周文化层(130 cm)、下东周文化层的晚期(220 cm)出现两次明显的异常低值,意味着两次气温和降水的异常。而在夏代文化层顶部(254 cm)、明代文化层中部(95 cm)和清代文化层中部(40 cm)都有元素高值显示,表明风化作用强度增大和暖湿的古气候特征。对比图 4-21 的 LOI 曲线,下东周文化层底部地层 244 cm 处的 LOI 值从原来的 5.22% 上升到 5.46%,表明气候开始变干旱。到了下东周文化层顶部(220 cm)LOI 增加到 7.34%,干旱程度在整个剖面最高。上东周文化层顶部(130 cm)LOI 为 5.94%,到明代文化层底部(110 cm)LOI 增至 6.18%。F1、F2 组元素指示的夏代文化层中部、明代文化层中部、清代文化层中部的 LOI 分别为对应区间的低值位,它们的 LOI 分别是:夏代文化层中部 5.22%、5.19%(254 cm、271 cm);明代文化层中部 6.46%(85 cm);明代文化层中部 6.3%(40 cm)。

---

❶ 武汉大学考古系. 湖北辽瓦店子遗址野外发掘记录. 2005—2007.

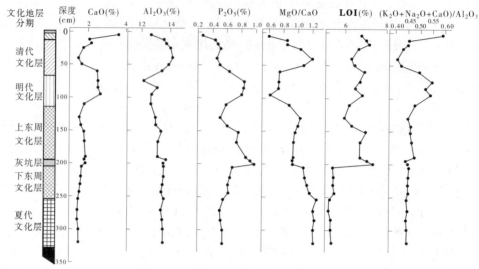

图 4-21　反映环境风化强度的相关指标

对比显示,T0709 探方剖面地层的 F1 和 F2 组地球化学元素含量变化(见图 4-20)与对应地层的烧失量(见图 4-21)有较好的可比性,并与剖面的风化强度系数曲线基本一致。但 F1 和 F2 组元素变化的分辨率不如 LOI 清晰,如上东周文化层顶部(130 cm)的暖湿期在 F1 和 F2 组元素曲线上并不明显。另外,LOI 曲线特征表明,辽瓦店地区在夏代文化层时期(250~325 cm)气候特征相对稳定,进入上东周文化层后气候特征表现为冷暖振荡态势,虽然历经多次暖湿期,但在程度上都不及夏代文化层时期的暖湿水平。

### 4.3.4.2　人类活动与环境的关系

在夏代文化层时期(250~325 cm),图 4-20 中的 F5 和 F6 组的 Pb 和 Si 含量在夏代文化层底部出现异常值:Pb 为 0.32 mg/g(平均值 0.29 mg/g),Si 为 43.2 mg/g(平均值 5.59 mg/g)。该时期地层在 LOI 曲线上表现为低值区间,暗示温暖湿润的气候特征。从沉积层粒度特征看,主要组分是 2~30 μm 的黏土质粉砂和<2 μm 的黏土,属于图 4-17 中 C 区沉积物类型,主要重矿中不含角闪石、阳起石等不稳定类型,属于溢岸憩流沉积。在人类遗址区,Pb 和 Si 含量的异常通常与金属、石器加工活动相关(Aston,et al,1998)。鉴于该时期生态环境良好、气候温湿、附近少山洪灾害,人类的生产活动需要大量各种工具,如石镞、石刀、石斧等,陶罐、釜、鼎等,骨镞、骨刀等。那么,大规模生产工具的加工及废弃物会导致重金属含量的积累,如制陶过程中会有 Pb、Zn 等个别重金属的污染现象(杨凤根等,2004),石器制作坊地层的 Si 含量陡增等。

东周文化层(120~250 cm):图 4-21 的 LOI 曲线变化显示,从下东周文化层(200 cm)气候开始进入向干旱气候转化的过渡期,干旱程度在上东周文化层中部达到最强(152 cm,LOI=6.98%),到了上东周文化层顶部(130 cm)LOI 下降至 5.94%,气候进入暖湿期。该地层的平均粒径只有在上、下东周文化层交接层出现两次波动(190 cm 和 205 cm,图 4-17 中 B 区类型),此时恰好是由下东周文化层的凉干气候向上东周文化层的干旱气候急变时期,地层粒度的变化与气候变迁造成的异常洪水形成的小规模洪积层有关。

图 4-20 显示,上东周文化层中部(152 cm)Cu 含量为异常高值 0. 31 mg/g,另一个高值在灰坑堆积层(0. 26 mg/g)。该层位除陶器外,还有青铜鼎、刀、镖和镞出土,表明当时的青铜器使用进入了繁荣期。该时期 Zn 含量均值为 0. 73 mg/g,高于整个剖面均值(0. 65 mg/g);Pb 在上东周文化层顶部也存在高值(0. 32 mg/g),并且地层包含大量炭屑,加之辽瓦店一带是楚国在鄂西北的核心腹地,青铜器的使用和修造有相当规模(李桃元等,1996),地层的重金属污染现象表明遗址有青铜器制作历史。P 含量在灰坑堆积层最高(22. 73 mg/g),与该灰坑堆积层含有猪、牛、鹿、鱼骨骼残留相吻合,反映了该区人们驯养、捕猎动物的类型。地层中 Si 含量较稳定,只在上东周文化层 (130 cm 和 167 cm)有两次小幅升高,表明石器制作的地位已大大下降。显然,青铜器使用的繁荣期出现在气候的干旱期,表明环境恶化促进了生产力水平的提高,但自然生态却面临更深程度的破坏。东周时期金属工具开始广泛使用、生产效率提高,生产和生活用地面积急剧增加,建筑用木材的需求量扩大,原始森林被大规模砍伐,天然生态系统遭受破坏,人类对自然环境的干扰程度加深。

明清文化层 (20~120 cm):LOI 记录的气候特征是总体上气候趋于干冷。明代文化层底部 LOI 逐渐升高,意味着气候逐渐变干;明代文化层中部(85 cm)有短暂暖湿期,其后继续进入干冷期,这与 17 世纪汉江曾有 7 次封冻记录相吻合(竺可桢,1973)。清代文化层中下部(40 cm)为 LOI 低值区间(6. 3%)表现为暖湿期,顶部地层 LOI 升高、气候进入新一轮干旱期。图 4-21 显示,自上东周文化层(<120 cm)以来遗址地层的平均粒径开始出现振荡,沉积动力的差异暗示汉江洪水和附近季节性山洪的频率大大增加。

图 4-20 表明,自明清时期以来,遗址地层记录的铜器使用数量减少。Zn 和 Pb 含量在明、清代文化层中部(85 cm 和 50 cm)各有一个高值,而且对应地层含有瓷片,表明遗址区青铜器制作已转变为制陶作坊。P 含量在明代文化层中下部为高值区间,平均值为18. 6 mg/g(整个剖面平均值 12. 9 mg/g),对应地层中的动物骨骼碎屑遗迹。可能是气候进入干旱期后,导致粮食产量不足,人们不得不以渔猎品弥补粮食缺口。

Ca 含量在明代文化层中下部(85~110 cm)为高值区,平均含量为 101. 5 mg/g;而 75 cm、85 cm 和 95 cm 层位中 Mg 含量同为高值区,平均含量是 60. 27 mg/g。加之本层包含大量红烧土屑和炭屑,且该层位存在类似陶窑的大量陶片遗迹,推断该地层可能是陶窑或制陶垃圾倾卸场所。同时,Mg 和 Ca 含量的高值也与耕作区、粉墙用灰浆、生活垃圾存储地等人类活动相关,Ca 和 Mg 含量在近现代层逐步升高也验证了人类活动强度逐渐增加的事实。

## 4.3.5　主要结论

湖北郧县辽瓦店遗址 T0709 探方南壁地层的地球化学元素指标记录了自夏代以来的气候变迁和人类活动的特征:

(1)夏代时期(250~325 cm)。气候温暖湿润、生态环境良好、少山洪灾害,古人类活动与自然环境和谐相处。该期地层平均粒度变化较小(平均粒径 15. 17 μm),Pb 和 Si 含量的异常表明当时有原始的石器制作活动。

(2)东周时期(120~250 cm)。从下东周文化层开始,气候进入向干旱气候转化的过渡期,干旱程度在上东周文化层中部达到最强(LOI = 6. 98%)。到了上东周文化层顶部

(130 cm)气候进入暖湿期。地层的平均粒径出现两次波动,与气候变迁造成的异常洪水和山洪沉积有关。该期地层 Cu(152 cm)和 Pb(152 cm)含量为异常高值(分别是 0.31 mg/g 和 0.32 mg/g)且含有青铜器,表明当时的青铜器使用比较普遍。P 含量高值(22.73 mg/g)指示了恶劣环境下人类食用动物的骨屑遗存。Si 含量较稳定,表明石器制作业的地位下降。

(3)明清时期(20~120 cm)。气候整体趋于干凉,明代文化层中期(85 cm)有短时暖湿期,其后又进入冷干期。清代文化层中下部(50~70 cm)表现为暖湿特征,晚期重新进入冷干期。Ca(均值 101.5 mg/g)、Mg(均值 60.27 mg/g),Zn 和 Pb 的高含量及出土的瓷片可能暗示遗址附近曾有瓷器作坊历史。另外,Ca 和 Mg 含量在现代层逐步升高揭示了人类活动对自然环境的改造程度。本期地层的平均粒径反复振荡,显示汉江洪水和季节性山洪的频率增加,天然生态系统遭受极大程度破坏,人类活动对自然环境的正反馈效应开始凸现。

# 第5章　中全新世汉江流域考古遗址的空间分析

进入全新世以后,末次冰期的低温气候影响逐渐消失,人类生产活动从旧石器时代进入新石器时代,大约在 8.5 kaB. P. 进入全新世大暖期并持续了大约 5.5 ka,是我国上古文明孕育和发展的黄金时代,在城背溪文化的基础上,汉江流域依次出现了大溪文化、屈家岭文化和石家河文化。大量的古文化遗址、历史文献等记录了人类的发展过程,也反映了自然环境变化对古文化发展的影响。下面通过汉江流域及附近地区新石器遗址空间分布特征,结合文化器物特征探讨不同时期遗址分布与环境变迁的关系。

## 5.1　汉江流域新石器遗址分布特征

汉江流域在地形单元上包括鄂西北东部山区、南阳盆地、汉江中游岗地丘陵和下游江汉平原等,总面积约 $1.4×10^5$ km²。研究区内地势从西北向东南倾斜,地貌类型复杂多样,地表起伏绝对高差大于 1 400 m,不同地形区的气候特征分异明显。现将本区中全新世以来新石器时代的三期文化遗址分布特征分述如下。

大溪文化时期考古遗址分布如图 5-1 所示。

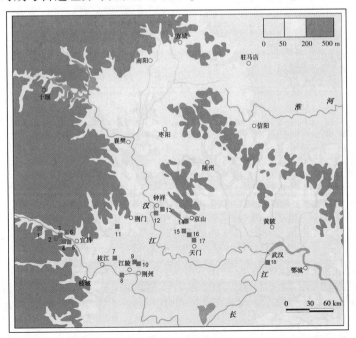

1—龚家大沟;2—朝天嘴;3—三斗坪;4—中堡岛;5—杨家湾;6—伍相庙;7—关庙山;8—蔡台;9—朱家台;10—毛家山;11—杨木岗;12—六合;13—边畈;14—朱家嘴;15—屈家岭;16—油子岭;17—谭家岭;18—放鹰台(张绪球,2004)

图 5-1　汉江流域大溪文化遗址分布

大溪时期文化遗址是城背溪文化的延续发展，主要集中分布于西陵峡两岸阶地和洞庭湖西北岸。随着大溪稻作农业文化的确立和发展，大溪文化遗址的范围开始沿长江向下游扩展，受良好的水稻生产条件的影响，大溪文化遗址的范围又沿汉江两岸向北延伸到京山、天门一带。汉江流域属于该时期的文化遗址较少，并多分布于江汉低平原地区。

到了大溪文化后期(5 300~5 000 aB. P.)，汉江下游地区继续保持全新世暖期的气候特征，气候温暖湿润、稻作农业得到快速发展、人口迅速增加，制陶技术也从红陶体系过渡到以灰陶体系为主的时期。文化阶段进入屈家岭文化时期，在汉江流域屈家岭文化时期的考古遗址分布情况见图 5-2。

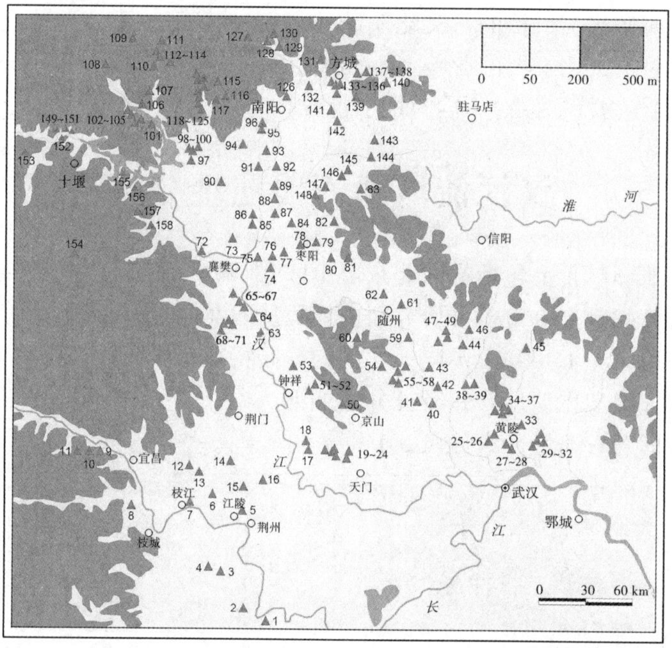


1—走马岭；2—王家岗；3—鸡鸣城；4—桂花树；5—毛家山；6—阴湘城；7—关庙山；8—红花套；9—清水滩；10—杨家湾；11—中堡岛；12—冯山；13—罗家山；14—肖场；15—马家垸；16—荆家城；17—朱家台；18—冢子坝；19—屈家岭；20—油子岭；21—邓家湾；22—谭家岭；23—肖家屋脊；24—石家河；25—铁门坎；26—汪家畈；27—城头岗；28—白家垱；29—徐家大湾；30—祝店；31—面前畈；32—榨屋山；33—陈门潭；34—涂家山；35—南冲；36—梁家新田；37—大唐聂家；38—股家墩；39—李家集；40—泗龙河；41—门板湾；42—花子棚；43—台子湖；44—好石桥；45—吕王城；46—雕龙碑；47—水河庙；48—糖坊湾；49—连家港；50—张家畈；51—六合；52—杨湾；53—官港村；54—苏家湾；55—张家山；56—古井岗；57—董井湾；58—保丰村；59—大台子；60—泠皮垭；61—水河庙湾；62—蒋家湾；63—临峙；64—岩骨山；65—杨寺庙；66—曹家楼；67—三步两道桥；68—陈家杨村；69—回龙寺；70—孔家台；71—杨树咀；72—龚家营；73—洄龙庙；74—楚王城；75—肖家寨；76—老坟坡；77—邬庄；78—毛狗洞；79—上古城；80—上邱家湾；81—十里棚子；82—何家桑园；83—李畈；84—影坑；85—虎林堰；86—八里岗；87—江庵；88—太子岗；89—大岗窝；90—黄龙庙；91—大王沟；92—柳树底；93—凤凰山；94—八里岗；95—南王悟；96—后张营；97—冯家沟；98—王后寨；99—安李家；100—涂岗；101—黄龙泉；102—孙家岭；103—黄楝树；104—下王岗；105—马鞍桥山；106—桐树沟；107—下集；108—棋盘山；109—石槽山；110—打磨沟；111—龙潭沟；112—曹家店；113—肖山沟；114—核桃沟；115—高顶沟；116—羽毛山；117—屈家凹；118—打瓜山；119—于家营；120—宝山寨；121—磙子岭；122—石庄营；123—大坡河；124—李庄；125—河西；126—老河滩；127—上堰潭；128—牛孟沟；129—大张坪；130—小杨湾；131—铁牯岭；132—后潭；133—小旺寨；134—大娄庄；135—前王楼；136—丁湖；137—东黄泥河；138—北头照；139—贾楼；140—西庞庄；141—潘庄；142—寨茨岗；143—前义学；144—侯岗；145—后田庄；146—黄泥沟；147—岗赵；148—王滩；149—大寺；150—青龙泉；151—郭家道子；152—梅子园；153—康家湾；154—羊鼻岭；155—玉皇庙；156—小店；157—林家店；158—观音坪(国家文物局，2002a、b)

**图 5-2　汉江流域屈家岭文化遗址分布**

　　本期文化遗址数目众多且溯汉江向上游延伸到了丹江流域,常与新石器时代中原文化遗址分布区有重叠现象,反映了长江中下游新石器文化正处于繁荣期。本书收入的屈家岭文化遗址共计 158 处,而且主要分布在襄樊、枣阳到南阳盆地地区,可能代表两种文化交流的频繁或者显示屈家岭文化正处于强势发展时期。

　　石家河文化早期(4 600 aB. P.)温湿条件相对适宜,人口数量继续增加、生态容量大大减小,如图 5-3 所示,本期文化遗址已从南阳盆地中的唐白河流域撤出南下,集中于均县、枣阳随州一带,表明本期文化的势力范围明显缩小。

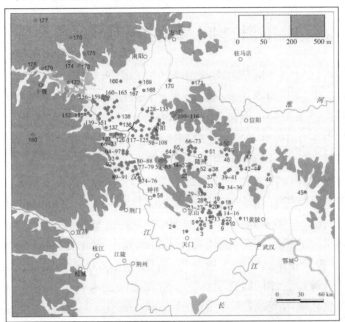

1—屈家岭;2—店子咀;3—冷饱岩;4—老屋台;5—石家河;6—唐李树;7—陶家坟;8—杨花台;9—龙咀;10—姚家岭;11—沙子地;12—造家坟;13—谢湾;14—唐马台;15—孙冲村;16—茶坟头;17—塔地;18—笑城畈;19—张家大湾;20—彭家大湾;21—后坟头;22—胡家垱;23—龚家大湾;24—汲树岭;25—老屋台;26—雷八家村;27—王家松林;28—董井湾;29—门板湾;30—乱葬岗;31—幺儿山;32—大墩子;33—罗家湾;34—胡家岗;35—何家山;36—蔡家檀树;37—新河湾;38—小郭湾;39—周家院墙;40—上大湾邱;41—冯庙;42—城里头;43—丰密塘;44—黄刘湾;45—女王城;46—大墩;47—吕王城;48—祠堂墩;49—胡家湾;50—李家湾;51—庙山;52—李子园;53—鹰嘴岩;54—周湾;55—邹家坪;56—楼子畈;57—左家山;58—左家坡;59—寺山坡;60—小跃武台;61—桃湾;62—张家老屋;63—尹家湾;64—包家巷;65—黄土岗;66—陈家岩;67—西花园;68—东庙台;69—石家井湾;70—夯子湾;71—耿家祠堂;72—蔡家冲;73—十里棚子;74—赵家岗;75—窑坡;76—赤湖岗;77—瓦喳口坡;78—沈家湾;79—庙台子;80—周家岗;81—高花楼;82—杨家湾;83—桑家营;84—大坟场;85—团山寺;86—北徐家湖;87—郑家畈;88—肖家屋脊;89—七里村;90—张家坑;91—刘家营;92—杜家坡;93—袁家湾;94—水镜庄;95—丁家湾;96—染坊湾;97—半榨坑;98—毛狗洞;99—赵湖村;100—姚岗村;101—肖湾村;102—周寨村;103—邸庄;104—柿子园;105—官府楼;106—崔庄村;107—撒子堰;108—岗头其;109—唐庄;110—小张巷;111—小河口;112—弓河湾;113—赵湖村;114—姚岗村;115—古城湾;116—大吕庄;117—后畈;118—樊家湾;119—鹿门寺;120—夏家岗;121—陈湾;122—郭家寨;123—堰坡片;124—凤凰咀;125—龚坡;126—郭家祠堂;127—袁家湾;128—张洼村;129—石庄;130—小崔岗;131—张家祠堂;132—陆王庙;133—聂庄;134—冯桥;135—下王寨;136—卢冲;137—洪山头;138—西岗;139—南岗;140—团堆;141—江坟晏;142—简岗;143—洞山寺;144—简土山;145—翠花山;146—郭家村;147—宋家营;148—孔林岗;149—四冲;150—般姚洼;151—渍坊冲;152—老官台;153—魏家大冲;154—黄家湾;155—大柏树;156—监生坡;157—徐家滩;158—马集;159—梁子上;160—任家营;161—长尺地;162—大井地;163—陈家营;164—大南地;165—徐家庄;166—瓦茬地;167—陈家楼;168—楸树地;169—河东;170—寨茨岗;171—方楼;172—石家沟;173—盛湾;174—黄棟树;175—柏树沟;176—大毛岭;177—剑刀坪;178—青龙泉;179—梅子园;180—翁家店(国家文物局,2002a,b)

图 5-3　汉江流域石家河文化遗址分布情况

石家河文化时期由于江汉平原低地湖面扩张和文化势力回撤等因素减小,其文化遗址分布范围明显缩小。和屈家岭文化时期的势力范围向淮河、唐白河流域强势渗透不同,石家河时期的文化遗址被压缩在京山—襄樊一线,多分布在海拔 200 m 以下地区。该文化时期气候转为干凉特征,可能会影响到稻作农业生产的质量,加之人口陡增、城郭密布、资源匮乏,人地矛盾突出,可能滋生出自然和社会方面的多重危机,严重影响汉江流域新石器文化发展。下一节本书将从遗址空间分布的趋势面角度探讨三个文化时期文化的演化特征。

## 5.2　汉江中下游地区新石器遗址分布的空间分析

对考古遗址进行空间分析是考古地理学的核心内容之一,它通过某一区域内考古遗址的空间分布在时间轴上的变化规律揭示古人类活动环境的变迁、文化的融合与传播及具有区域尺度和广泛影响的重大事件(自然灾害、社会灾难等)的发生。因此,在进行区域环境考古的研究工作中,对不同文化时期遗址的空间分布进行空间分析成为整个工作中不可或缺的一环。近 20 年来,国内环境考古研究方兴未艾,大批学者都将考古遗址的空间分析作为恢复古环境特征的重要手段。施少华(1992)初步研究了我国东部地区的主要考古文化肇端区域考古遗址的空间特征,并对比研究了文化诞生发展与全新世高温期的相互关系;靳桂云(1999)研究了华北地区的考古遗址特征,探讨了辽河流域和西拉木伦河流域不同文化的扩散特征;杨晓燕(2003)研究了青海民和地区新石器文化考古遗址的空间分布,分析了齐家文化的扩散与传播;张强(2003)和郑朝贵(2005)分别用区域差别分析法和遥感解译法详细研究了长江三角洲地区的考古遗址分布,探讨了长三角特别是太湖流域自然环境的变迁特征;黄润等(2005)研究了淮河流域考古遗址的分布,高华中等(2006)研究了沂、沭河流域新石器时代遗址空间分布,恢复了区域的古环境变化;顾维玮等(2005)结合苏北的贝壳堤的位置,阐释了苏北地区在新石器时代可能经历过几次高海面过程的影响;朱诚等(2007)研究了长江中游考古遗址的分布与江汉地区古环境变迁的相互关系。上述工作为环境考古学研究建立了基本研究方法和研究内容,为考古地理学的形成做出了基础性贡献,成为今后历史地理学、考古学、环境考古学等分支学科不可或缺的重要参考文献。

然而,已有的相关文献对遗址的空间分布研究缺乏定量化的空间分析,从而使考古遗址的空间分布研究难以摆脱类似于社会科学仅仅基于局部客观事实而做出一系列主观臆断宏观推论的窘境。基于这种事实,半定量空间分析方法逐渐被引入到环境考古中,郑朝贵等(2008)在研究重庆三峡库区新石器时代以来考古遗址空间分布时曾探讨了不同时期人类聚落位置之间的承袭或转移规律,并在 ArcGIS 软件中对不同时期遗址分布区域进行了缓冲区处理,分析了不同文化时期遗址密度的波动性。黄宁生(1996)提出了考古遗址叠置系数概念用以讨论遗址的区域变化与环境变迁的关系,这些工作为考古遗址空间分析的量化研究开辟了方向。本书尝试用趋势面方法半定量研究汉江中下游地区新石器时代考古遗址的分布特征,并考察不同时期遗址分布与自然或社会因素的影响机制。

## 5.2.1　研究资料与研究方法

### 5.2.1.1　研究资料

书中涉及的江汉地区新石器遗址点主要依据发表在《江汉考古》《考古》《考古学报》《华夏考古》《农业考古》，并经《中国文物地图集·湖北卷》《中国文物地图集·河南卷》进行地名订正后标绘在地图上，制成江汉地区（主要是汉江流域）新石器时代晚期考古遗址分布图。其中大溪文化遗址共 18 处（见图 5-1）、屈家岭文化时期遗址 158 处（见图 5-2）、石家河文化遗址 180 处（见图 5-3）。

### 5.2.1.2　研究方法

#### 1.空间分析的趋势面方法

对于流域尺度的地理区域，分布在其间的地理现象运用对比分析方法虽然可以得出其分布的基本特征，但因研究者的知识、经验、视角和分析意图的差异常常可以得出不同的结论。尤其对于流域内不同时期相互重叠的地理系统，仅仅根据直观判断和解译，其结论必然具有多解性，因而对于变化细微、重叠分布、较大时间跨度和空间跨度的地理系统可以用地统计方法中的趋势面分析对其进行半定量研究。

地理系统的最重要特征之一是它具有区域性。用数学模型来拟合地理数据的空间分布及其区域性变化趋势的方法，称为趋势面分析。趋势面分析，是统计学方法用一个几何平面或曲面模拟事物的空间分布，以反映其分布的规律或趋势。趋势面是一种光滑的数学曲面，它能集中地代表地理数据在大范围内的空间变化趋势。在地貌上，它既可以形象地描述受某一潜在控制因素控制的地形面，如倾斜的高原或山原面、平原面，或穹形、扇形地，也可以模拟其他地貌要素的空间分布特征，如切割密度、切割深度、悬崖高度的空间分布等。与实际上的地理曲面不同，趋势面只是实际曲面的一种近似值。因此，实际曲面应包括趋势面和剩余曲面两部分。趋势面反映了区域性的变化规律，它受大范围的系统性因素控制；剩余曲面则反映了局部性变化特征，它受局部因素和随机因素制约。所以，趋势面和剩余曲面具有不同性质，前者对应于一个确定性函数，而后者则对应于一个随机函数，即：

$$\varphi_{(x,y)} = U_{(x,y)} + V_{(x,y)}$$

式中，$\varphi$ 为观测值；$U$ 为确定性函数；$V$ 为随机性函数。

用于计算趋势面的数学表达式主要有多项式函数和傅立叶级数，本书对考古遗址的拟合采用多项式函数。一般地，一次多项式拟合出的趋势面是一个平面，二次多项式拟合的趋势面是一个曲面。

#### 2.基本数据处理

将研究区域按图幅规划为 18×17 的正方形网格，根据网格内遗址密度建立线性行列式。然后建立趋势面分析的基本模型。设 $Z_i(x_i、y_i)$ 为某一网格内考古遗址的密度在空间上的分布，由上节定义可知，任一网格内 $X_i$ 的遗址密度观测值均可分解为两个部分，即

$$X_i(x_i,y_i) = T_i(x_i,y_i) + e_i$$
$$= \hat{z}_i + e_i$$

式中，$T_i(x_i、y_i)$ 为区域趋势函数，该趋势值可以用线性或非线性回归分析法求出其回归

面,记为 $\hat{z}=f(x,y)$ 回归面上的趋势值; $e_i=z_i-\hat{z}_i$ 为残差。为使趋势面更好地逼近原始地理数据,常采用最小二乘法使每个观测值与趋势值的残差平方和为最小。也就是

$$Q = \sum_{i=1}^{n} (z_i - \hat{z}_i)^2 \Rightarrow \min$$

然后按建立多元线性方程的方法,使 $Q$ 对系数线性方程的系数行列式求偏导,并令这些偏导数等于零,得到趋势面的正规方程组即可求出各个系数值,从而得到趋势面方程。

通常选用多项式作为趋势面方程,这是因为任何函数在一定范围内总可以用多项式来逼近拟合,并可调整多项式的次数来满足趋势面分析的需要。一般地,多项式的次数越高,拟合出的趋势值越接近于观测值,而剩余值越小。因此,在实际研究中,恰当地选择趋势面方程的次数是一项很重要的工作,绝大多数情况下很少超过 5 次。

趋势面的拟合程度,同多元分析一样可以用 $F$ 分布进行检验,其检验统计量为

$$F = \frac{U/p}{Q/(n-p-1)}$$

式中, $U$ 为回归平方和; $Q$ 为残差平方和(剩余平方和); $p$ 为多项式的项数; $n$ 为求解系数值所使用的资料数。当 $F>F_\alpha$ 时,趋势面拟合显著,否则就不显著。

3. 遗址点空间分布的数字化

任何一种地理现象都有空间分布的随机性和区域性特征,考古遗址的分布也不例外,为寻求遗址空间分布的数字化,需要根据遗址分布的密度函数建立的行列式进行克里金插值,然后绘出遗址分布的密度等值线,本书借助 ArcGIS9.0 进行遗址密度的空间分析及其等值线的绘制。插值后的等值线图与单纯的遗址点空间分布相比,一是便于看出整个地区的遗址分布特征,二是可以借助其密度函数进行其他空间地理要素的分析。图 5-4 是汉江中下游地区大溪文化时期考古遗址密度拟合。

从图 5-4~图 5-6 三个文化时期的遗址拟合分布可以看出:①文化遗址分布密度的峰值核心数目由少到多,并从长江沿岸向江汉平原渗透;②就总体格局而言,各个文化时期遗址分布的核心区域基本指示了下个文化时期核心遗址分布的迁移方向;③自屈家岭文化开始,汉江中下游地区考古遗址分布的基本格局基本定位于汉江与涢水之间的区域,并且其核心分布区以丹江口库区为中心在其附近交替出现。王红星(1998)认为,在 5.8~5.5 kaB. P.、5.0~4.8 kaB. P.、4.1~3.8 kaB. P. 全新世大暖期时,受夏季风影响导致洪水泛滥可能是不同文化时期遗址分布核心迁移的主要动因。

借助江汉平原中北部的沔城钻孔(M1)获取的孢粉数据,朱育新等(1997)认为:6.8~4.9 kaB. P. 为河间洼地环境,只在长江和汉水的古河槽内潴水形成湖沼,到 4.9 kaB. P. 前后达到荆江第一个高水面时期,早期云梦泽即在此时形成,但范围局限于古河谷内,这与周凤琴(1994)的研究一致。据竺可桢(1973)研究,5 kaB. P. 前后中国气温比现今要高出 2 ℃左右,为大西洋期的最适宜时期。从 M1 孔孢粉分析,认为沔城地区稍有提前,在 6.8~4.5 kaB. P. 比较一致。此后气候逐渐转向温凉,海面上升趋于停止,荆江水位亦出现暂时的相对稳定。但由于长江上游大量泥沙源源不断充填,河床继续淤高,水位再度逐渐上升,并漫出河槽,云梦泽再度扩张,达到鼎盛期,这在 M1 孔中表现为 3.9~3.5 kaB. P.

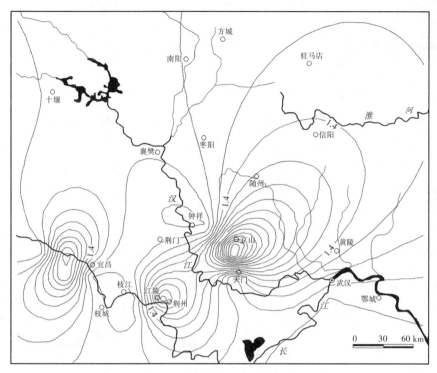

图 5-4　汉江中下游地区大溪文化时期考古遗址密度拟合

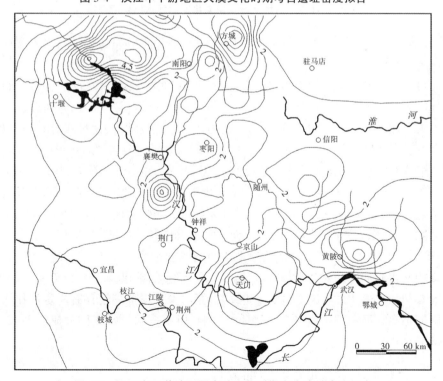

图 5-5　汉江中下游地区屈家岭文化时期考古遗址密度拟合

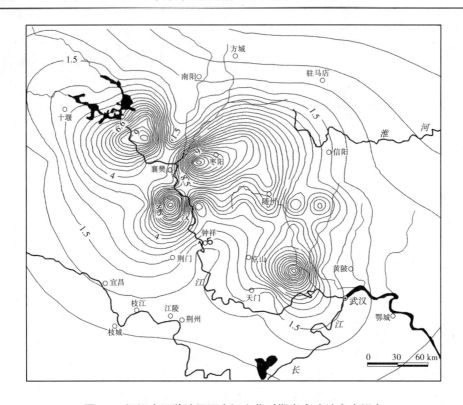

**图 5-6　汉江中下游地区石家河文化时期考古遗址密度拟合**

稳定的开阔湖相沉积。该时期江汉洞庭平原除局部高位滩地和岛状阶地出露水面外,其余皆为湖沼,可能不仅跨长江南北,而且北越汉水。

　　由此可见,大溪文化中期(5.8~5.5 kaB. P. )遗址的迁徙与洪水泛滥、河湖面积扩张的关联性不大,因为该时期江汉地区河湖区仅限于河间低地,且气候总体为适宜期,气候波动也不大。图 5-4 显示,从荆州到京山一线为江汉之低洼地区,遗址点分布虽不如屈家岭地区,但密度大约在 1.4。而在大溪文化向屈家岭文化的过渡转型期(5.0~4.8 kaB. P. ),由于荆江进入高水面期,云梦泽开始形成,造成文化中心的迁移,图 5-5 中江汉之间地区的遗址点等值线稀疏,密度大约为 2,远小于淅川丹江一带的遗址密度。而屈家岭文化向石家河文化转型期(4.5 kaB. P. )由于气候开始转凉,降水量减少影响到河流流量、河流输沙能力减小、河床淤积严重、河水漫流,形成大面积潴水,相对较低的江汉之间地区遗址大量迁徙。从图 5-6 可知,江汉地区低地平原区的遗址密度小于 1,本期遗址分布中心相对于屈家岭文化时期有南移特征但江汉地区遗址密度大幅降低。表明汉江中下游地区河湖面在 5.0~4.8 kaB. P. 、4.0~3.8 kaB. P. 的扩张对文化遗址的迁移有决定性作用,而大溪文化晚期不存在河湖高水面对文化遗址的影响,但不排除异常气候造成的洪水对人类居住环境的袭扰。

## 5.2.2　三个时期考古遗址点趋势面分析

　　自大溪文化中晚期开始,稻作农业逐渐代替渔猎生产方式,地势平旷、易灌易排的地形条件成为古人类选择居住环境的主要因素,因此影响汉江中下游地区考古遗址的主要因素是地势和气候条件。按照 5.2.1.2 部分的方法对大溪文化时期的 18 个遗址、屈家岭文化时期的 158 个遗址和石家河文化时期的 180 个遗址在地形图上的分布划分等面积格网,根据遗址密度建立行列式,并进行相应拟合运算。

### 5.2.2.1　大溪文化遗址空间分布的趋势面拟合

根据前人经验(Doornkamp,1972;蒋忠信,1990),对于准面状分布的地理现象,进行三次以上地貌趋势面拟合,效果不会有明显的提高,因此作者只对研究区进行一、二次趋势面拟合,拟合结果见表 5-1,拟合趋势面见图 5-7、图 5-8。

表 5-1　大溪文化遗址空间分布的趋势面拟合

| 一次拟合 | 拟合方程:$Z=1.430-0.005x+0.006y$<br>拟合度:26.6%($\alpha=0.05$)<br>显著水平:0.26<br>形状:平面,倾向:141.7°;等高距:0.01 |
|---|---|
| 二次拟合 | 拟合方程:$Z=2.134-0.047x-0.088y+0.004xy-0.0002x^2-0.0045y^2$<br>拟合度:49.3%($\alpha=0.05$)<br>显著水平:0.51<br>形状:抛物面;等高距:0.1 |

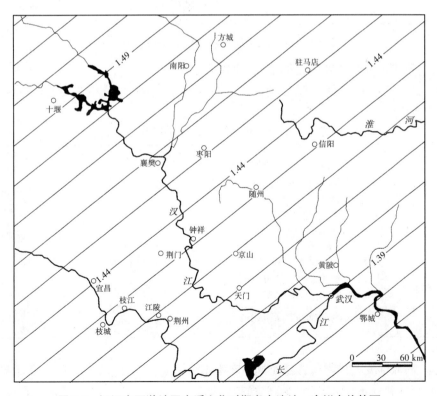

图 5-7　汉江中下游地区大溪文化时期考古遗址一次拟合趋势面

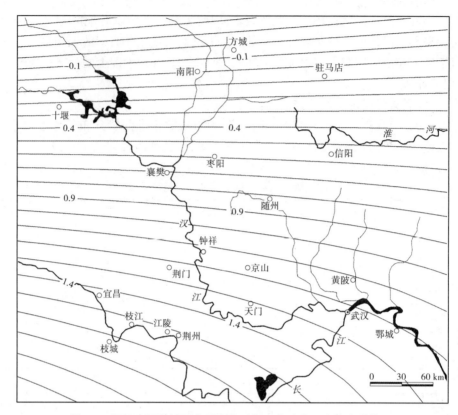

图 5-8　汉江中下游地区大溪文化时期考古遗址二次拟合趋势面

#### 5.2.2.2　屈家岭文化时期考古遗址趋势面拟合结果

表 5-2 是屈家岭文化时期考古遗址空间分布的趋势面分析参数,拟合趋势面见图 5-9、图 5-10。

表 5-2　屈家岭遗址空间分布的趋势面拟合

| 一次拟合 | 拟合方程:$Z=0.635+0.079x+0.084y$<br>拟合度:8.0%($\alpha=0.05$)<br>显著水平:0.34<br>形状:平面;倾向:229.7°;等高距:0.1 |
|---|---|
| 二次拟合 | 拟合方程:$Z=0.663+0.175x-0.046y-0.008xy-0.0003x^2+0.009y^2$<br>拟合度:14.6%($\alpha=0.05$)<br>显著水平:0.57<br>形状:抛物面;等高距:0.1 |

#### 5.2.2.3　石家河文化时期考古遗址的趋势面拟合

石家河文化遗址空间分布的趋势面拟合如表 5-3 所示,汉江中下游地区石家河文化时期考古遗址一次、二次拟合趋势面如图 5-11、图 5-12 所示。

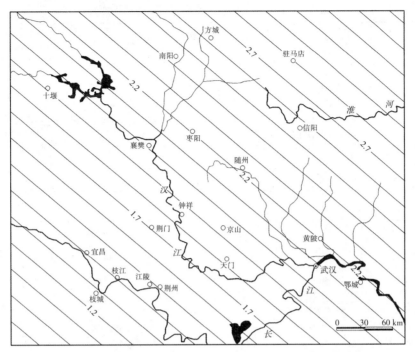

图 5-9　汉江中下游地区屈家岭文化时期考古遗址一次拟合趋势面

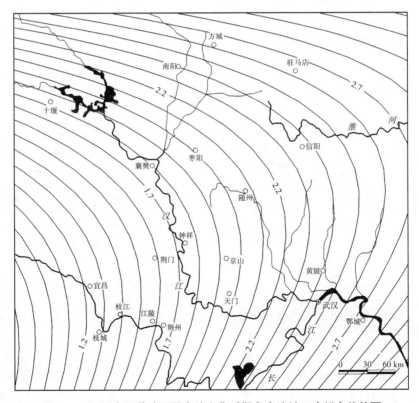

图 5-10　汉江中下游地区屈家岭文化时期考古遗址二次拟合趋势面

表 5-3　石家河文化遗址空间分布的趋势面拟合

| 一次拟合 | 拟合方程:$Z=7.936-0.166x-0.264y$<br>拟合度:11.8%($\alpha=0.05$)<br>显著水平:0.33<br>形状:平面,倾向:58.5°;等高距:0.5 |
|---|---|
| 二次拟合 | 拟合方程:$Z=-47.241+4.606x+6.722y-0.239xy-0.132x^2-0.235y^2$<br>拟合度:20.8%($\alpha=0.05$)<br>显著水平:0.49<br>形状:抛物面;等高距:2 |

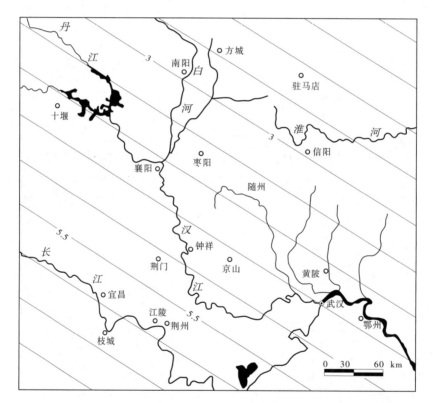

图 5-11　汉江中下游地区石家河文化时期考古遗址一次拟合趋势面

## 5.2.3　拟合结果分析

### 5.2.3.1　大溪文化时期趋势面分析

本期文化遗址空间分布的一次拟合趋势面呈 SE 走向,沿 141.7°方位以等高距 0.01速率降落;二次拟合趋势面为抛物面,最高点在湘西北清江中游一带,向鄂西北快速降落,而沿长江下游趋势降落速度和缓。根据大溪文化遗址的分布特征,讨论区域内的遗址基本沿长江两岸的秭归、宜都、华容和西北方向的钟祥、京山展布。一次拟合趋势面拟合度较低,只有 26.6%,仅仅反映秭归以下长江沿岸(5×11 格网区域)遗址分布的基本趋势:

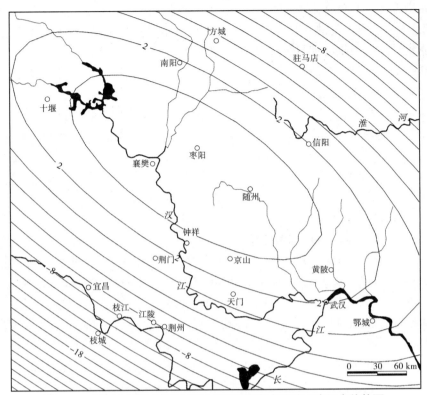

图 5-12　汉江中下游地区石家河文化时期考古遗址二次拟合趋势面

遗址分布自宜昌沿长江向下游匀速降落,在宜昌附近密度为 1.44,在京山一带密度为 1.42~1.43,到了洞庭湖北岸降到 1.40 左右[见图 5-13(a)]。

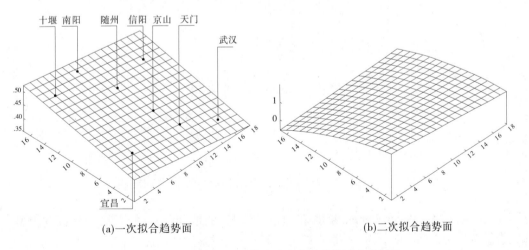

(a)一次拟合趋势面　　　　　　　　　　　　　(b)二次拟合趋势面

图 5-13　大溪文化时期遗址分布的趋势面立体网格

　　二次拟合趋势面拟合度为 49.3%,更加逼近遗址分布地理空间变化特征的本来趋势[见图 5-13(b)]。该趋势面向下开口的抛物面最高值在清江中下游一带,类似于高值区域的遗址分布主要集中在宜昌、荆州、京山、天门的东北一线和松滋、安乡和南县一带。然而,本期遗址空间分布的总体趋势是向丹江口水库附近的鄂西北方向快速降落,表明鄂西北地区在大溪文化时期为遗址稀疏区域,但鄂西北地区由于其等值线密度较高,可视为趋势面分布的异常区域,这种遗址分布的异常首先是古人类对自然环境的选择偏好的结果,同时也受自然环境条件的影响。

　　大溪文化时期(6.3~5.0 kaB. P. )为全新世气候最适宜期,同时也是古人类生产方式从渔猎采集式向农耕畜牧式过渡的重要肇端期,人类居住环境的选择空间相对狭窄,因此该时期的遗址分布主要集中在三峡地区的河谷阶地和清江两岸,虽然后期开始向江汉地区迁移,但并不是该时期文化的核心区域。但偏居一隅分布格局的遗址分布趋势面预示了文化重心转移的先兆。从大溪文化时期遗址分布二次拟合趋势面基本可以判断出后继文化遗址的发展方向应该在江汉流域的中下游地区。

### 5.2.3.2　屈家岭文化时期趋势面分析

　　屈家岭文化时期遗址空间分布趋势的一次拟合拟合度为8%〔>6%时,可以指示潜在地理趋势(Dornkamp,1972)〕,平面倾向为229.7°,呈SW。在一次趋势面上本期考古遗址基本分布在1.7~2.7等值线之间的区域,整个平面趋势的拟合主要数据来自这个区域,表明屈家岭文化时期遗址空间分布的总趋势有显著地沿SW—NE走向的涨落特征〔见图5-14(a)〕。而在大溪文化时期考古遗址较集中的宜昌、秭归和清江中下游地区则出现了遗址分布的密度洼地,其原因与稻作农业发展需要更广阔平坦的低地平原有直接关系。

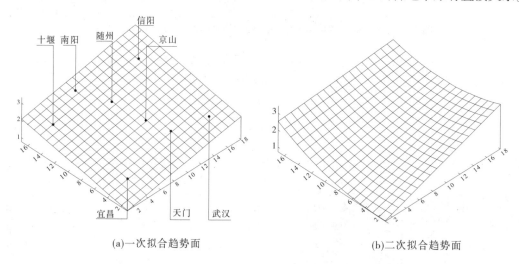

(a)一次拟合趋势面　　　　　　　　　　　　(b)二次拟合趋势面

**图5-14　屈家岭文化时期考古遗址空间趋势面立体网格**

　　图5-14(b)是屈家岭文化时期考古遗址二次拟合的地理趋势抛物面,该曲面向上开口、最低点出现在清江下游一带,基本趋势和一次拟合趋势面接近。屈家岭文化时期考古遗址主要集中在1.7~2.5等值线之间的区域,从遗址集中分布的丹江口地区到涢水、溰水下游一线,遗址分布大致呈两边高中间低的态势〔见图5-14(b)〕,表明该时期遗址分布的主要特征,同时也暗示江汉平原中北部遗址密度较低,可能与江汉区的河湖面积扩张有关。值得注意的是,与一次拟合趋势面相似,屈家岭文化时期二次拟合趋势面的大体倾向

也是 SW—NE,密度值沿钟祥、随州、信阳一线向北东东向增加。这种遗址密度的增加趋势可能是屈家岭文化类型与中原地区的仰韶文化类型交流融合,从而造成研究区内淮河上游遗址密度值增加。

### 5.2.3.3　石家河文化时期趋势面特征分析

石家河文化时期遗址空间分布趋势的一次拟合平面倾向为 NE 向 58.5°,拟合度 11.8%(见图 5-15),该趋势面反映了 5.5~2.2 密度等值线之间的区域,暗示遗址空间分布的趋势为自钟祥、京山、天门一带向宜昌、秭归、清江一带升高而向淮河上游一带减少。这种趋势与屈家岭文化时期的一次拟合面刚好相反,虽然它们在密度涨落走向上基本相同却指示了相反的遗址密度趋势,屈家岭文化时期密度高值趋势出现在随州—枣阳一带,而石家河文化时期高值趋势出现在清江流域方向。

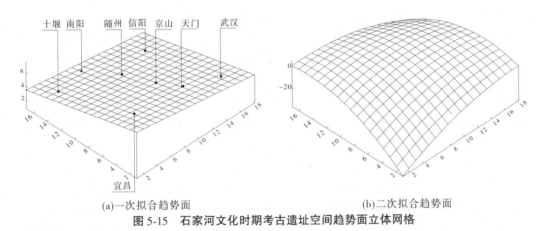

(a)一次拟合趋势面　　　　　　　　　　(b)二次拟合趋势面

图 5-15　石家河文化时期考古遗址空间趋势面立体网格

二次拟合趋势面为下开口抛物面,曲面高值核心位于丹江口—枣阳—随州一带,拟合度为 20.8%,高于一次平面拟合度。该趋势面的高值脊线走向为 NW—SE,以丹江口附近的高值区为核心,沿密度高值脊线分别向 NW、SE 方向缓慢降落,而向清江和淮河方向快速降落。表现了石家河文化时期人类活动区域的基本规律:自鄂西北的丹江流域至武汉地区的两江平原一线为人类活动的最适宜地区,而原来大溪文化时期遗址的主要集中区域逐渐被边缘化,同时曾经出现在不同文化融合交流活跃的随州—枣阳一带,遗址密度也同样大幅下降。这种发展趋势的原因很可能是石家河文化自身经过融合吸收其他文化精髓而成为区域内的强势文化区域,同时文化交流的中心可能转移到丹江口地区一带。

## 5.2.4　三个时期遗址趋势面特征的成因分析

### 5.2.4.1　三期考古遗址空间趋势面特征

一次拟合趋势面由于拟合方程次数低,拟合出的遗址空间趋势误差较大,而且缺乏遗址点地区的数据,均需通过已知区域遗址点密度所在的趋势面方程进行插值得出,因而一次面状趋势拟合所代表的地理趋势判别主要根据已知遗址分布区趋势面的特征进行一般性分析。大溪文化时期一次拟合趋势面大体反映 1.43~1.38 等值线之间地区遗址点的地理空间分布趋势,倾向 SE,其高值趋势指向丹江地区;屈家岭文化时期一次拟合趋势面反映了 1.6~2.7 等值线之间的遗址分布的空间趋势,倾向 SW,高值方向为淮河上游地区;石家河文化时期一次拟合趋势面主要反映 2.5~5.5 等值线之间地区遗址点的趋势,倾向 NE,高值趋势指向湖南清江流域。根据汉江中下游地区三期新石器时代遗址的一次拟合趋势面倾向特征,趋势面总体上按顺时针以钟祥、天门、京山地区为圆心旋转,但缺失了 NW 倾向时期遗址趋势面,直接从 SW 演化到 NE 倾向,其间是否存在尚未发现的文化阶段需要田野考古学的进一步验证。而影响该区遗址地理趋势面旋转变动的因素不仅是自然的而且是社会文化因素共同作用的结果。

　　二次拟合趋势面的拟合度在三个时期平均达到了 28.5%,高于一次拟合曲面拟合度(平均值 15.4%),因而能更加逼近遗址空间地理面的真实情况。大溪文化时期(下口抛物面)二次拟合趋势面在三峡、清江流域为高值区,向丹江流域快速降落,沿长江河道缓慢减小[见图 5-13(b)];屈家岭文化时期(上口抛物面)趋势面几乎和大溪文化时期相反,三峡一带为谷值区而丹江流域和长江下游快速升高,密度等值线自 SW 向 NE 缓慢上升[见图 5-14(b)];石家河文化时期(下口抛物面)遗址趋势面高值区分布在丹江口水库—涢水、溇水一带,并从中心区向清江、三峡方向和淮河上游方向快速降落,中心高值轴线方向缓慢减少[见图 5-15(b)]。三期文化遗址的二次拟合趋势面的变化均为抛物面,且开口方向按朝下、朝上、朝下交替出现,抛物面顶点先后出现在三峡地区(高值)、清江地区(低值)、丹江口水库—溇水(高值)。从汉江中下游地区三个文化时期遗址趋势面高值的演化路径看,三峡地区—丹江口库区—枣阳地区,而三个文化时期遗址趋势面的低值区先后出现在丹江中下游、清江中下游、长江中下游地区。表明人类对生存环境的选择从大溪文化时期到屈家岭文化时期大体以海拔较高的丘陵岗地为主要地区,而在石家河文化时期遗址分布虽然有向海拔较低的江汉平原方向发展的趋势,但其核心区域仍停留在鄂北岗地的随—枣走廊地区。地势低平的江汉平原在不同的三个文化时期始终没有成为新石器文化遗址分布的密度核心,应归咎于江汉地区特殊的自然地理环境。大溪文化的核心区清江中下游地区和三峡地区之所以沦为后两期文化遗址的沙漠地带,与其自然地理条件和快速发展的农业生产方式不相适应有关。

### 5.2.4.2　环境变迁对空间趋势面演变的影响

　　进入全新世大暖期(8.9~3.5 kaB. P. )后,尽管也有气候恶劣的冷波动,但总体上江汉地区温度继续升高,湿度也得到改善。从 M1 孔地层孢粉资料(见图 5-16)可知,青冈类和栲类等喜暖湿的木本植物孢粉含量在屈家岭文化到石家河文化时期的过渡阶段出现明显下降,同时期对应的两个草本植物类型孢粉含量显著升高,表明自屈家岭文化后期开始,江汉地区的气候开始转入干凉特征。大溪文化时期的常绿植物类型孢粉含量较高而且相对稳定,对应时期内的草本植物孢粉含量则为低值期。而屈家岭文化时期水龙骨科蕨类有一个突出的繁荣期,表明江汉平原该时期有明显的湿润气候特征。

　　从考古记录看,江汉平原的文化层普遍不连续,这种文化层的间断类似于地层学意义上沉积过程中的"沉积间断"。根据江汉平原的演化特点,文化层堆积或形成与水位下降区域成陆的背景有关,而文化层堆积的缺失则意味着水位上升、湖泊扩张,大范围成湖。平原区地貌演化过程和文化层分布的特点均表明:①平原边缘文化层出现的时代早,且文

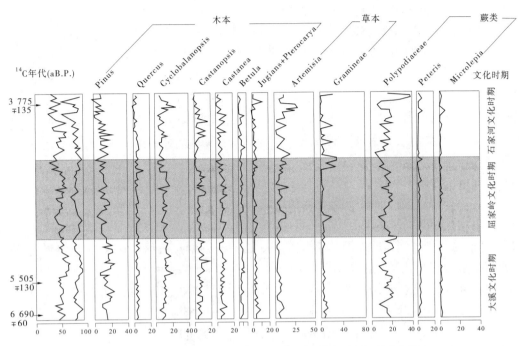

图 5-16　江汉平原沔城 M1 孔地层中全新世时期孢粉含量(朱育新等,1997)

化堆积较连续;②湖盆洼地和平原腹地对湖水位升降反映灵敏,文化堆积间断多且出现时代晚(间国年,1991)。

汉江中下游地区中全新世时期,考古遗址空间分布的二次拟合趋势面特征在大溪文化时期和石家河文化时期均为开口向下的抛物面,前一时期曲面的顶点位于清江、三峡一带,在汉江中下游地区是低值区域,后一时期曲面顶点在随州、枣阳一带,清江方向和淮河上游方向是低值区。这种遗址空间分布的趋势面特征与气候环境基本照应。因为大溪文化时期虽为暖湿期,但此时的人类集居区集中于三峡和清江一带,而江汉平原低地虽有河湖纵横,但人类集居的核心空间尚未扩展到该区,因此二次拟合曲面在汉江下游地区表现为低值区。屈家岭文化时期,考古遗址已经大规模向汉江中下游地区转移,在屈家岭文化早期阶段曾出现过草本植物繁盛的短暂期,在气候特征上表现为暖干期(对应的水龙骨科蕨类减少),估计此时应为屈家岭文化肇始的黄金时代(5 000~4 900 aB.P.),其核心文化区的京山屈家岭遗址应是此时适宜气候背景下的产物。但不久气候重新进入湿热时期,河湖水位上涨、人类遗址向高海拔的岗地和山前丘陵撤退。所以,本期二次趋势面为开口向上的二次拟合曲面,且江汉地区为低值。石家河文化时期气候明显进入向干冷特征转换的过渡期,考古遗址的核心也从丹江口地区向东南部的随—枣走廊转移,此时汉江下游的低平原也增添了为数不少的遗址点,这与本期二次拟合地理趋势面分布特征是一致的。值得注意的是,由于一个文化期的时间尺度跨度大,环境变迁特征也很显著,虽然属于同一个文化类型,但不同阶段遗址的分布具有不同的环境背景,而本书难以将它们进行详细分类拟合,因而将同一文化不同阶段遗址作为一个整体看待,其分析结果必然有与客观事实不符合的一面,如存在一次拟合趋势面的拟合度都较低等现象。

#### 5.2.4.3　农业进步对空间趋势面的影响

一般来说,古人类遗址分布的地理空间特征受自然环境约束的因素比较突出,在农业未从原始采摘、渔猎生产方式分离出来之前,这种约束尤其明显。然而,当人们掌握了育种、播种、收获技术和原始的时令、气象经验后,农业生产开始出现,这为人们摆脱山林居住时代提供了物质条件。汉江流域的考古遗址分布亦是如此,从屈家岭文化时期开始,稻作农业生产渐趋成熟,人类居住核心区域由大溪文化时期的清江、三峡地区大规模迁徙到江汉平原一带,然而由于当时气候湿热、洪水频发,河湖面波动频繁,该时期人们开始继续向鄂西北的丹江流域集结。这在屈家岭文化时期二次拟合趋势曲面表现为丹江口库区的遗址相对密度为高值特征,当然江汉地区的遗址密度低值区域是自然环境所致。

#### 5.2.4.4　生产方式进步对空间趋势面的影响

大溪文化时期仍然属于山地经济类型(吴小平,1998),生产主要是以渔猎经济为主、农业为辅,这与当时当地的地理环境密切相关。大溪文化时期,稻作农业的收获量仅能满足氏族社会的生存需要,所以还看不到农业和手工业之间明显的社会分工(张绪球,1996)。制陶手工业虽然是一种古老而又非常重要的手工业,但在很长时期里,它只是停留在氏族和家族内部以性别为主的分工水平上。进入屈家岭文化和石家河文化时期后,情况发生了重要变化。社会上开始出现了以交换为目的专门制作某一类产品的手工业。这些手工业首先出现在制陶、琢玉和冶铜等方面。并且只有经过专门训练和专门从事此类生产的人员,才能具备熟练的工艺和必要的能力,完全不同于过去那种简单的性别分工。农业和手工业分离的基础是社会生产力的提高,尤其是稻作农业水平的提高,因为只有粮食有了剩余,社会才有可能供养那些脱离农业生产的匠人。

因此,生产方式和内容的改变在一定程度上影响人类遗址的地理分布。根据已出土的陶器,屈家岭文化时期的陶器按质地可以分为泥质陶、加砂陶、细泥陶等类型,表明此时的制陶业对制陶土有明显的选择性,快轮制陶技术对于泥料的选择和加工要求很高,这就使得加工陶器的遗址分布具有明显的地域选择性。另外,由于农业自屈家岭文化时期逐渐从原始采摘业分离出来,人类对居住区的选择也因农业生产的内容和种类不同而出现显著的地域性特征,这必然影响到文化遗址分布的空间趋势。而这些遗址分布的细节变化只有在细化遗址分期和高次多项式拟合中才会有所反映。

汉江中下游地区三期新石器文化时期生产方式对比如表5-4所示。

#### 5.2.4.5　文化融合对空间趋势的影响

汉江流域新石器文化与其他文化的交流与融合主要出现在鄂、豫、陕三省交界的鄂西北地区,其中汉水干流是连通鄂、陕两省的天然通道;伏牛山、桐柏山、大别山之间的南北通道,特别是唐白河流域的南阳盆地是鄂、豫间文化往来的良好途径。

在新石器时代早期,鄂、豫、陕交界地区文化交流还处于比较原始的状态,因为各文化群体本身的分布范围相对较小,因此彼此之间可能还存在着间隙地。新石器时代中期以来,鄂境考古学文化的分布范围开始逐渐扩大,到大溪文化时期,各地区的文化、族群开始有了碰撞与接触,相互之间的间隙地开始缩小并开启了与周围地区越来越强的文化交流。

表 5-4　汉江中下游地区三期新石器文化时期生产方式对比

| 文化时期 | 生产工具 | 主导产业 | 手工业类型 |
|---|---|---|---|
| 大溪文化 | 石器:石斧、石铸、石锄、石铲、石刀、石举、石柞、石球、石铁、网坠、砍砸器、刮削器等<br>骨器:骨链、骨矛、骨匕、骨刀、骨鱼钩、蚌镰等 | 采集渔猎业;稻作农业雏形出现 | 石器制作业;纺轮出现;快轮制陶技术开始传播;薄胎彩陶出现 |
| 屈家岭文化 | 石器:石斧、石锛、石铲、石锄、石镰、石刀、网坠、镞、盘状器、球、凿、钻、砺石、石杵等<br>骨器:镞、凿、匕、鱼叉、鱼钩、锥、针、刀等<br>另有角器和蚌器等 | 稻作农业开始普及,有规划的灌溉系统出现;家庭畜牧业出现 | 石器制作业;快轮制陶技术普及;轻型彩陶纺轮 |
| 石家河文化 | 石器:盘状器、敲砸器、尖状器、石棒、锥形器、网坠、石锄、石斧、石锛、石铲、石刀、石钺、石凿、石铁、石网坠、石斧等<br>骨器:镞、锥、笄 | 稻作农业渐趋成熟;家庭畜牧业普及 | 制陶业专业化、规模化;制陶常用泥条盘筑法;釉陶出现 |

　　屈家岭文化时期,鄂豫间的文化交流更加密切和频繁,其中最为主要的一条通道是鄂北的南襄隘道,再由南阳北连伊洛,东向通豫中平原。早在仰韶文化早期,从南阳一带向北、向东的文化交流就很明显,王红星(1998)认为,淅川下王岗早一期遗存的直系渊源应与年代更早、地理位置紧邻、文化特征一脉相承的裴李岗文化有关。由此可以看出,屈家岭文化在大洪山南麓兴起后,通过鄂北几条主要的传播通道,向北部、西北部传播的动态轨迹,也正是鄂豫陕间文化交流的重要组成部分。

　　石家河文化早中期的地方特征很强,是典型的土著文化体系。然而到了晚期,不论是器形、纹饰、陶色,还是制法,均与石家河文化早中期的文化系统有别,而与河南龙山文化晚期者几乎相同,显然是一种新文化系统的突然进入。石家河文化晚期主要是河南龙山文化对长江中游地区的渗透(王红星,1998),具体途径是由淮河上游地区经白河、唐河至汉水,往东由随枣走廊至涢水上游地区;往西跨今沮漳河入峡区。可见,石家河文化时期,鄂豫陕间文化互相推进的通道有两条:一条是经由汉水下游、随枣走廊向北进入南阳盆地,再由此到豫西南或陕南,谓之西道;另一条是经过大别山和桐柏山之间的隘口(所谓义阳三关)来通行,谓之东道。

从文化融合的角度容易解释鄂西北丹江流域在屈家岭和石家河文化时期遗址密度高值现象。同时，这两个时期鄂、豫之间的文化交流通道主要是南襄隘道—随枣走廊和桐柏山、大别山之间的"义阳三关"，所以屈家岭文化时期的二次拟合趋势面在丹江流域和淮河上游一带为快速升高区域，石家河文化时期的丹江流域和"义阳三关"地区仍为次高值区域。可见，大溪文化时期后，随着古人类生产方式的转变和不同系统文化的融合交流等因素的耦合，遗址空间分布的地理趋势面虽然仍然反映了自然环境的主导地位，但后期的技术、文化因素极大地影响了空间趋势面的高值区域整体向丹江口—襄樊一带迁移。

# 第 6 章　汉江流域新石器时代的生态承载力研究

从 20 世纪 50 年代开始,一些学者开始从历史地理的角度展开对生态环境变迁史的研究。史念海(1981)的《河山集》有关石器时代人们的居住地及其聚落分布的研究中,对先秦时期黄河中下游地区地理环境的状态及其变迁有所论述。进入 20 世纪 80 年代,他又发表了《周原的变迁》《历史时期黄河在中游的下切》《历史时期黄河流域的侵蚀与堆积》《历史时期黄河中游的森林》等论文,着力从多角度、多层次对黄河流域的环境变迁进行系统细致的研究。但对于史前时期的生态环境变迁研究则少有学者涉足,而竺可桢的《中国近五千年来气候变迁的初步研究》成为我国史前环境变迁研究的典范。随后,文焕然等(1987)研究了近六七千年来中国气候冷暖变迁的特征和我国历史时期动植物的演化,他认为公元前 8 世纪至公元前 5 世纪为温暖时代;公元前 500 至 1050 年为相对温暖时代。施雅风等(1996)则对中国历史上气候的变迁进行过全方位的探讨。

周昆叔(1991)认为,环境考古的任务是解释人类及其文化形成的环境和人类与自然界的相互影响。环境考古的对象可以包括人类形成以来整个第四纪时期与人类有关的环境问题。不过由于人类发展阶段不同,内容和重点也有所差别。旧石器时代,由于人类对自然环境的影响较小,基本上是考察人与自然的关系;新石器时代,人类社会还处于较原始的状态,生产力低下,对环境的依赖依然明显,对环境的干扰相对有限,环境考古可以发挥明显的作用,并着重研究人类文化与自然环境的关系。相近的研究成果,如宋豫秦(2002)进行了中国文明起源的人地关系研究;李民(1991)研究了殷墟时代的人类活动与生态环境的关系;王晖等(2002)论述了商代后期气候变化对当时社会政治的影响;王星光(2004)研究了新石器晚期到夏代生态环境变迁与中国上古文明起源的互动关系。上述研究均侧重于用田野考古和文献考古的定性方法展开对新石器时代环境演化与人类文明进展的研究,而使用量化的生态学方法对中晚全新世生态环境特征研究的文献并不多见,这是因为历经数千年的气候和环境变迁,当时的生态因子信息早已湮灭在漫长的时空隧道中,而现在仅存的古生态因子信息载体,如湖泊沉积、泥炭地层、植物化石等对古生态环境记录的解释具有模糊性和多解性等缺点。然而,环境考古研究的最终目标是准确还原古气候变迁、生态环境对人类活动施加的影响,其中定量研究应是环境考古研究的重要内容,也是环境考古学走向深化的具体表现。本章尝试引进生态足迹概念对汉江中下游地区新石器时代生态承载的可持续性进行粗浅分析,并讨论大溪文化时期至夏代时期(6.3 ka~3.6 kaB. P.)生态足迹的变化及对应的人类社会的演化特征。

## 6.1　汉江中下游新石器时代气候背景

一般认为,高海拔地区对环境变迁的敏感度大于低海拔地区(Dansgaard, et al, 1993;

姚檀栋,1999),高海拔地区的环境信息载体如青藏高原冰芯、高海拔区的湖泊沉积、黄土及湖沼泥炭等较完整地记录了明显的温湿变化。位于神农架的大九湖地区地处海拔1 760 m的高山盆地,并有晚冰期以来的厚层泥炭堆积是研究汉水流域全新世环境变迁的理想载体之一。为了较为客观地恢复汉江流域中全新世时期的古气候变化数据,现采用神农架大九湖泥炭地层中全新世时期多种环境指标来讨论本流域的环境变迁特征。

### 6.1.1　大九湖地区自然地理概况

　　湖北神农架是由大巴山脉东延余脉组成的中高山地貌,山脉呈近东西方向延伸,区内总地势西南高东北低,由南向北逐渐降低,山峰海拔多在1 500 m以上(朱兆泉等,1999)。大九湖位于神农架林区的最西端(见图6-1),是一个喀斯特盆地,地理坐标在109°56′E~110°11′E,31°24′N~31°33′N,底部海拔1 760~1 700 m,面积约16 km²,是中纬度亚热带少有的高山沼泽。盆地地处北亚热带,由于海拔较高,气候冷湿,年平均气温7.4 ℃,最热月(7月)平均气温17.2 ℃;最冷月(1月)平均气温-2.4 ℃;无霜期只有144天;年均降水1 528.4 mm,最大降水量可达3 000 mm,年雨日150~200天,且分布均匀,相对湿度达80%以上。

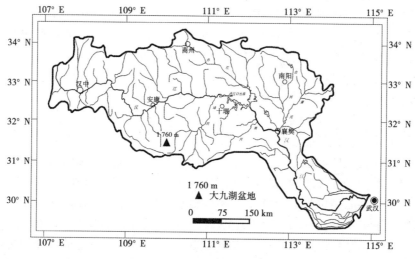

**图6-1　大九湖的地理位置**

　　大九湖盆地周围山地主要植被为针叶林、落叶阔叶林,植被类型有茅栗、亮叶桦、毛梾、漆树、米心水青冈、巴山松、巴山冷杉及山地草甸。面向盆地的山坡主要是落叶阔叶林带,其中山毛榉科为优势种,林下有成片箭竹及大量蕨类植物。盆地内植物主要以草甸植被和沼泽植被为主,在地势较高和排水通畅的地区为杂草类草甸,主要组成植物有芒草、拂子茅、云南箬等。在泥炭发育的地段,主要是刺子莞、苔草两大群系,地表植物有金发藓、镰刀藓、泥炭藓等。从边缘到中心盆地内沼泽分布依次为:低位至中高位类型,中心部位泥炭藓略有突出,呈扁平垄状。局部较高的地段,见有水青冈、鼠李、槲栎等木本植物散布。低洼处有积水,其中有慈姑等水生植物。

## 6.1.2　不同代用指标对大九湖地区古环境的记录

### 6.1.2.1　孢粉转换函数对大九湖地区气温降水的拟合记录

刘会平(1998,2001)、张华(2002)等先后对大九湖地区的地表和地层孢粉的类型进行了高分辨率研究。从其研究结果看,大九湖地区植物孢粉反映的古气候变化具有显著的阶段性。根据刘会平的拟合曲线(见图6-2),4 000~7 400 aB. P. 期间是近 6 000 年来最为暖湿的时期,1 月均温为−1.5~1.5 ℃,比现代高 1~4 ℃;7 月均温为 18~21 ℃,比现代高 1.5~3.8 ℃;年均温为 8~10.5 ℃,比现代高 1~3 ℃。年降水量特别丰富,可达1 600~1 800 mm。4 000~2 000 aB.P.气候又趋凉干,年降水量与现代相仿或略少,年均温、7 月均温、1 月均温都比现代低 1~2 ℃,2 000~800 aB. P. 期间气候又稍显温暖,年均温、7 月均温、1 月均温都比现代高 0.5~1.0 ℃,年降水量与现代相仿。800 aB. P. 以来,气候相对凉爽略干,年均温、7 月均温、1 月均温比现代低 1~2 ℃;年降水量比现今低100~300 mm。

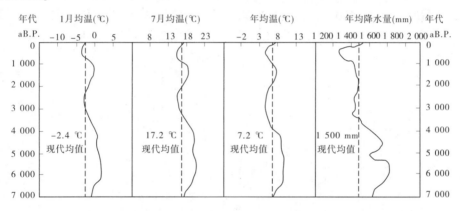

图 6-2　大九湖泥炭地层孢粉记录温湿拟合曲线(刘会平,1998)

### 6.1.2.2　大九湖泥炭地层的孢粉图谱指标

无论是广域性植被,还是狭域性植被,其生长条件要适应外界的温湿条件,当自然环境发生显著变化时,原有的某些植被类型会因不适应新的温湿条件而被淘汰,而适应新环境条件的植被类型则成为区域的优势种群。大量研究表明,利用地层中植物化石孢子、花粉追踪过去时期的植被,推论其生存环境是一种可靠的方法(Imbrie,1971;崔海亭等,1992;宋长青等,1997)。各类植物在繁殖期产生大量孢子或花粉,散落于群落所在地区或随风飘扬、传播至更远的地区,并在地层中沉积保存。这样可以利用地层中保存的孢粉类型反推古环境的特征,已成为过去全球变化研究的重要手段。

刘会平等(2001)、张华等(2002)根据钻孔样品详细研究了大九湖泥炭地层中的古植物类型,并依次讨论了不同时段古气候特征。由大九湖泥炭地层鉴定的孢粉含量变化曲线可以看出,大溪文化时期大九湖地区植被类型主要以落叶阔叶类、常绿阔叶类占主要地位,其中常绿阔叶类花粉含量达 16.8%~33.7%,而草本类仅占 15%左右,显示较为暖湿的气候背景。屈家岭文化时期草本植物比重加大到 20.7%,常绿类植物下降到 19%,落叶阔叶类占 53.3%,表现为显著的暖干气候特征。进入石家河文化时期后,常绿类植物比重增加到 25.8%,草本类植物下降到 11.1%,反映了温暖湿润的气候背景。

　　对比上述孢粉的温度拟合曲线和孢粉含量图谱,可以看出大溪文化时期均为暖湿时期,而屈家岭文化时期(5 000~4 600 aB.P.)孢粉—温湿拟合曲线仍然表现为暖湿特征,而孢粉图谱曲线却表现为相对干旱气候。石家河文化时期孢粉—温湿拟合曲线具有暖干特征,孢粉含量曲线指示的植被类型与之相对接近,表现为从暖湿向暖干过渡,与江汉平原地区的地层孢粉记录十分相似(朱育新等,1999)。

### 6.1.2.3　大九湖地区古气候的石笋记录

　　邵晓华等(2006)研究了神农架地区山宝洞中的喀斯特碳酸盐石笋中的 $\delta^{18}O$ 记录的古环境的降水量特征(见图 6-3)。石笋 $\delta^{18}O$ 变化主要取决于大气降水的同位素组成和洞穴地表年均温(Bar-Matthews,1996)。冰芯记录的冰期与间冰期之间的温度变化幅度大约为 10 ℃(Petit),按 O'Neil 方解石与水之间的同位素平衡分馏方程(-0.24‰/℃)(Hendy C H,1968)计算,由此导致的石笋 $\delta^{18}O$ 变幅仅为 2.4‰。而山宝洞石笋 $\delta^{18}O$ 变幅可达4.9‰,因此石笋 $\delta^{18}O$ 主要反映了降水量的变化,即降水量愈大,石笋 $\delta^{18}O$ 愈偏负(Wang,et al,2001;McDermott,2004)。根据神农架林区的气象资料,该区主要受东亚夏季风的影响,降水期主要分布于 4~10 月。因此,氧同位素曲线指示的降水变化反映了东亚夏季风的强度变化。

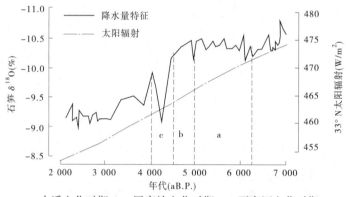

a—大溪文化时期;b—屈家岭文化时期;c—石家河文化时期

**图 6-3　大九湖山宝洞石笋记录的降水量特征(据邵晓华等,2006 改绘)**

　　图 6-3 显示,大溪文化时期石笋记录的 $\delta^{18}O$ 含量在-10.4‰上下,表明当时古气候为较强的夏季风影响,降水丰沛;5 kaB.P.时,$\delta^{18}O$ 含量出现陡然偏正现象但幅度不大,随后 $\delta^{18}O$ 含量恢复到大溪文化时期特征,在屈家岭晚期降水量减少。在石家河文化时期,$\delta^{18}O$ 含量的正向特征继续加强,在 4.1 kaB.P.时,干旱程度达到极致,尔后降水量又迅速增加但并未达到大溪文化时期和屈家岭文化时期的降水强度。

　　上述三个指标显示:大溪文化时期的暖湿特征基本一致,石家河文化时期的干旱特征各指标均有反映,而屈家岭文化时期的干湿特征却并不一致。为进一步厘清讨论内容,现用大九湖地层的总有机碳含量的变化订正上述不同指标对 5 kaB.P.以来干湿变化的指示。

### 6.1.2.4　大九湖泥炭地层的总有机碳记录

　　有学者认为(吴艳宏等,1998;Anne-Mare,et al, 1999;David,2004),以外源沉积物为

主的湖泊沉积地层中的总有机碳(TOC)可以通过 $C/N$ 来判定有机质的来源及数量。据马春梅等(2008)的研究,大九湖泥炭地层的 $C/N$ 为 12.25~30.00,平均值为 19.73,而整个剖面的 $\delta^{13}C$ 值为 -28.69~-26.41,平均约为 -27.45,表明大九湖泥炭地层的泥炭沉积源主要为 C3 植物。同时,在干旱气候环境下,植物体分解产生的有机酸较少,大量有机质因难以分解而在地层中沉积;而在湿润条件下,因植物残体分解得较为彻底,在泥炭地层中保留较少。因此,可以根据 $TOC$ 含量推测古环境的气候特征。

　　图 6-4 是大九湖泥炭地层的 $TOC$ 含量近 7 kaB.P. 的变化曲线。大溪文化时期 $TOC$ 平均含量为 23.3%,高于平均值的 19.73%,属于中等量级,为较暖湿的气候环境。屈家岭文化时期 $TOC$ 含量增加到 24.8%,气候有向干旱特征转换的趋势,而进入石家河文化时期后,前期气候变化比较平稳,有干旱趋势但程度较浅,到了石家河文化中后期,$TOC$ 含量从 24.6% 陡增到夏代初期的 38.3%,是整个剖面平均值的两倍,气候的干旱特征异常显著。

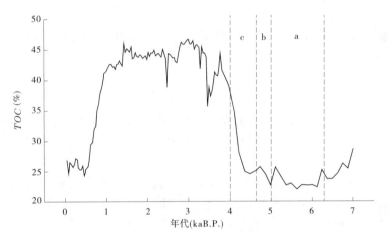

a—大溪文化时期;b—屈家岭文化时期;c—石家河文化时期

**图 6-4　大九湖泥炭地层总有机碳(TOC)含量变化**

# 6.2　大九湖地区气候因子数据的获取

　　20 世纪 70 年代以来,定量手段在第四纪生态学中逐渐得到应用,早期的定量手段主要用于准确恢复古气候和古植被。1990 年以来,定量恢复过去土壤的水分含量和水体特征的研究也有报道(Webb, et al,1993)。转换函数法(transfer function),也有人称为校正函数法(calibration function),即选取有代表性的花粉类型,建立现代气候与它们之间的回归关系,将化石花粉组合代入回归关系式即可求得古气候参数(Webb, et al,1972;Bar-tlein,et al, 1984;沈才明等,1992)。

## 6.2.1　转换函数的基本原理

　　转换函数是联系生物组合及其环境空间分布的方法,其模型可归结为生态矩阵方程:

$$E_m = X_m T_m$$

式中,$X_m$ 为指定的一定空间和时间跨度内的生物反应矩阵,如某些主要种属在一定时空跨度内的比率矩阵;$E_m$ 为相同时空跨度内所测定的环境变量矩阵,假设 $E_m$、$X_m$ 两者存在函数关系;$T_m$ 则为现代转换函数。如果假定转换函数是不随时间而变化的,那么就可以根据植物孢粉组合 $X_f$ 估计相同空间范围内的环境变量 $E_f$,即

$$E_f = X_f T_m$$

在孢粉分析中,依据孢粉数据重建古气候的方法是先根据化石花粉组合 $P_f$ 定性重建古植被 $V_f$,然后依据重建的古植被定性重建古气候 $C_f$,这两步重建的定量代数式可表示为

$$V_f = P_f R_m$$

$$C_f = V_f D_m$$

式中,$R_m$ 为现代孢粉代表性系数;$D_m$ 为现代植被和气候关系的生态方程。

两者可以归为复合函数:

$$C_f = P_f (R_m \cdot D_m)$$

鉴于植被与气候之间的关系,$D_m$ 极少存在量化关系且难以估计,因此常常采用转换函数 $T_m$ 将现代孢粉和现代气候联系起来:

$$C_m = P_m T_m$$

Webb 等(1972)认为,利用 $T_m$ 和孢粉组合重建古气候,必须附加三个假设条件:①气候是导致孢粉变化的根本原因;②孢粉组合反映的古植被组合始终是气候特征的反映,且与气候处于平衡状态;③估计转换函数 $T_m$ 的函数之线性关系足以反映气候因子与孢粉因子间的关系。

用于获取孢粉—气候转换函数的数值方法包括线性回归分析(Howel, et al, 1983)、PCA(Heusser, et al, 1980)及典型相关分析(Webb, et al, 1972)。其中,多元线性回归分析是最简单和最直接的方法,多元线性分析的基本模型为

$$C_{ij} = \beta_{0j} + \sum_{k=1}^{i} \beta_{kj} P_{ik} + \varepsilon_{ij} \quad (i = 1, 2, \cdots, n)$$

式中,$C_{ij}$ 为气候变量在样点 $i$ 的现代观测值;$P_{ik}$ 为孢粉种属 $k$ 在样点 $i$ 的现代丰度;$\varepsilon_{ij}$ 为误差项;$\beta_{0j}$、$\beta_{kj}$ 为回归系数。

利用该表达式根据在研究区域采集的孢粉样本就可获得相应的转换函数关系,从而为建立时间轴上的气候因子连续变化特征做准备。

## 6.2.2　基础资料特征

### 6.2.2.1　孢粉样品的采集

现代地表孢粉样品于 2004 年 2 月采自湖北神农架地区林间空旷处的苔藓集聚地段,按自然地形海拔每上升 100 m 为间隔采样,共获取表土孢粉样品 120 个,神农架地区地表孢粉采样点位置与海拔见表 6-1。孢粉样品的前处理和鉴定工作委托中国地质调查局水文地质工程地质技术方法研究所完成。同时,收集表土孢粉采集所在地区 7 个气象站(郧县、巴东、巫溪、兴山、竹溪、房县、神农架林场)1971~2000 年连续 30 年的气温与降水气象观测数据,为建立表土地层的气候—孢粉转换函数做准备。

表 6-1　神农架地区地表孢粉采样点位置与海拔

| 序号 | 采样编号 | 经纬度 | 海拔（m） | 序号 | 采样编号 | 经纬度 | 海拔（m） |
|---|---|---|---|---|---|---|---|
| 1 | JHS-S1 | 31°28.975′N,110°01.002′E | 1 745 | 61 | 神农顶-12 | 31°26.937′N,110°15.080′E | 2 177 |
| 2 | JHS-S2 | 31°29.086′N,110°01.031′E | 1 765 | 62 | 神农顶-13 | 31°26.946′N,110°14.471′E | 2 705 |
| 3 | JHS-S3 | 31°29.112′N,110°01.035′E | 1 787 | 63 | 神农顶-14 | 31°27.407′N,110°13.390′E | 2 606 |
| 4 | JHS-S4 | 31°29.125′N,110°00.982′E | 1 815 | 64 | 神农顶-15 | 31°27.645′N,110°13.453′E | 2 576 |
| 5 | JHS-S5 | 31°29.129′N,110°00.956′E | 1 842 | 65 | 神农顶-16 | 31°27.261′N,110°10.738′E | 2 504 |
| 6 | JHS-S⑥ | 31°29.137′N,110°00.937′E | 1 869 | 66 | 神农顶-17 | 31°27.617′N,110°09.761′E | 2 400 |
| 7 | JHS-S⑦ | 31°29.093′N,110°00.885′E | 1 921 | 67 | 神农顶-18 | 31°28.204′N,110°09.516′E | 2 291 |
| 8 | JHS-S⑧ | 31°29.143′N,110°00.870′E | 1 960 | 68 | 神农顶-19 | 31°28.603′N,110°09.141′E | 2 182 |
| 9 | JHS-S⑨ | 31°29.147′N,110°00.871′E | 1 989 | 69 | 神农顶-20 | 31°28.334′N,110°09.311′E | 2 081 |
| 10 | JHS-S⑩ | 31°29.165′N,110°00.840′E | 2 017 | 70 | 神农顶-21 | 31°27.971′N,110°08.774′E | 1 978 |
| 11 | JHS-S(11) | 31°29.177′N,110°00.824′E | 2 039 | 71 | 神农顶-22 | 31°27.307′N,110°08.933′E | 1 874 |
| 12 | JHS-S(12) | 31°29.122′N,110°00.827′E | 2 032 | 72 | 神农顶-23 | 31°26.783′N,110°08.839′E | 1 769 |
| 13 | JHS-N① | 31°28.898′N,110°01.340′E | 1 782 | 73 | 神农顶-24 | 31°26.542′N,110°08.767′E | 1 669 |
| 14 | JHS-N② | 31°28.876′N,110°01.372′E | 1 802 | 74 | JHB-1 | 31°29.598′N,109°59.726′E | 1 729 |
| 15 | JHS-N③ | 31°28.858′N,110°01.398′E | 1 822 | 75 | JHB-2 | 31°29.569′N,109°59.724′E | 1 731 |
| 16 | JHS-N④ | 31°28.866′N,110°01.398′E | 1 841 | 76 | JHB-3 | 31°29.561′N,109°59.722′E | 1 730 |
| 17 | JHS-N⑤ | 31°28.866′N,110°01.478′E | 1 862 | 77 | JHB-4 | 31°29.528′N,109°59.718′E | 1 729 |
| 18 | JHS-N⑥ | 31°28.868′N,110°01.515′E | 1 882 | 78 | JHB-5 | 31°29.511′N,109°59.716′E | 1 731 |
| 19 | JHS-N⑦ | 31°28.875′N,110°01.519′E | 1 902 | 79 | JHB-6 | 31°29.491′N,109°59.718′E | 1 730 |
| 20 | JHS-N⑧ | 31°28.875′N,110°01.538′E | 1 922 | 80 | JHB-7 | 31°29.472′N,109°59.717′E | 1 731 |

续表 6-1

| 序号 | 采样编号 | 经纬度 | 海拔（m） | 序号 | 采样编号 | 经纬度 | 海拔（m） |
|---|---|---|---|---|---|---|---|
| 21 | JHS-N⑨ | 31°28.878′N,110°01.579′E | 1 962 | 81 | JHB-8 | 31°29.452′N,109°59.719′E | 1 732 |
| 22 | JHS-N⑩ | 31°28.878′N,110°01.579′E | 1 962 | 82 | JHB-9 | 31°29.432′N,109°59.720′E | 1 732 |
| 23 | JHS-N(11) | 31°28.862′N,110°01.587′E | 1 982 | 83 | JHB-10 | 31°29.404′N,109°59.716′E | 1 732 |
| 24 | JHS-N(12) | 31°28.848′N,110°01.610′E | 2 002 | 84 | JHB-11 | 31°29.374′N,109°59.711′E | 1 732 |
| 25 | JHS-N(13) | 31°28.842′N,110°01.596′E | 2 022 | 85 | JHB-12 | 31°29.355′N,109°59.723′E | 1 733 |
| 26 | JHS-N(14) | 31°28.832′N,110°01.627′E | 2 045 | 86 | JHB-13 | 31°29.336′N,109°59.734′E | 1 732 |
| 27 | JHS-N(15) | 31°28.827′N,110°01.625′E | 2 072 | 87 | JHB-14 | 31°29.323′N,109°59.738′E | 1 732 |
| 28 | JHS-N(16) | 31°28.820′N,110°01.717′E | 2 117 | 88 | JHB-15 | 31°29.457′N,109°59.75′E | 1 732 |
| 29 | 宜松-1 | 30°49.905′N,110°23.651′E | 205 | 89 | SNDE01 | 31°29.334′N,109°58.581′E | 1 730 |
| 30 | 宜松-2 | 30°21.160′N,110°30.277′E | 716 | 90 | SNDE02 | 31°29.334′N,109°58.581′E | 1 730 |
| 31 | 宜松-3 | 31°24.671′N,110°28.076′E | 856 | 91 | SNDE03 | 31°29.334′N,109°58.581′E | 1 730 |
| 32 | 宜松-4 | 31°26.331′N,110°25.716′E | 1 044 | 92 | SNDE04 | 31°29.334′N,109°58.581′E | 1 730 |
| 33 | 宜松-5 | 31°27.181′N,110°24.048′E | 1 144 | 93 | SNDE05 | 31°29.334′N,109°58.581′E | 1 730 |
| 34 | 宜松-6 | 31°28.438′N,110°22.981′E | 1 279 | 94 | SNDE06 | 31°29.334′N,109°58.581′E | 1 730 |
| 35 | 宜松-7 | 31°28.968′N,110°22.757′E | 1 381 | 95 | SNDE07 | 31°29.334′N,109°58.581′E | 1 730 |
| 36 | 宜松-8 | 31°29.768′N,110°22.029′E | 1 498 | 96 | SNDE08 | 31°29.334′N,109°58.581′E | 1 730 |
| 37 | 宜松-9 | 31°29.997′N,110°22.117′E | 1 616 | 97 | SNDE09 | 31°29.334′N,109°58.581′E | 1 730 |
| 38 | 宜松-10 | 31°29.693′N,110°21.670′E | 1 724 | 98 | SNDE10 | 31°29.334′N,109°58.581′E | 1 730 |
| 39 | 宜松-11 | 31°29.457′N,110°21.327′E | 1 845 | 99 | SNDE11 | 31°29.334′N,109°58.581′E | 1 730 |
| 40 | 宜松-12 | 31°31.434′N,110°20.132′E | 1 741 | 100 | SNDE12 | 31°29.334′N,109°58.581′E | 1 730 |

续表 6-1

| 序号 | 采样编号 | 经纬度 | 海拔（m） | 序号 | 采样编号 | 经纬度 | 海拔（m） |
|---|---|---|---|---|---|---|---|
| 41 | 宜松-13 | 31°33.067′N,110°20.718′E | 1 634 | 101 | SNDE13 | 31°29.334′N,109°58.581′E | 1 730 |
| 42 | 宜松-14 | 31°35.222′N,110°22.457′E | 1 520 | 102 | SNDE14 | 31°29.334′N,109°58.581′E | 1 730 |
| 43 | 宜松-15 | 31°36.665′N,110°25.141′E | 1 398 | 103 | SNDE15 | 31°29.334′N,109°58.581′E | 1 730 |
| 44 | 宜松-16 | 31°45.278′N,110°37.335′E | 975 | 104 | SNDE16 | 31°29.334′N,109°58.581′E | 1 730 |
| 45 | 宜松-17 | 31°45.897′N,110°33.511′E | 1 132 | 105 | SNDE17 | 31°29.334′N,109°58.581′E | 1 730 |
| 46 | 宜松-18 | 31°46.776′N,110°32.859′E | 1 255 | 106 | SNDE18 | 31°29.334′N,109°58.581′E | 1 730 |
| 47 | 宜松-19 | 31°46.903′N,110°32.270′E | 1 372 | 107 | SND01 | 31°29.334′N,109°58.581′E | 1 730 |
| 48 | 宜松-20 | 31°42.092′N,110°27.800′E | 2 087 | 108 | SND02 | 31°29.334′N,109°58.581′E | 1 730 |
| 49 | 神农顶-1 | 31°30.291′N,110°19.628′E | 1 863 | 109 | SND03 | 31°29.334′N,109°58.581′E | 1 730 |
| 50 | 神农顶-2 | 31°29.821′N,110°18.224′E | 1 963 | 110 | SND04 | 31°29.334′N,109°58.581′E | 1 730 |
| 51 | 神农顶-3 | 31°26.684′N,110°16.237′E | 2 811 | 111 | SND05 | 31°29.334′N,109°58.581′E | 1 730 |
| 52 | 神农顶-4 | 31°29.620′N,110°18.512′E | 2 066 | 112 | SND06 | 31°29.334′N,109°58.581′E | 1 730 |
| 53 | 神农顶-5 | 31°28.830′N,110°18.212′E | 2 153 | 113 | SND07 | 31°29.334′N,109°58.581′E | 1 730 |
| 54 | 神农顶-6 | 31°28.567′N,110°18.131′E | 2 199 | 114 | SND08 | 31°29.334′N,109°58.581′E | 1 730 |
| 55 | 神农顶-7 | 31°28.169′N,110°17.662′E | 2 302 | 115 | SND09 | 31°29.334′N,109°58.581′E | 1 730 |
| 56 | 神农顶-8 | 31°27.942′N,110°17.387′E | 2 404 | 116 | SND10 | 31°29.334′N,109°58.581′E | 1 730 |
| 57 | 神农顶-9 | 31°27.309′N,110°17.132′E | 2 508 | 117 | SND11 | 31°29.334′N,109°58.581′E | 1 730 |
| 58 | 神农顶-10 | 31°26.894′N,110°17.216′E | 2 563 | 118 | SND12 | 31°29.334′N,109°58.581′E | 1 730 |
| 59 | 神农顶-11 | 31°26.585′N,110°17.439′E | 2 609 | 119 | SND13 | 31°29.334′N,109°58.581′E | 1 730 |
| 60 | 神农顶-12 | 31°27.153′N,110°16.872′E | 2 706 | 120 | SND14 | 31°29.334′N,109°58.581′E | 1 730 |

记录古气候的泥炭地层孢粉样本采自神农架西部大九湖山间盆地,根据研究剖面下部泥炭中孢粉类型判断,该盆地可能在全新世早期为浅水湖盆,后因沼泽植物繁盛而逐渐成为泥炭沼泽。大九湖泥炭剖面地层连续、无扰动,泥炭含量高,适合进行孢粉分析鉴定。当时开挖的地层剖面深达297 cm,根据本书研究需要和地层相应测年数据(马春梅等,2008),拟采用该泥炭剖面0~150 cm地层深度的孢粉样品进行古气候参数的拟合恢复。泥炭样品中的孢粉前处理和鉴定为重液浮选法分离出孢粉个体,然后制成活动玻片在Leica双目生物显微镜下鉴定和统计。

#### 6.2.2.2 作为原始变量的孢粉特征

分析鉴定的表土样品所含的孢粉类型十分丰富,对应的植物种属达93个。其中,种子植物类型多于蕨类植物种属,种子植物中又以被子植物居多,裸子植物次之;针叶类种属较少、含量也低。所有样品中以落叶阔叶乔木为主,亚热带常绿阔叶乔木比例较少,灌木植物类型繁多,含量却较低。草本植物种属多,含量较灌木稍多。根据神农架地区表土样品中所含的孢粉种属数量和质量选取如下植物种属进行气候—孢粉转换函数的拟合:①乔木和灌木植物。有松属(*Pinus*)、云杉属(*Picea*)、铁杉属(*Tsuga*)、冷杉属(*Abies*)、桦属(*Betula*)、鹅耳枥属(*Carpinus*)、桤木属(*Alnus*)、榛属(*Corylus*)、糙叶树属(*Aphananthe*)、核桃属(*Juglans*)、枫杨属(*Pterocarya*)、山核桃属(*Carya*)、麻黄属(*Ephedra*)、黄杞属(*Engelhardtia*)、栲属(*Castanopsis*)、栗属(*Castanea*)、落叶栎属[*Quercus*(D)]、常绿栎属[*Quercus*(E)]、水青冈属(*Fagus*)、漆树科(Anacardiaceae)、石栗属(*Aleurites*)、枫香属(*Liquidambar*)、杨梅属(*Myriaceae*)、无患子科(Sapindaceae)、芸香科(Rutaceae)、紫罗兰属(*Biraceae*)、木犀科(Oleaceae)、蔷薇科(Rosaceae)、绣线菊属(*Spireae*)、忍冬科(Caprifoliaceae)。②藜科(Chenopodiaceae)、菊科(Compositae)、蒿属(*Artermisia*)、葎草属(*Humulus*)、十字花科(Cruciferae)、地榆属(*Sanguisorba*)、伞形科(Umbelliferae)、茜草科(Rubiaceae)、大戟科(Euphorbiaceae)、龙胆科(Gentianaceae)、豆科(Leguminosae)、石竹科(Caryophyllacea)、橘梗科(Campanulaceae)、禾本科(Gramineae)、莎草科(Cyperaceae)、香蒲属(*Typha*)、海金沙属(*Lygodiaceae*)、水龙骨科属(Polypodiaceae)。③蕨类植物主要是石韦属(*Pyrrosia*)、瓦韦属(*Lepisrus*)、凤尾蕨属(*Pteris*)、石松科(Lycopodiaceae)、卷柏属(*Selaginella*)、厚壁单缝孢属(*Monolites*)、三缝孢属(*Trilites*)等。

在选取孢粉类型作为回归参数时,应尽量剔除对气候因子变化敏感性较差的植物类型如草本类花粉,同时为避免少量孢粉类型在某些图谱中缺失或含量甚少导致图谱异常,可以将几个生态意义相近的花粉类型合并为一个候选变量,如 *Albies*+*Picea*、*Carpinus*+*Corylus*+*Alnus*+*Juglans*。然后将孢粉平均含量大于3%的候选变量作为遴选变量的标准(沈才明等,1992)。

### 6.2.3 神农架地区区域孢粉—气候因子转换函数的建立

从严格意义上讲,影响气候特征变化的要素如气温、降水、湿度、气压、常年风速、风向甚至季节性气团性质等在下垫面性质不均一的情况下,除非用非线性高次复合函数拟合,否则难以准确模拟高差参差、微地貌复杂的山区气候的整体面貌。用山地不同区域孢粉样品拟合区域性的气候因子变化函数本身具有诸多局限性,如植被对气候变化的时滞性、人工扰动改变了原始植被类型、高差变化形成的紊流、迎风坡背风坡降水差异、上升气流和下降气流的直减率差异等变量都使山地地貌区域性孢粉—气候转换函数的科学意义存在争议。然而鉴于目前可获得古气候载体和研究手段的局限性,孢粉—气候转换函数方法仍是当前恢复古气候重要的手段之一。作为一种古气候变化的量度标尺,转换函数方法为人们根据现代气候特征借助孢粉载体了解过去环境变迁特征打开了全新的信息通道。

### 6.2.3.1　神农架地区温度和降水量空间函数的建立

植被组合特征是区域气候特征的显示器,气候要素的变化均会在地域性植被上表现出来。利用植被孢粉组合判别不同地域、不同时期区域的气候变迁具有普遍的科学意义,本书采用在神农架地区采集的 120 个孢粉样品的孢粉类型及含量组合、神农架地区 7 个气象站 30 年的连续气象记录,建立神农架地区的区域温度函数和区域降水函数。对于 120 个孢粉采样点,其温度($T$)和降水量($R$)取决于纬度($\varphi$)、经度($\lambda$)和海拔($H$),即年均气温可近似表示为

$$T(\varphi,\lambda,H) = b_0 + b_1\varphi + b_2\lambda + b_3H$$

降水量可近似表示为

$$R(\varphi,\lambda,H) = b_0 + b_1\varphi + b_2\lambda + b_3H$$

其中,$b_0 \sim b_3$ 为回归系数,该函数利用已知的 7 个气象站观测数据及其地理坐标和海拔先用线性回归法拟合,然后进行显著性检验判断其合理性。经过多元线性拟合,大九湖地区年平均气温函数为

$$T = 29.541 - 0.366\varphi - 0.005H$$

年均降水量函数为

$$R = 6441.788 - 174.477\varphi - 0.06H$$

气温拟合函数 $F = 275.76 \gg F_{0.01}(1,174) = 3.89$;降水量拟合函数 $F = 24.815 > F_{0.01}(2,173) = 4.71$,表明气温和降水量拟合函数均通过显著性检验,拟合函数具有实际意义。显然,在逐步回归过程中,经度变量被剔除,说明无论是气温还是降水量变化,与经度的关系不大,而与纬度和海拔密切相关。通过上述大九湖地区气温、降水量拟合函数的拟合数值与对应的观测值对比可知(见表 6-2),降水量拟合误差为 0.9%~5.1%,年均气温拟合误差区间为 0.7%~7.1%,误差小于 10%,但联系到两拟合函数的 $F$ 值检验结果发现,气温拟合函数的准确性与实际意义要大于降水量拟合函数。

据朱诚等(2008)的研究,神农架大九湖地区在海拔 1 716~2 811 m 的年均气温变化范围为 1.57~15.63 ℃,降水量为 823~1 480 mm,分别相当于我国东部地区 30°N~45°N 的气候年平均气温变化和 23°N~33°N 的年均降水量变化,这种垂直气候分异特征涵盖了研究区内汉江流域的气温和降水的空间变化,具有重要的区域气候要素指示意义。

### 6.2.3.2　孢粉—温度、孢粉—降水量转换函数的建立

根据上节拟合的温度、降水量与海拔和纬度的函数关系,先求出在大九湖地区各个地表花粉采集点的温度和降水值,然后利用地表孢粉样品的含量指标(共筛选出 37 个科属的孢粉类型)进行转换函数的拟合。在 $\alpha = 0.05$ 的显著水平上进行向前逐步回归,分别设入选阈值 $F_1 = 0.05$,剔除阈值 $F_2 = 0.10$,在 SPSS13.0 中完成回归运算并进行 $F$ 显著性检

表 6-2　大九湖地区气温和降水拟合结果与观测结果对比

| 地点 | 年均降水量<br>（mm） | 拟合降水量<br>（mm） | 误差<br>（%） | 年均气温<br>（℃） | 拟合年均气温<br>（℃） | 误差<br>（%） |
|---|---|---|---|---|---|---|
| 十堰 | 845.12 | 794.32 | 5.10 | 15.4 | 14.3 | 7.10 |
| 竹山 | 826.607 | 845.49 | 2.30 | 15.43 | 15.73 | 1.90 |
| 房县 | 832.65 | 881.83 | 5.90 | 14.31 | 15.32 | 7.0 |
| 巴东 | 1 084.05 | 1 048.2 | 3.30 | 17.28 | 16.56 | 4.10 |
| 兴山 | 996.92 | 1 006.33 | 0.90 | 16.81 | 16.93 | 0.70 |
| 神农架 | 962.81 | 974.56 | 1.20 | 12.09 | 12.21 | 0.90 |

验。对于大九湖地区的年平均气温、年平均降水量，最终选取 6 个因子建立转换函数，其 $F$ 值分别为 13.396 和 15.193，均大于 $F_{0.05}(6,113)=2.17$，表明逐步回归结论的显著性。具体的年平均气温—孢粉转换函数为

$$T = 10.659 - 0.153X_{Compositae} + 0.343X_{Pteris} - 0.204X_{Betula} -$$
$$0.062X_{Polypodiaceae} - 0.019X_{Pinus} - 0.089X_{Umbelliferae}$$

式中，$X_{Compositae}$、$X_{Pteris}$、$X_{Betula}$、$X_{Polypodiaceae}$、$X_{Pinus}$、$X_{Umbelliferae}$ 分别为菊科、凤尾蕨、桦属、水龙骨科、松属、伞形科。其中，除了凤尾蕨孢子含量指示平均气温的上升，其余 5 个花粉类型均指示平均气温的降低。另外，也反映出大九湖地区植被多数对气候的降温事件有敏感指示。

大九湖地区多年平均降水量—孢粉转换函数为

$$R = 1 035.323 + 12.15X_{Picea} + 2.377X_{Compositae} + 11.432X_{Tsuga} +$$
$$2.491X_{Corylus} + 2.796X_{Trilites} - 2.603X_{Cruciferae}$$

式中，$X_{Picea}$、$X_{Compositae}$、$X_{Tsuga}$、$X_{Corylus}$、$X_{Trilites}$、$X_{Cruciferae}$ 为云杉属、菊科、铁杉属、榛、三缝孢、十字花科的相对百分含量。而该函数的变量中第一到第五变量代表的云杉属、菊科、铁杉属、榛、三缝孢百分含量的增加表示降水量的增加，而十字花科花粉化石相对含量的增加却表示降水量的减少。上述转换函数中的入选变量与相对应的因变量的相关系数存在显著的线性相关关系（见表 6-3），两个转换函数的复相关系数分别为 0.871（$T_X$）和 0.703（$R_X$），标准误差均小于 10%，说明回归效果是显著的。

表 6-3　各转换函数变量与平均温度和降水的相关系数

| 变量 | 与温度相关系数 | 变量 | 与降水量相关系数 |
|---|---|---|---|
| $X_{Compositae}$ | -0.496 | $X_{Picea}$ | 0.464 |
| $X_{Betula}$ | -0.525 | $X_{Compositae}$ | 0.443 |
| $X_{Pteris}$ | 0.481 | $X_{Tsuga}$ | 0.529 |
| $X_{Polypodiaceae}$ | 0.286 | $X_{Corylus}$ | 0.387 |
| $X_{Pinus}$ | -0.592 | $X_{Trilites}$ | 0.334 |
| $X_{Umbelliferae}$ | -0.507 | $X_{Cruciferae}$ | -0.391 |

## 6.2.4 古气温和古降水的重建

在建立了大九湖地区的孢粉—气温转换函数后,选用神农架大九湖泥炭剖面 0~150 cm 地层中的孢粉化石含量百分数,然后根据上述的转换函数计算出 8 kaB.P. 以来的气温和降水量(见图 6-5)。

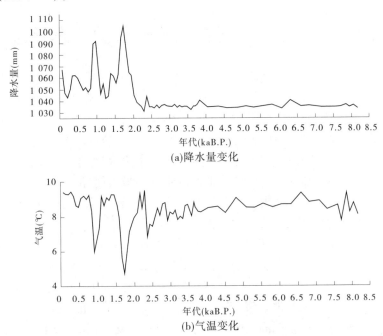

(a)降水量变化

(b)气温变化

**图 6-5　大九湖泥炭地层孢粉转换函数恢复的 8 kaB.P. 以来的气温和降水量变化**

从图 6-5 温度曲线可以看出,本区的全新世暖期出现在 8.3~3.5 kaB.P.,该期的泥炭地层花粉类型中针叶和阔叶树明显处于峰值,如铁杉、铁坚杉、栎、水青冈、胡桃、桦木、鹅耳枥、榛、榆等,尤其一些亚热带成分,如青钱柳属(*Cyclocarya*)、柯属(*Lithocarpus*)、山核桃等,说明大九湖地区温暖期的植被比现在复杂得多。其中的铁坚杉属(*Keteleeria davidiana*)是一种喜暖乔木。现散布于神农架 600~1 400 m 的中、低山区阳光充足的地区。另外,在大九湖暖期泥炭记录中,在 6.5~5 kaB.P. 时出现了铁坚杉的峰值,说明当时气温比现代至少高出 2 ℃(李文漪等,1992)。

据羊向东等(1998)的研究,在 7~3.9 kaB.P. 时期,江汉平原植被演替为常绿阔叶、落叶阔叶和针叶混交林,森林中主要建群种有青冈栎、栲、栗和松等,总体上反映了暖湿至半湿润的气候特点,当时的温度明显高于现在。从水热条件看,该阶段早期(8.0~6.7 kaB.P.)和晚期(4.2~3.9 kaB.P.)。气候暖偏干或半湿润,而水热配置最佳时期则出现在 6.5~4.4 kaB.P.,该时段暖湿气候在整个全新世最为稳定。该温暖期存在次级波动,其中有 3 次明显的降温,年代分别为 7.5~6.7 kaB.P.、4.9~4.8 kaB.P.、4.4~4.2 kaB.P.。这几次降温在长江中下游地区均有表现,其中后两次的降温带有普遍性(吴艳宏等,1997;羊向东等,1998)。该研究结果与图6-5的温度曲线基本吻合,而时间前后的时滞特征与区域地形差异对气候因子的响应敏感度有关,这也从侧面反映了由于区域尺度的分异特征,非地带性特征相当突出,李文漪等(1992)对湖北荆门鄂西山地边缘的龙泉湖地层孢粉的研究认为,该区的全新世暖期出现在4~2.5 kaB. P.,而7~4 kaB. P. 青冈栎有中断现象、桦榆成分较多,可能代表温暖期内气温相对较低的时期。

# 6.3　汉江中下游新石器时代的生态足迹

美国环境史学家弗·卡特和汤姆·戴尔(1987)指出:文明在一个相当优越的环境中经过几个世纪的成长与进步之后,不得不转向新的土地。文明之所以会在孕育了这些文明的故乡衰落,主要是由于人们践踏了帮助人类发展文明的生态环境。从中东地区的古埃及文明和古巴比伦文明,到中美洲的玛雅文明及新疆古楼兰文明等,这些文明从鼎盛到消亡无不与人类生态环境恶化息息相关。至于中国上古文明的起源模式,自仰韶暖期以来在中华大地上曾经衍生出的、如群星灿烂的地域文明为何湮灭在浩瀚的历史长河里?其原因肯定是复杂的、多重的,抛去冗杂的社会因素,从客观条件上或许可以从生态环境与人类文明的可持续发展关系角度窥见其缘由之一斑。

5~4 kaB. P.,汉水流域的屈家岭文化逐渐开始向石家河文化过渡转变,社会组织形式开始从原始社会转变为等级制复杂社会(郭立新,2005)。这个以稻作农业为基础的酋邦制复杂社会,创造出了一系列惊人的成就(如有规划的大型古城、稻作农业、畜牧业、制陶业等),然而它并没有顺利地过渡到类似于二里头文化类型的文明社会形态,在3 800 aB. P. 前后猝然消亡了。李伯谦(1997)认为,江汉地区复杂社会发展的正常轨迹被中原夏商文化的扩张而打断,"使该地区最终失去了独立进入文明的机会"。然而,人类活动与生态环境的相互关系也起着决定性的作用,并贯穿其兴衰的始终(宋豫秦等,2002)。深入研究生态环境发展状况与江汉地区复杂社会兴衰之间的关系,有助于理解中华文明"多元一体化"形成的根本原因。

## 6.3.1　净第一生产力的概念与模型

### 6.3.1.1　净第一生产力概念

净第一生产力(Net Primary Productivity,简称NPP)指的是绿色植物在单位时间和单位面积上所产生的有机干物质的总量,其可反映植被对大气中$CO_2$固定的能力,是生物地球化学碳循环的关键环节。极地冰芯的研究表明,数十万年以来$CO_2$在大气中的浓度表现为规律性的变化(Petit,et al,1999)。作为自然界中碳循环主要存贮库之一的陆地生态系统,其与大气之间碳的交换过程成为全球碳循环研究的重点领域。已有的研究(Richars, et al,2001)表明,目前全球生态系统每年吸收大气碳的总量约为$100×10^{12}$ kg,其中陆地植被吸收了$56.4×10^{12}$ kg,海洋生物吸收了$48.3×10^{12}$ kg。

大量的地质资料及古气候模拟研究显示,第四纪以来中国区域的气候和植被分布发生了显著的变化(施雅风等,1992;赵平等,2003),与气候变化密切相关的陆地生态系统的净初级生产力也必然发生变化。Shackleton(1977)首先基于深海有孔虫无机碳同位素在冰期—间冰期旋回的变化,指出储存于陆地生态系统中的碳储量也应产生相应的变化,全球陆地生态系统碳循环的研究表明,从末次冰盛期(21 kaB. P.)至今,全球陆地生态系统中的碳储量增加了 $400×10^{12}$ ~ $700×10^{12}$ kg(Bird, et al, 1994; Francis, et al,1999),而全新世中期(6 kaB. P.)比现在增加 30% 左右(Peng, et al, 1997; Adams, et al, 1998)。陆地植被净初级生产力在以上气候旋回中变化的研究结果显示,全球冰期—间冰期气候旋回中植被总 NPP 变化幅度高达 28%(Francois, et al,1998),全新世中期全球陆地植被 NPP 平均值比现代高 4%(Foley,1994)。以上研究都显示了在长时间尺度气候变化情景下,全球陆地生态系统碳循环所产生的相应变化。因此,为探求中全新世汉江地区生态环境的主要特征及其与人类社会的相互关系,根据相关数据推算研究区域的 NPP 值是最基础的工作。

### 6.3.1.2 NPP 的主要计算模型

植被净第一生产力作为表征植物活动的关键变量,是陆地生态系统中物质与能量运转研究的重要环节,其研究将为合理开发、利用自然资源及对全球变化所产生的影响采取相应的策略和途径提供科学依据。植被净第一生产力是植物自身生物学特性与外界环境因子相互作用的结果,它是评价生态系统结构与功能特征和生物圈的人口承载力的重要指标。地区性乃至世界性生物生产力及其空间分布的知识,能使人类得以从宏观区域上做出如下估计:潜在粮食资源的地理分布,人为提高区域性生产力水平的限度,不同国家和地区可能与现实的生产力水平,即区域生态系统的最大容纳量等。

1. 气候生产力模型

1)Miami 模型

Lieth 和 Box(1972)分别拟合了净第一生产力(NPP)与年平均温度及降水之间的经验关系:

$$y_1 = \frac{3\ 000}{1 + e^{(1.315-0.119t)}}$$

$$y_2 = \frac{3\ 000}{1 - e^{-0.000\ 664p}}$$

式中,$y_1$ 为根据年均温计算的生物生产量,g/(m² · a);$y_2$ 为根据年降水量计算的生物生产量,g/(m² · a);$t$ 为年平均气温,℃;$p$ 为年降水量,mm。

最后根据 Liebig 定律,选取二者中最小值作为计算点的生物生产量,此模型称作 Miami 模型。考虑到其他因素的影响,该模型的精度为 66% ~ 75%。

2)Motreal 模型

Thornthwaite 和 Rosenzweig 都注意到蒸腾蒸发量(ET)与气温、降水和植被之间的关系,并据此建立了 NPP 和 ET 之间的统计关系,Lieth 基于 Thornthwaite 发展的可能蒸散量模型及世界五大洲 50 个地点植被净生产力资料,于 1974 年提出了 Thornthwaite Memorial 模型(袁嘉祖,1980),后来也被称作 Motreal 模型:

$$NPP = 3\,000\left[1 - e^{-0.000\,969\,5(v-20)}\right]$$

$$v = \frac{1.05R}{\sqrt{1 + (1 + 1.05R/L)^2}}$$

$$L = 3\,000 + 25t + 0.05t^3$$

式中,$NPP$ 为植物气候产量,$g/(m^2 \cdot a)$;$v$ 为年实际蒸散量;$L$ 为该地年平均蒸散量;$t$ 为年平均气温,$℃$;$R$ 为年平均降水量,$mm$。

由于 Miami 模型和 Motreal 模型的设计者仅考虑了水热条件对生物生产量的影响,而未考虑植物所处的土壤、地形等条件,同时模型内尚未包含表示植物本身生物生态学特性的参数,因此具有明显的局限性。

2. 作物生长模型

作物生长模型(crop growth simulation model)是指能定量和动态地描述作物生长、发育和产量形成过程及其对环境反应的计算机模拟程序。荷兰瓦格宁根农业大学的 Dewit 1969 年提出了模拟作物生长过程碳素平衡的模拟模型(ELCROS),Penning 等学者 1982 年正式提出 SUCROS 模型,为作物生长模拟模型进行深入广泛的研究和应用奠定了基础。Van Keulen 及 Dewit 等在此基础上考虑了水分的订正,建立了 ARID-CROP 模型。刘建栋等(1997)利用 ARID-CROP 模型对黄淮海地区玉米生产力进行了模拟研究,指出该模型的光合及蒸腾子模型尚需进一步改进。现阶段国外比较成熟的还有 DSSAT(Decision Support System for Ago-technology Transfer)、COTCROP 等模型。

## 6.3.2 汉水流域中全新世时期 $NPP$ 估算

自然植被的净第一生产力反映了植物群落在自然环境条件下的生产能力。在自然环境条件下,植物群落的生产能力除受植物本身的生物学特性、土壤特性等限制外,还主要受气候因子的影响(孙睿等,2000)。植被的净第一生产力基本上取决于照射到植物上的太阳能及其根际层的土壤水分。因此,可以通过对气候因子,主要是太阳辐射、气温和降水与植物干物质生产的相关性分析来估计植被的净第一生产力。近年来,植被净第一生产力的研究,特别是用于全球气候变化的影响研究倍受重视。国内研究主要采用周广胜等(1995)的自然植被净第一生产力模型:

$$NPP = RDI\frac{rR_n(r^2 + R_n^2 + rR_n)}{(r + R_n)(r^2 + R_n^2)}\mathrm{EXP}\left[-(9.87 + 6.25 \cdot RDI)^{0.5}\right]$$

式中,$RDI$ 为辐射干燥度;$R_n$、$r$ 的单位均为 $mm$;$NPP$ 的单位为 $t\,DM/(hm^2 \cdot a)$。该模型是以与植被光合作用密切相关的蒸散为基础,综合考虑了诸因子的相互作用。周广胜等(1996)又将该式推导为:

$$NPP = RDI^2\frac{r(1 + RDI + RDI^2)}{(1 + RDI)(1 + RDI^2)} \cdot \mathrm{EXP}(-\sqrt{9.87 + 6.25RDI})$$

根据全国 671 个气候观测站的资料对 $RDI$ 与 $PER$(蒸散量)进行多项式回归,得到 $RDI$ 与蒸散量($PER$)的回归方程:

$$RDI = (0.629 + 0.237PER + 0.003\,13PER^2)^2$$

又据张新时(1993)结论, $PER = BT58.93/r$ 。式中, $BT$ 为生物温度(℃),这样就可以根据孢粉—气候转换函数恢复的江汉地区气温、降水量指标计算出不同时代的净第一生产力数据,具体计算结果见图 6-6,这为恢复江汉地区的生态承载力提供了条件。

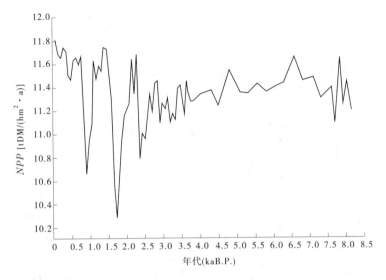

**图 6-6　8 kaB. P. 以来江汉地区植被净第一生产力( $NPP$ )的变化**

### 6.3.3　江汉地区中全新世时期的生态承载力

可持续发展评估研究的核心是定量了解人类对自然的利用状况,定量测量人类的需求是否处于自然的再生产能力之内。生态承载力是指在不破坏自然生态系统正常的物质、能量流的前提下,某一生态系统内所能容纳的人类社会为生存发展所进行的生产、生活活动而对自然生态系统施加的外力物质能量流量度的最大门槛阈值。获取江汉地区中全新世时期人类社会的生态承载力对理解从大溪文化时期到石家河文化时期,甚至夏代时期汉江流域从新石器时代向文明社会过渡过程中的演化机制有重要参考意义。

#### 6.3.3.1　生态足迹的概念和基本模型

生态足迹 EF( ecological footprint)是 20 世纪 90 年代初提出的一种从生态学角度来衡量可持续发展程度的方法(Wackernagel, et al,1997)。生态足迹衡量在一定的人口与经济规模条件下,人类消耗了多少用于延续其发展的自然资源,并将人类活动对生物圈的影响归纳成一个数字,即人类活动排他性占有的生物生产土地。一个已知人口(个人、城市或国家)的生态足迹,即是生产相应人口所消费的所有资源和消纳这些人口产生的所有废物所需要的生物生产面积(包括陆地和水域)。将生态足迹同国家或区域范围内所能提供的生物生产面积相比较,能够判断一个国家或区域的生产消费活动是否处于当地的生态系统承载力范围之内(杨开忠等,2000)。

生态足迹对于可持续性的衡量是一种可持续性的测量手段。当一个地区的生态承载力小于生态足迹时,即出现生态赤字;当其大于生态足迹时,则产生生态盈余。生态赤字表明该地区的人类负荷超过了其生态容量,要满足现有水平的消费需求,该地区要么从地区之外进口所欠缺的资源以平衡生态足迹,要么通过消耗自身的自然资本来弥补收入供给流量的不足(张志强等,2000)。

生态足迹是基于如下基本假设来进行计算的:

(1)人类可确定自身消费的绝大多数资源及其产生废物的数量;

(2)这些资源和废物流能转换成相应的生物生产面积;

(3)采用生物生产力来衡量土地,不同地域间的土地能转化为全球均衡面积,用相同的单位(如 $hm^2$)来表示;

(4)各类土地在空间上是互斥的。每单位的全球均衡面积代表着相同的生物生产力。

根据生产力大小的差异,生态足迹分析法将地球表面的生物生产性土地分为 6 大类进行核算:①化石能源用地:用来补偿因化石能源消耗而损失的自然资本存量而应储备的土地;②耕地:生物生产性土地中的生产力最大的一类土地;③牧草地:即适于发展畜牧业的土地;④林地:指可产出木材产品的人造林或天然林;⑤建筑用地:包括各类人居设施及道路所占用的土地;⑥水域:包括可以提供生物产出的淡水水域和海洋(张志强等,2001)。因本研究不涉及工业革命以来的生态足迹,因此化石燃料部分用地面积的核算舍去。

由于以上 6 类生物生产面积的生态生产力不同,要将这些具有不同生态生产力的生物生产面积转化为具有相同生态生产力的面积,以其总和计算生态足迹和生态承载力,需要对计算得到的各类生物生产面积乘以一个均衡因子,某类生物生产面积的均衡因子等于全球该类生物生产面积的平均生态生产力除以全球所有各类生物生产面积的平均生态生产力。现采用的均衡因子分别为:耕地、建筑用地为 2.8,森林、化石能源土地为 1.1,草地为 0.5,海洋为 0.2(Wackernagel, et al, 1996)。均衡因子为 2.8 表明生物生产面积的生物生产力是全球生态系统平均生产力的 2.8 倍,取后者为 1。均衡处理后的 6 类生态系统的面积即为具有全球平均生态生产力的、可以相加的世界平均生物生产面积。

生态足迹指标的模型如下:

(1)各种消费项目的人均生态足迹分量计算公式为:

$$A_i = \frac{C_i}{Y_i} = \frac{(P_i + I_i - E_i)}{(Y_i \times N)}$$

式中,$i$ 为消费项目的类型;$Y_i$ 为 $i$ 类土地生产第 $i$ 种消费项目的年(大区域)平均产量,$kg/hm^2$;$C_i$ 为 $i$ 种消费项目的人均消费量;$A_i$ 为第 $i$ 种消费项目折算的人均占有的生物生产面积(人均生态足迹分量),$hm^2/$人;$P_i$ 为第 $i$ 种消费项目的年生产量;$I_i$ 为第 $i$ 种消费项目年进口量;$E_i$ 为第 $i$ 种消费项目的年出口量;$N$ 为人口数。

在原始社会末期生产力相对落后,部落之间的商品交换量基本可以忽略,本书以下计算过程将剔除消费项目中的进口和出口项目,而把研究区域视为相对独立的经济单位而不与其他部落进行生物生产面积的交换。这样就可以推算出生态足迹的总量。

(2)生态足迹的计算公式为:

$$EF = \sum r_j A_i = \sum r_j \frac{(P_i + I_i - E_i)}{(Y_i \times N)}$$

式中，$EF$ 为人均生态足迹，$hm^2/人$；$r_j$ 为均衡因子，目的是将小区某类土地的生物生产力转化为区域间量纲统一、可以比较的均衡系数，其意义为小区某类土地的生物生产量与大区同类土地生物生产量的比值。

本书中的均衡因子源自 Wackernagel 等(1996)并结合中全新世晚期江汉地区的气温和降水条件及生产力水平进行局部调整。

### 6.3.3.2　江汉地区中全新世时期生态足迹的核算

研究区的生态足迹的计算数据基于用孢粉—气候转换函数恢复的中全新世时期江汉地区的气温和降水数据，由于前述内容已经估算出本区的森林植被的 $NPP$，草场、水域、耕地的 $NPP$ 可以参考周广胜等(1995,1996,1998)、张新时等(1993)、王建林等(2001)的研究成果进行估算。为考察人均生态足迹的变化，假设一个汉江中下游地区理想聚落的人口的变化是必要的。一般认为关于人口增长模式应遵循 Logistic 种群增长率函数法则，它表现了一种环境承载力限制性前提下的种群增长法则并具有一般的普遍意义。一般的种群增长模型是：

$$Y = \frac{K}{1 + (\frac{K}{Y_0} - 1) e^{(-rT)}}$$

式中，$Y$ 为种群数量；$r$ 为种群的内禀增长率(与种群的遗传特征相关)；$K$ 为种群的最大可能数量；$Y_0$ 为种群的初始数量；$T$ 为年代数。

Logistic 种群增长模式在内秉增长率和生态环境最大承载容量的限制下，一般呈现出三个阶段：生存阶段、发展阶段和可持续发展阶段。生存阶段，在系统发展的初期，限制因素的作用较小，充足的环境容量驱动系统以很快的速度发展。发展阶段，随着时间推移和系统规模的增大，发展的空间再缩小，资源供给能力下降，环境条件的限制越来越明显地阻碍系统增长率的提高。可持续发展阶段，当系统规模接近环境容量的时候，系统增长率趋近于零。在某种情况下，Logistic 曲线可能不会在渐近极限值处稳定下来，这取决于人类社会的技术进步和外界生态系统的良性或恶性交替性振荡。

根据李通屏等(2008)估算，在人类社会的第一阶段，即人类进入农业社会之前，人们以狩猎动物和采集果实为生。人口增长率 100 年不超过 1.5%(倍增时间 4 700 年)。据推算，农业革命前夕(公元前 8000 年左右)的世界人口在 500 万~1 000 万，实际上这也可能是狩猎、采集时期人口抚养能力的上限。第二阶段：进入农业社会，可以稳定地供给粮食，人口数量稳定增长。公元前 1000 年到 400 年左右，全球人口数量已经达到 1 亿左右。人口的年增长率为 0.5%~1%(倍增时间为 70~140 年)。那么基于 Logistic 种群增长理论和新石器时代末期可能的人口增长率，假设存在一个初始人口为 30 人的族群(8.0 kaB. P.，即城背溪文化初期)，他们的生产活动范围为 1 万 $hm^2$。以此为基数，先计算出个别年代可能的人口数，然后用 SPSS13.0 软件进行 Logistic 回归估算得出不同时代假设人类聚落的人口变化，该聚落活动面积根据当时人类的可能活动半径划出，再用 SPSS13.0 软件用指数模式进行回归估算。具体结果见表 6-4。

表 6-4　江汉地区理想人类聚落人口变化与活动区域的拟合结果

| 年代（kaB.P.） | 估算人口（人） | 活动面积（hm²） | 人均土地面积（hm²） |
|---|---|---|---|
| 2.99 | 118 932.90 | 2 212 172 | 18.60 |
| 3.06 | 98 601.77 | 1 957 686 | 19.85 |
| 3.12 | 84 235.33 | 1 766 686 | 20.97 |
| 3.19 | 70 713.92 | 1 576 238 | 22.29 |
| 3.27 | 59 066.93 | 1 401 745 | 23.73 |
| 3.34 | 49 709.64 | 1 252 677 | 25.19 |
| 3.41 | 41 626.09 | 1 115 820 | 26.80 |
| 3.47 | 35 207.32 | 1 000 414 | 28.41 |
| 3.58 | 26 877.71 | 838 977.5 | 31.21 |
| 3.65 | 22 790.04 | 753 431.1 | 33.05 |
| 3.68 | 21 143.57 | 717 485.7 | 33.93 |
| 3.75 | 17 485.4 | 633 913 | 35.25 |
| 3.82 | 14 752.21 | 567 423.8 | 38.46 |
| 4.04 | 8 554.69 | 397 771.6 | 46.49 |
| 4.31 | 4 356.14 | 256 189.1 | 58.81 |
| 4.51 | 2 616.06 | 183 736 | 70.23 |
| 4.81 | 1 260.85 | 114 170.1 | 90.55 |
| 5.09 | 612.26 | 71 290.76 | 116.43 |
| 5.31 | 357.71 | 50 220.66 | 140.39 |
| 5.56 | 191.49 | 33 416.65 | 174.50 |
| 5.81 | 101.48 | 22 090.86 | 217.66 |
| 6.09 | 51.42 | 14 181.56 | 275.79 |
| 6.30 | 50.55 | 14 024.98 | 277.43 |
| 6.59 | 49.55 | 13 844.04 | 279.36 |
| 6.81 | 47.33 | 13 437.08 | 283.84 |
| 7.09 | 43.99 | 12 811.01 | 291.17 |
| 7.31 | 40.96 | 12 228.37 | 298.50 |
| 7.60 | 38.06 | 11 657.46 | 305.21 |
| 7.70 | 36.66 | 11 376.17 | 310.23 |
| 7.84 | 35.66 | 11 172.55 | 313.2 |
| 7.93 | 34.98 | 11 033.22 | 315.3 |
| 8.03 | 30.89 | 10 174.33 | 329.29 |
| 8.16 | 28.95 | 9 752.971 | 336.82 |

　　根据本区 *NPP* 变化与相关文献估算的 5 类土地的生物生产力的产量因子为耕地产量因子、草地产量因子、林地产量因子、水地产量因子和建筑地产量因子(见表 6-5)。

表 6-5　江汉地区 6~3 kaB. P. 五类土地生物生产力的产量因子

| 年代(kaB. P.) | 耕地产量因子 | 草地产量因子 | 林地产量因子 | 水地产量因子 | 建筑地产量因子 |
| --- | --- | --- | --- | --- | --- |
| 2. 99 | 0. 054 1 | 0. 197 3 | 0. 209 2 | 0. 776 6 | 0. 006 7 |
| 3. 06 | 0. 055 2 | 0. 198 7 | 0. 209 9 | 0. 781 9 | 0. 006 9 |
| 3. 12 | 0. 056 2 | 0. 195 7 | 0. 208 3 | 0. 770 1 | 0. 007 0 |
| 3. 19 | 0. 057 3 | 0. 202 7 | 0. 212 1 | 0. 797 5 | 0. 007 1 |
| 3. 27 | 0. 058 4 | 0. 200 3 | 0. 210 8 | 0. 787 9 | 0. 007 3 |
| 3. 34 | 0. 059 6 | 0. 201 9 | 0. 211 7 | 0. 794 7 | 0. 007 4 |
| 3. 41 | 0. 060 7 | 0. 193 0 | 0. 206 7 | 0. 759 5 | 0. 007 5 |
| 3. 47 | 0. 061 9 | 0. 192 2 | 0. 206 3 | 0. 756 4 | 0. 007 7 |
| 3. 58 | 0. 063 8 | 0. 200 3 | 0. 210 8 | 0. 788 1 | 0. 007 9 |
| 3. 65 | 0. 064 9 | 0. 191 23 | 0. 205 7 | 0. 752 3 | 0. 008 1 |
| 3. 68 | 0. 065 5 | 0. 193 8 | 0. 207 2 | 0. 762 8 | 0. 008 1 |
| 3. 75 | 0. 066 9 | 0. 196 7 | 0. 208 8 | 0. 774 12 | 0. 008 3 |
| 3. 82 | 0. 068 1 | 0. 196 5 | 0. 208 7 | 0. 773 1 | 0. 008 5 |
| 4. 04 | 0. 072 4 | 0. 194 6 | 0. 207 6 | 0. 765 7 | 0. 009 0 |
| 4. 31 | 0. 078 0 | 0. 193 5 | 0. 207 0 | 0. 761 6 | 0. 009 7 |
| 4. 51 | 0. 082 5 | 0. 198 0 | 0. 209 5 | 0. 779 2 | 0. 010 3 |
| 4. 81 | 0. 089 5 | 0. 188 3 | 0. 204 0 | 0. 740 9 | 0. 011 1 |
| 5. 09 | 0. 096 9 | 0. 194 1 | 0. 207 3 | 0. 763 7 | 0. 012 1 |
| 5. 31 | 0. 102 8 | 0. 194 4 | 0. 207 5 | 0. 765 0 | 0. 012 8 |
| 5. 56 | 0. 110 2 | 0. 191 9 | 0. 206 1 | 0. 755 0 | 0. 013 7 |
| 5. 81 | 0. 118 2 | 0. 193 3 | 0. 207 3 | 0. 763 0 | 0. 014 7 |
| 6. 09 | 0. 127 5 | 0. 192 6 | 0. 206 5 | 0. 757 7 | 0. 015 9 |
| 6. 30 | 0. 135 4 | 0. 191 5 | 0. 205 9 | 0. 753 7 | 0. 016 9 |
| 6. 59 | 0. 146 4 | 0. 184 | 0. 202 1 | 0. 727 8 | 0. 018 3 |
| 6. 81 | 0. 155 6 | 0. 190 9 | 0. 205 5 | 0. 751 1 | 0. 019 4 |
| 7. 09 | 0. 168 5 | 0. 190 0 | 0. 205 1 | 0. 747 8 | 0. 021 0 |
| 7. 31 | 0. 178 8 | 0. 195 8 | 0. 208 3 | 0. 770 4 | 0. 022 3 |
| 7. 60 | 0. 193 8 | 0. 192 8 | 0. 206 6 | 0. 758 9 | 0. 024 2 |
| 7. 70 | 0. 199 2 | 0. 203 2 | 0. 212 4 | 0. 799 5 | 0. 024 9 |
| 7. 84 | 0. 207 1 | 0. 185 1 | 0. 202 2 | 0. 728 3 | 0. 025 8 |
| 7. 93 | 0. 212 3 | 0. 197 3 | 0. 209 2 | 0. 776 5 | 0. 026 5 |

续表 6-5

| 年代(kaB.P.) | 耕地产量因子 | 草地产量因子 | 林地产量因子 | 水地产量因子 | 建筑地产量因子 |
|---|---|---|---|---|---|
| 8.03 | 0.218 5 | 0.191 3 | 0.205 8 | 0.752 7 | 0.027 3 |
| 8.16 | 0.226 4 | 0.199 4 | 0.210 3 | 0.784 6 | 0.028 3 |

　　参照 Wackernagel 等的产量均衡因子,根据生态足迹的定义就可以求出研究区域的人均生态足迹,其变化足迹见图 6-7(b)。

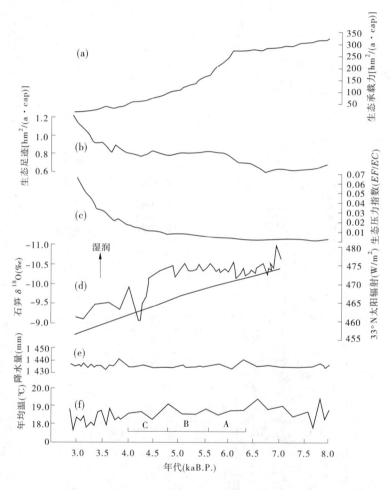

A—大溪文化时期;B—屈家岭文化时期;C—石家河文化时期;(a)生态承载力变化;(b)生态足迹变化;
(c)生态压力指数变化;(d)神农架山宝洞石笋 $\delta^{18}O$ 变化(邵晓华等,2006);
(e)中全新世汉江中下游孢粉拟合降水量变化;(f)中全新世汉江中下游孢粉拟合气温变化

**图 6-7　汉江中下游地区中全新世生态环境指标对比**

### 6.3.3.3　江汉地区中全新世时期生态承载力估算

生态承载力的定义是,一定自然环境和社会经济条件下,生态生产性土地的最大值。生态容量(生态承载力)可以理解为是一定自然、社会、经济技术条件下,某地区所能提供的生态生产性土地的极大值。生态承载力的计算与生态足迹类似,不同的是生态足迹的计算是以人们对生物资源的实际消费量为基础;而生态承载力则是以可耕地、牧草地、森林、建成地和水域的实际拥有面积为基础,经过产量调整和等量化处理得到的。国内外常用的计算生态承载力的方法称为土地面积法,该方法认为生态生产性土地的供给面积仅限于可耕地、水域、牧草地、森林、建筑地等 5 类土地的实际面积,即生态容量计算与生态足迹计算一样具有空间互斥性。

由于不同地区的资源禀赋差异,不同地区的同类生物生产土地的实际面积不能直接对比,在生态承载力计算中,需要对不同类型的面积进行调整。Wackernagel 等(1997)通过引入产量因子的概念解决这一问题,产量因子表示某个国家或地区的某种生物生产土地的平均生态生产力与同类土地的世界平均生态生产力之间的比率。由于产量因子的数值与不同地区或国家土地的生态生产力有关,所以在计算特定区域生态承载力时,为了数据的准确性,需要计算该区域自己的产量因子。将区域现有的耕地、草地、林地、建筑用地、水域等物理空间的面积乘以相应的均衡因子和产量因子,就可以得到该地区基于世界平均生态生产力的均衡生物生产土地面积,即生态承载力。可见,一旦某区域的均衡因子和产量因子被确定,则该区域的生态足迹和生态承载力就能够被转换成相同的度量单位而进行比较。一般地,区域人均生态承载力的计算公式为

$$EC = \sum_{i=1}^{5} r_i a_i y_i \quad (i = 1,2,3,\cdots,6)$$

式中,$EC$ 为生态承载力;$r_i$ 为某种土地类型的均衡因子;$a_i$ 为占有的第 $i$ 类生物生产土地面积;$y_i$ 为第 $i$ 类生物土地生产类型的产量因子(yield factor)。

而各类生物生产力土地类型的生产因子是区域性单位面积生物生产量与大区域生物生产量的比值。

在计算生态承载力时,应从总数中扣除12%用于生物多样性的保护这一部分(Wackernagel, et al, 1997)。

考虑到汉水地区 5 类土地的生产均衡因子在千年尺度的变化过程中不可忽略的差异性特征,分别根据我国 5 类土地的生物平均生产量(张志强等,2001)与汉水流域中全新世时期气温、降水相拟合,得出不同土地类型的浮动生产量均衡因子,根据前人的研究(Wackernagel, et al,1996;Helmut, et al,2001;郭秀锐等,2003)成果,建筑用地的产量因子与耕地的产量因子取相同值,见表6-6。

这样根据人均生物生产力 5 类土地的人均面积与均衡因子、产量因子的积,生物生产力均衡因子[耕地 1.66,草地 0.19,林地 0.91,建筑用地 1.66,水域 1.00(张志强等,2001)],然后求和就可以得到假设研究区域的人均生态承载力,6~3 kaB.P. 生态承载力变化见图6-7(a)。

表 6-6　江汉地区中全新世时期生物生产量不同土地类型的产量因子

| 年代(kaB.P.) | 林地 | 耕地 | 草地 | 水地 |
|---|---|---|---|---|
| 2.99 | 1.108 542 | 1.293 356 | 0.888 972 | 1.159 93 |
| 3.06 | 1.108 974 | 1.278 238 | 0.888 294 | 1.161 206 |
| 3.12 | 1.108 022 | 1.284 518 | 0.889 788 | 1.158 399 |
| 3.19 | 1.110 223 | 1.291 7 | 0.886 322 | 1.164 946 |
| 3.27 | 1.109 459 | 1.299 321 | 0.887 537 | 1.162 638 |
| 3.34 | 1.11 | 1.306 856 | 0.886 675 | 1.164 274 |
| 3.41 | 1.107 136 | 1.314 855 | 0.891 147 | 1.155 866 |
| 3.47 | 1.106 877 | 1.322 642 | 0.891 544 | 1.155 129 |
| 3.58 | 1.109 463 | 1.335 705 | 0.887 504 | 1.162 701 |
| 3.65 | 1.106 54 | 1.344 014 | 0.892 063 | 1.154 168 |
| 3.68 | 1.107 407 | 1.347 877 | 0.890 726 | 1.156 648 |
| 3.75 | 1.108 342 | 1.357 908 | 0.889 288 | 1.159 336 |
| 3.82 | 1.108 282 | 1.367 196 | 0.889 413 | 1.159 102 |
| 4.04 | 1.107 647 | 1.399 115 | 0.890 353 | 1.157 344 |
| 4.31 | 1.107 307 | 1.443 781 | 0.890 882 | 1.156 358 |
| 4.51 | 1.108 75 | 1.481 943 | 0.888 637 | 1.160 561 |
| 4.81 | 1.105 577 | 1.544 535 | 0.893 521 | 1.151 485 |
| 5.09 | 1.107 487 | 1.125 053 | 0.890 603 | 1.156 877 |
| 5.31 | 1.107 585 | 1.133 737 | 0.890 444 | 1.157 174 |
| 5.56 | 1.106 761 | 1.144 693 | 0.891 723 | 1.154 797 |
| 5.81 | 1.107 437 | 1.156 872 | 0.890 694 | 1.156 708 |
| 6.09 | 1.106 978 | 1.171 223 | 0.891 37 | 1.155 452 |
| 6.30 | 1.106 685 | 1.183 817 | 0.891 891 | 1.154 487 |
| 6.59 | 1.104 468 | 1.201 73 | 0.895 217 | 1.148 391 |
| 6.81 | 1.106 442 | 1.217 13 | 0.892 217 | 1.153 885 |
| 7.09 | 1.106 156 | 1.239 519 | 0.892 643 | 1.153 098 |
| 7.31 | 1.108 028 | 1.257 884 | 0.889 756 | 1.158 459 |
| 7.60 | 1.107 081 | 1.285 664 | 0.891 226 | 1.155 719 |
| 7.70 | 1.110 388 | 1.296 15 | 0.886 062 | 1.165 442 |
| 7.84 | 1.104 52 | 1.311 479 | 0.895 151 | 1.148 509 |
| 7.93 | 1.108 533 | 1.321 854 | 0.888 978 | 1.159 917 |
| 8.03 | 1.106 574 | 1.334 26 | 0.892 015 | 1.154 257 |
| 8.16 | 1.109 179 | 1.350 654 | 0.887 957 | 1.161 842 |

#### 6.3.3.4　汉水流域不同时期的生态压力指数

生态安全是指一个国家或人类社会生存和发展所需的生态环境处于不受或少受破坏与威胁的状态。生态安全是构建和谐社会、实现科学发展的重要保障,是国家安全和社会稳定的一个重要组成部分。为考察汉水流域中全新世时期生态环境的安全等级,下面通过该地区生态压力指数变化做进一步观察。

现有的生态安全的评价方法主要有综合指数法、景观生态学方法、生态系统安全的综合评价法和生态安全承载力的评价方法等 4 种(赵先贵等,2007)。本书在生态足迹数据基础上,利用生态压力指数对汉江下游新石器时代的生态安全进行初步研究,尝试追踪各个时间段的生态安全程度,为中全新世长江中游地区的文明发展轨迹研究提供新视角。

生态压力指数模型是在生态足迹原理的基础上提出来的。生态足迹可分为可更新资源的生态足迹和不可更新资源(能源)的生态足迹,考虑到生态足迹方法中没有对应能源的生态承载力,所以将生态压力指数定义为某一国家或地区可更新资源的人均生态足迹与生态承载力的比率,该指数代表了区域生态环境的承压程度,其模型为

$$ETI = \frac{EF}{EC}$$

式中,$ETI$ 为生态压力指数;$EF$ 为生态足迹;$EC$ 为生态容量。

为了确定科学的评价指标及等级划分,根据 WWF 2004 中提供的 2001 年全球 147 个国家或地区的生态足迹和生态承载力数据(Wackernagel, 2005),利用 ETI 模型计算了其生态压力指数,其变化范围为 0.04~4.00。通过对所获得的数据进行扫描、聚类分析,结合世界各国的生态环境和社会经济发展状况,制定了生态安全评价指标与等级划分标准(见表6-7)。

表 6-7　生态压力指数等级划分标准

| 等级 | 生态压力指数 | 表征状态 |
|---|---|---|
| 1 | <0.5 | 很安全 |
| 2 | 0.51~0.8 | 较安全 |
| 3 | 0.81~1.0 | 稍不安全 |
| 4 | 1.1~1.5 | 较不安全 |
| 5 | 1.51~2.0 | 很不安全 |
| 6 | >2.0 | 极不安全 |

### 6.3.4　汉江流域中全新世时期的生态环境演变与新石器文化发展

汉水流域的史前文化基本与仰韶文化同步肇始,先后经过城背溪、大溪、屈家岭和石家河等新石器文化类型,这些文化类型在稻作农业、畜牧业、制陶技术、城市建筑等方面都有很高的成就,然而该区的文化脉搏在进入文明社会的门槛前停止了。探究江汉地区文明发展的走向及新石器文化消失的内在机制,是江汉地区文明探源工程的重要课题。到石家河文化后期,社会阶层分化和复杂化程度加深,地方性邦国的社会、政治关系层面可

能直接影响该区文化的走向,但人地关系始终是各类文化发展必须面对的现实问题。人类社会置身于生态环境之中,并且是生态系统食物链上的一环,从生态环境容量的角度考察中全新世时期江汉地区文化发展的兴衰,符合人地关系相关性的一般规律。

### 6.3.4.1　汉江中下游地区中全新世生态环境指标演变的一般特征

大溪文化早期的汉江中下游地区承袭了城背溪文化(为 7 500~6 500 aB. P.)时期的暖湿气候,降水量虽有波动但变化不大[见图 6-7(e)]。此时太阳辐射量开始减少,对应汉江流域孢粉拟合气温变化[见图 6-7(f)]年均温有下降趋势。屈家岭文化时期历时约400 年,但石笋 $\delta^{18}O$ 变化和拟合年均温均出现较大波动,反映了 5 kaB. P. 前后干旱事件的影响。石家河文化时期神农架山宝洞石笋 $\delta^{18}O$ 从 -10.2‰ 升至 -9.1‰,干旱化趋势明显,年均温受太阳辐射量减少的时滞效应明显,呈现干凉气候特征;在石家河文化末期出现短暂的暖湿期之后,汉江流域气候开始出现显著干湿—冷暖振荡,预示全新世大暖期趋于尾声。

生态足迹反映一定生产力水平下的人均每年消费资源的量度。图 6-7(b)显示,研究区域的生态足迹在大溪文化中期出现跨越性增长,在 5.8~5.0 kaB. P. 时期保持稳定。屈家岭文化时期是汉江流域新石器时代文化的鼎盛期,其生态足迹在屈家岭文化中期又有所提高。石家河时期出现衰退迹象,表明生态环境系统处于不良状态。从生态压力指数看,汉江中下游地区从大溪文化时期到石家河文化时期逐渐增大[见图 6-7(c)],反映了不可持续发展观指导下的人地关系特征,反映在生态承载力特征上就是持续下跌的平滑曲线[见图 6-7(a)]。

整体上,汉江流域太阳辐射自约 7.5 kaB. P. 起逐渐减少,由于其量变直到约 4.5 kaB. P. 才积累到影响气候效应水平,从大溪文化期到屈家岭文化期,汉江流域仍然是暖湿特征,这时的生态环境优越,新石器文化快速发展。进入石家河文化期后,由于气候出现干凉特征,汉江流域生态容量和生态压力指数曲线出现拐点,暗示由于资源过度开发而造成生态环境恶化。

### 6.3.4.2　生态足迹特征及人地关系

生态足迹方法将不同的生物生产力折合为对应的土地类型面积来衡量一个人(团体)在单位时间内消费的生物生产力土地面积。根据研究的理想聚落单位,起始人口 30人,生产活动面积 100 km²,据图 6-7(b),其原始生态足迹在 6.8~8.2 kaB. P.,年均生态足迹值介于 0.648 6~0.618 1 hm²/(a·cap); $EF$ 在 6.6 kaB. P. 出现了短暂低值 0.59 hm²/(a·cap),然后在 6.3~6.1 kaB. P. 回升到 0.68~0.7 hm²/(a·cap)。仅从 $NPP$ 值看,该 $EF$ 低值区对应的 $NPP$ 同样为低值区间,推断该期受气温和降水综合指标减少的作用影响,生物生产力受到限制,进而将自然环境的变化传递到社会环境。而进入 6.3 kaB. P. 后,亦即江汉地区的大溪文化时期,人均 $EF$ 值迅速提高,除了温湿条件配合较好外,与人类社会生产力提高有很大关联。从 5.8 kaB. P. 到 5.3 kaB. P. 的 500 年间,属于大溪文化的中晚期, $EF$ 值基本稳定在 0.8 hm²/(a·cap),较大溪文化早期有较大幅度提高。就直观的数据本身而言,先民的人均生活水平可能提高了不少。在大溪文化到屈家岭文化的过渡时期(5.1~4.8 kaB. P.), $EF$ 值在 0.77~0.78 hm²/(a·cap)浮动,在农业生产逐渐提高的前提下,人均可能消费的生物生产力水平反而下降,表明当时生态环境的适宜度和可持续性不如大溪文化中晚期阶段。

进入屈家岭文化时期(5.0~4.6 kaB.P.)后,$EF$ 值重新回升到 0.8 hm$^2$/(a·cap),显示良好的生态环境条件,而屈家岭文化期相对短暂,除去文化过渡时期,不过 200 年时间。由于研究数据的时间分辨限制,更加细致的 $EF$ 变化难以提取,但从图 6-7(b)上观察,该时期 $EF$ 值处于波动谷地。虽然该期仍然属于全新世大暖期,但此时的气候变化亦不如 5 kaB.P. 以前的温度和降水量配置水平,气候总体趋势开始变湿、变冷,并存在较大幅度的暖湿振荡(孔昭宸等,1992)。介于 4.5~3.8 kaB.P. 的石家河文化期,$EF$ 值为 0.82~0.88 hm$^2$/(a·cap),但 4.3 kaB.P. 时期出现了 $EF$ 低值[0.77 hm$^2$/(a·cap)],从石家河文化早期 $EF$ 值迅速上升到中期短暂的回落、又重新上升的过程,印证了当时自然环境大背景下的人类所消费生物生产力与外界环境温湿配置的平行性特征。

进入夏商周时期(公元前 2~公元前 1 年),$EF$ 值迅速上升,该时期已经进入文明时期门槛。生产工具渐渐摆脱落后的新石器工具的束缚,进入青铜工具时期,生产力水平得到极大提高,同时积累了诸如农时、选种、畜牧业经验和新式农业生产工具的发明,这都极大地促进了农业文明的快速发展。因此,该时期的 $EF$ 值为 0.8~1.24 hm$^2$/(a·cap),其增长幅度分别是大溪文化时期的 30%、屈家岭文化时期的 27%、石家河文化时期的 25%,达到中晚全新世时期人均生物生产力消费的新高度。

综合上述江汉地区中全新世时期生态足迹的变化特征,总体趋势是 $EF$ 值随着农业生产工具和技术水平的提高而升高。在本书讨论的主要时间段 6.5~3.8 kaB.P. 有两个明显的分异区间,第一阶段(6.5~5.7 kaB.P.):该时期生态足迹值快速上升,与 8.2~6.5 kaB.P. 相对原始的新石器时代的 $EF$ 值有明显区别;第二阶段(5.8~3.9 kaB.P.):本期的 $EF$ 值大体稳定在 0.8 hm$^2$/(a·cap),表明江汉地区新石器时代晚期人类对生物生产力的消费水平趋于稳定。大溪文化早期,稻作农业逐渐开始推广,表现在水稻种植地点的增多和范围的扩大,在适宜种植水稻的地方,几乎所有大溪文化的遗址都发现了稻谷的遗存和痕迹(刘德银,2004)。另外,大溪文化遗址中发现的炭化稻米数量远多于城背溪文化遗址中的稻米遗存。加之本期水热条件稳定、各类土地的 $NPP$ 值较高,人均 $EF$ 值相应提高。

屈家岭文化时期已经是以稻作农业为主体的原始农业。在屈家岭文化古城和屈家岭文化地层中出土有大量的稻谷壳和稻谷茎叶(张绪球,1994)。在关庙山、中堡岛、屈家岭、青龙泉、黄楝树等遗址均发现水稻遗存。在京山屈家岭遗址中,发现 500 余 m$^2$ 的红烧土遗迹,在红烧土块中发现大量稻谷壳,稻谷粒最长的 7.5 mm,最短的 6.3 mm,平均值6.9 mm,粒幅最宽的 3.8 mm,最窄的 3 mm,经鉴定为粳稻,并且是中国比较大粒的粳稻品种,与现在长江流域普遍栽种的水稻最为接近(丁颖,1957)。这表明屈家岭文化时期的稻作农业有相当规模,江汉地区的古人类已基本过渡到农业社会时期。图 6-7(b)显示该期的 $EF$ 值有一个谷值,说明由于农业的快速发展,随着稻米单位面积产量的提高,虽然人均消费的生物生产力的量并未减少,但 $EF$ 值却偏低,因而在 4.7 kaB.P. 时期 $EF$ 值只有 0.7 hm$^2$/(a·cap)。

到了石家河文化时期,稻作农业和畜牧业基本普及到从长江沿岸到汉江上游的广大地区,规模和生产技术均达到了很高水平。生态足迹值一度超过 0.8 hm$^2$/(a·cap),但实际上,经过大溪和屈家岭文化时期的发展,研究聚落的人口数量已经由屈家岭文化早期的 1 261 人增加到石家河文化晚期的 14 752 人,1 000 年间人口增加了 11.7 倍,人口的生存压力空前提高。该期的 $EF$ 值在 4.3 kaB.P. 曾有一个短暂的低值,即 0.76 hm²/(a·cap),估计与当时农业新技术(工具)提高了单位面积稻米产量相关,之后 $EF$ 值继续升高,技术进步所缓解的生存压力被迅速膨胀的人口数量抵消了。

### 6.3.4.3　生态容量变化与人地关系

生态承载力指在保证生态系统可持续发展的前提下,研究区域内所有具有生物生产力的各类土地在现有的技术条件下具有的生物生产力,类似于生态足迹。通常将生态容量转化为可以相互比较的均衡土地面积,计算时应扣除 12% 的土地面积的生物生产力以保证区域内生物多样性。图 6-7(a)的生态承载力曲线显示,大溪文化早期(6.3~5.8 kaB.P.)人均年生态承载力在 213~273 hm²/(a·cap),变化幅度较小,自大溪文化中晚期 5.5 kaB.P. 开始,$EC$ 值迅速下跌;至大溪文化末期(5.1 kaB.P.),$EC$ 值跌至 113 hm²/(a·cap)。表明人口增加和人类农业生产活动加剧对自然生态环境影响的程度十分深刻。屈家岭文化时期 $EC$ 值减至 97.24 hm²/(a·cap),本期 $EC$ 值下降速率低于大溪文化时期,推测该期正处于农业生产和社会阶层经过大溪文化较长时期的发展、整合后的繁荣稳定时期。进入石家河文化期(4.6~3.8 kaB.P.),$EC$ 值延续大溪文化时期的下降速率,从石家河初期的 74.52 hm²/(a·cap)降至石家河文化末期的 39.69 hm²/(a·cap),下降速率为 0.09%。

图 6-7(a)中的 $EC$ 曲线表明,研究聚落的生态承载力在大溪文化早期基本无大的变化,而从 5.5 kaB.P. 开始,由于稻作农业的出现和推广,人口增加较快,尽管聚落不断扩大生产活动范围,但增加的各类生产性用地的人均面积仍然小于人口增加对生物生产力的需求面积。自大溪文化时期,人类活动的非生产性用地面积不断扩大,本期聚落数量激增,其中围壕聚落相应增加,如湖南澧县城头山、鸡叫城,湖北江陵阴湘城等地的下层均发现有局部壕沟线索。

屈家岭文化时期是长江中游新石器时代文化的鼎盛时期。主要为适应防御和社会统治的需要,城池聚落较多较快地出现。屈家岭文化成为我国最早成批建立城址的一个史前文化,已知有 9 座城址,如天门石家河城、应城门板湾、陶家湖城、公安鸡鸣城、石首走马岭、江陵阴湘城、荆门马家垸、澧县城头山和鸡叫城等。城址面积较大,多在 10 万 m² 以上,其中石家河城至公元前 2400 年以前一直是全国最大的城址(任式楠,2004)。

石家河文化(4.6~4.0 kaB.P.)时期的聚落以石家河古城及其聚落群最为典型。古城工程浩大,内涵丰富,集中了许多独特和精华的东西,远非一般石家河文化聚落可相比拟,为石家河文化最上层的政治中心,也是龙山时代体现一个文化"首府"性质的核心聚落之一。古城城垣大体呈圆角长方形,面积约 12×10⁵ m²,是仅次于襄汾陶寺城的史前第二大城址(张绪球,2004)。城垣四边规则地围绕着周长 4 800 m 左右的宽大护城河,目前在史前城址中则居首位。城内外 8 km² 范围内,分布着屈家岭、石家河文化遗址共约 30 处,其中多处重要遗址各有不同功能和地位,大体包括高等级居所或统治中心、专业制陶生产地、宗教祭祀场所、墓地等,共同构建起石家河古城聚落群的复杂社会。

从汉江流域新石器时代人类生产活动的发展轨迹看,自大溪文化早期开始,稻作农业生产水平不断提高,人们的生存能力增强、对土地的生物生产力消费量相应增加,$EF$ 曲线呈指数函数升高;另外,$EC$ 曲线迅速下降,人口与资源的矛盾在大溪文化末期已经十分显著。除人口数增加造成 $EC$ 值快速减少外,低效、粗放的农业生产模式和不断膨胀的人类聚居区和城垣的兴建也是导致本区 $EC$ 值快速走低的重要因素。

#### 6.3.4.4　生态压力与新石器文化兴衰的关系

生态压力系数用来描述研究区域内各种类型土地潜在生物生产力与研究人群消费的生物生产力量度的对比,亦即生态容量与生态足迹的比值。图 6-7(c) 显示,江汉地区研究聚落的 $ETI$ 值从 6.3~4.0 kaB. P. 逐渐上升,其中在 6.3~6.1 kaB. P. 时期 $ETI$ 值为 0.002,5.8~5.6 kaB. P. 时期 $ETI$ 值为 0.004,在大溪文化末期(5.3~5.0 kaB. P. ) $ETI$ 值增至 0.007。屈家岭文化时期 $ETI$ 值为 0.008;石家河文化早中期 $ETI$ 值为 0.011、末期 $ETI$ 值升至 0.017。在整个中晚全新世江汉地区新石器文化时代生态压力逐渐增加,这不仅反映了江汉地区中全新世时期由于社会经济的快速发展对各类型土地的需求量急剧增加,而且表明农业技术的进步和社会消费水平的提高,加之区域人口在屈家岭文化时期快速增殖,使得江汉地区的生态环境的可持续性发展受到挑战,生态压力骤然升高。图 6-7(c) 显示,生态压力指数虽然自从农业社会形成以来有逐渐增加的趋势,但在大溪文化末期仍然停留在 0.007 附近,真正显现出生态压力的是屈家岭文化末期(4.6 kaB. P. ),而到石家河文化时期生态压力指数开始快速上升。按现在的生态压力指数标准,$ETI<0.5$,生态环境处于比较安全的范围之内(Wackernagel ,2005),但由于远古时代与现代相比生产力水平相当低下,土地生产力均衡因子很小,当时的 $ETI$ 值要比上述的理论值高出许多,生态压力也会很高。那么,新石器时代的人类为满足不断膨胀的社会活动、生产生活的消费需求,只能以大面积砍伐森林拓展粮食作物的播种面积来满足社会发展的需要。而且从石家河文化期开始,江汉地区的气候开始大幅波动、暖干与冷湿气候交替出现,江汉地区的湖面呈扩大趋势,城邦式集聚管理模式在人口数目急剧增加、酋邦内部因农业排灌资源滋生的矛盾日益突出、邦国间战争频仍等背景下,极端性特大洪水在高湖面背景下很容易摧毁一个中小规模的酋邦文化体系。

中全新世时期的江汉地区气候适宜、农业发展、原始部族的规模和实力快速扩充,在以稻作农业繁荣发展的大背景下,出现了高度发达的原始文化。稻种的选育、农时的选择、农业器械的发明和使用、畜牧业的繁荣、制陶技术从红陶到灰黑陶的进步、大型城池的修建、酋邦的形成等无不折射出江汉地区史前文明的卓然成就。在经过长达千年的掠夺式资源开发后,生态环境的免疫能力相当脆弱。加之江汉地区的人口也急剧膨胀,而且适宜的全新世暖期在石家河文化后期开始出现波动,异常灾害(洪水、干旱)事件导致江汉平原地区的湖泊面积陡涨陡落,一旦这些矛盾交叉碰撞,其结果必然是区域性生态系统的崩溃和各类土地生物生产力的丧失,随之而来就是社会矛盾和人地矛盾的恶化。然后,这些创造了诸多文明却又丧失可持续发展潜力的新石器文化消失在人类文化发展史的长河之中就成为必然。

## 6.4　中全新世江汉地区史前文化发展与人地关系

社会发展的可持续性是区域发展的首要准则,对于远古时期的史前文明亦是如此。史前时期的自然环境,包括气候、动植物资源、山川地貌、河湖变迁等,受人类干扰的程度相对较小,虽然由于社会发展的初级阶段,生态压力较现代也小得多,但人类聚落是否拥有和谐的人地关系在相当程度上影响社会发展的快慢和文明的兴衰,轻则制约聚落和经济类型,并给原始文化打上环境的烙印,重则使整个聚落丧失可持续发展的生态环境,最终因资源匮乏和环境恶化而导致文明的彻底衰落。

## 6.4.1　江汉文明肇源的人地关系机制

### 6.4.1.1　稻作农业是江汉地区史前文明的物质基础

全新世以来,江汉地区受亚热带湿润季风气候控制,温暖多雨。当时这里覆盖着茂密的常绿阔叶和落叶林,野生动物种类繁多,水产丰富,十分适宜采集、渔猎经济的发展。然而,落叶林的存在,表明江汉地区仍然是四季分明的季风区,冬季风对本区的影响深远。研究认为(李文漪等,1992),中全新世时期的江汉地区 1 月平均气温只有 2.8 ℃,使人类的采集活动受到明显干扰,尤其是 12 月至次年 4 月期间的寒冷期。另外,寒冷天气导致喜温性动物如亚洲象、犀等在冬季迁徙到洞庭湖以南的温暖地区。从地理环境角度看,江汉地区并非原始聚落采集、渔猎的天堂(严文明,1990)。江汉地区地处湿润气候和平原凹地、而地下水位较高的特殊环境,使人类采集食物的储藏难度很大。8 kaB. P. 前后,江汉平原的湖沼面积稍小,温湿搭配适宜,为野生稻谷的驯化和栽培提供了良好条件。而且夏季风带来的充沛降水,为水稻的人工培养提供了地利、灌溉之便。本区 6 月中旬至 7 月中旬的梅雨和 7 月下旬的伏旱成为江汉地区稻作农业最先出现的催化剂。水稻是不能御寒的植物,江汉地区夏、冬温差较大,不利于野生水稻的普遍自然繁殖;气候条件相差不远的长江下游河姆渡文化发现了 7 000 多年前发达的稻作遗存。因此,可以推断江汉地区在 8.5 kaB. P. 已有了水稻的人工种植(杨权喜,1997)。从目前江汉地区的新石器时代考古遗址的发掘遗存看,绝大多数红烧土地层或陶片都有稻壳或稻茎、稻叶发现,见表6-8。

表 6-8　江汉地区中全新世时期主要稻作遗存统计*

| 出土遗址点 | 文化时期 | 遗存类型 | 资料来源 |
|---|---|---|---|
| 湖北监利柳关 | 大溪文化时期 | 稻壳 | 《江汉考古》1984.2 |
| 湖北监利福田 | 大溪文化时期 | 稻壳 | 《农史研究》2 辑 |
| 湖北松滋桂花树 | 大溪文化时期 | 稻茎、稻叶 | 《农史研究》2 辑 |
| 湖北枝江关庙山 | 大溪文化时期 | 稻谷 | 《考古》1983.1 |
| 湖北宜都枝城北 | 大溪文化时期 | 炭化稻壳 | 《农业考古》1991.1 |
| 湖北宜都红花套 | 大溪文化时期 | 陶片内稻壳 | 《农业考古》1982.1 |
| 湖北随州冷皮垭 | 屈家岭文化时期 | 稻米、稻壳 | 《农业考古》1986.1 |
| 湖北云梦胡家岗 | 屈家岭文化时期 | 稻谷、稻秆 | 《考古》1987.2 |
| 湖北云梦龚寨 | 屈家岭文化时期 | 稻谷、稻秆 | 《考古》1987.2 |

续表 6-8

| 出土遗址点 | 文化时期 | 遗存类型 | 资料来源 |
| --- | --- | --- | --- |
| 湖北云梦斋神堡 | 屈家岭文化时期 | 稻谷、稻秆 | 《考古》1987.2 |
| 湖北云梦好石桥 | 屈家岭文化时期 | 稻谷、稻秆 | 《考古》1987.2 |
| 河南淅川黄楝树 | 屈家岭文化时期 | 稻壳印痕 | 《华夏考古》1990.3 |
| 河南淅川下王岗 | 屈家岭文化时期 | 稻壳、稻秆印痕 | 《农业考古》1982.3 |
| 湖北郧县区青龙泉 | 屈家岭文化时期 | 红烧土内稻壳、稻叶 | 《考古》1961.10 |
| 湖北京山朱家嘴 | 屈家岭文化时期 | 红烧土内稻谷 | 《考古》1964.5 |
| 湖北洪山放鹰台 | 屈家岭文化时期 | 红烧土内稻谷壳 | 《考古学报》1959.4 |
| 湖北京山屈家岭 | 屈家岭文化时期 | 红烧土内稻谷壳、稻草茎 | 《考古学报》1959.4 |
| 湖北天门石家河 | 石家河文化时期 | 红烧土内稻谷壳、稻草茎 | 《考古学报》1959.4 |
| 河南淅川下集 | 石家河文化时期 | 红烧土内炭化稻壳 | 《文物》1960.1 |
| 河南邓州八里岗 | 石家河文化时期 | 植硅体 | 《北京大学学报》1997.1 |

注：* 表中内容根据郭立新(2006)补充。

　　正是因为有了稻作农业,大溪文化遗址的分布范围远远超过了城背溪文化,遗址的数量也远非城背溪文化所能比。于是在一些适宜农耕的地区,聚落就迅速地发展起来。稻作农业为人们生活提供了稳定的粮食来源,人口增长迅速,生产空间相应扩大。然而适于当时耕作技术的水稻土只有第四系黄棕壤(宋豫秦等,2002),这类土主要分布在山前低缓丘陵平原、集中于汉江东岸的钟祥、京山、天门一带,而广大的平原湖区地层多是湖盆淤泥,不适于耕作水稻。在当时的技术条件下,人口与耕地面积的矛盾就十分突出,因而衍生出的部族争端就成为必然。

　　稻作农业的重要技术环节是防洪排涝,史前农业集中的钟祥、京山一带地势稍高,引水灌溉成为农业生产技术提高的重要内容,而排涝基本靠地表自由径流。生产过程中无论是排涝还是引水灌溉,都会因保护自我利益而与邻近部族发生各种各样的冲突。考古资料显示,大溪文化至屈家岭文化时期,江汉地区没有大规模部族冲突的遗迹,反映了当时各部族之间公平、礼让、和谐的社会关系。这样,有发达的稻作农业作物质保证,社会的高阶层就可以从劳动生产行业分离出来从事宗教、集权、技术等其他行业,这是新石器文化进步的里程碑。

## 6.4.1.2　劳动工具和制陶技术的进步是江汉史前文明进步的主要动力

　　进入农业社会后,人们的生产工具也有了显著变化。首先表现在工具类型的变化,从城背溪文化时期的砍砸器、刮削器,如石刀、石斧、石锛、石网坠为主要生产工具,转化为大溪文化中后期,石锄、石铲、石钺、骨镰及木耒等工具十分盛行时代(杨权喜,1997),说明江汉地区的稻作生产已经从 8 kaB.P. 时期的"火耕水耨"演化到"锄耕镰收"的阶段。加上灌溉和防洪排涝沟渠的修筑,农业生产力水平有了很大提高,在满足了人们的日常需求后,剩余粮食的存在又促进了畜牧业的发展。

稻作农业地位的确立,为人类生活质量的提高埋下伏笔,新式制陶技术在各类型陶器需求量大增的情况下应运而生。大约在大溪文化末期(4.9~5.0 kaB.P.),快轮制陶技术已经出现,使典型屈家岭文化在边畈文化发展谱系所在的汉东地区首先形成。快轮制陶技术的推广应用,才使典型屈家岭文化形成后迅速发展,又是快轮制陶技术应用后所产生的社会影响和此后这一生产技术的不断传播,才使江汉地区屈家岭文化各地域类型也随后陆续形成(林邦存,1996),从而奠定了屈家岭文化在江汉地区成为地域类型的中心。石家河古城中所发掘出的陶器数量巨大、技艺精湛,表明当时的制陶技术达到了相当高的水平,并且手工业已经从农业中分离出来(郭立新,2005)。

### 6.4.1.3　大型城池是江汉地区史前文明的重要标志

江汉地区是稻作农业文化发生发展的核心区域,许多地方的地形地貌都以低山丘陵为主。又因黏土致密而渗水性较差,所以河湖沼泽密布。地下水位较高,特别是下游地区。这些自然环境因素往往都会影响史前城址的规划设计与营建。一方面,复杂的地形地貌不便于城址的规划设计与丈量,城址的平面形状与方向多不及中原山东地区规整和周正。另一方面,由于黏土的地质特性及地表水丰富,较大程度地限制了筑城技术的发展,长期都采取了"堆筑"的筑城方式,城垣坡度较小,多在 25°左右。与城垣防御性能较差这一特点相适应,外围壕沟一般较宽,且多与附近的河流相通。因而,长江下游地区存在"水城"的可能性难以否定(钱耀鹏,2001),而所谓水城很可能是以护城河为主要防御设施的城址类型。汉江流域筑城技术停滞性发展及史前城址平面形状不甚规整周正等特点,或许应归咎于自然环境因素制约和影响。

稻作农业是长江中游史前文化时期社会生存繁荣的基础,洪水控制体系是社会复杂化的动力。江汉地区新石器时代的人们为了与多洪水环境抗争,在屈家岭文化时期就发展和完善了相对完善的环壕和筑城技术体系,扩展了平原来水上游山区堰居式聚落形态和平原地区城居式聚落形态中配套的天然分洪区的划定(张绪球,2004)。

在石家河、马家垸、阴湘城、鸡鸣城、走马岭、陶家湖和门板湾古城内均发现有大面积的较平坦的低洼地,这些低洼地均低于城内居住区 1~2 m,而且多与城外的壕沟或古河流的水系相通。马家垸城内东南角,地势低平,紧靠古河流的南岸,是最理想的稻作农业区,经钻探此处确无文化层。据阴湘城和石家河古城的钻探分析,城址内的这些低洼地土壤内的水稻硅质体含量均较高。因此,古城内的这些低洼地可能是当时人们种植水稻的稻田遗迹。表明当时的人们在这些低洼地区修筑高于稻田和河流的堤埝,沿堤设有许多闸门,旱则开闸引水灌溉,涝则关闭闸门,以避泛滥之灾。屈家岭文化古城的出现,一方面是当时社会矛盾发展的必然结果,另一方面也是该区域原始文化发展到一定历史阶段和当时人口增多、人地关系发展到一定水平的必然产物。

### 6.4.1.4　水网的蓄排体系是江汉地区史前文明酋邦社会形成的纽带

江汉地区新石器时代晚期的酋邦社会和城居聚落均表明了当时人们适应环境和改造环境的人地关系形式,其核心是针对稻作农业用水和排水的管理体系。江汉平原地区地表高程多在26~50 m,地势低平,因长期受高温多雨气候影响,河湖密布、水患频发。新石器时代的人类为了达到区域内水系的蓄排功能,早在7 kaB.P.就开始以聚落为单位修筑环壕土埂、力争聚落自保。屈家岭文化时期环壕城池聚落和中心聚落已经十分普遍,说明中心聚落的首领们可以调动隶属于中心聚落的劳力,洪水泛滥时周边聚落也可以到中心城池躲避灾害,类似的中心聚落城池有天门石家河、荆门马家垸、江陵阴湘城等。

山地区域的人们为了适应当地干旱小气候和高凉环境,创造出人工围堰、人居堰上的堰居式聚落形态。京山屈家岭就是一个堰居式聚落,该遗址原始地表海拔45 m,永隆河水位31~32 m,对屈家岭遗址构不成威胁(中国社会科学院考古研究所,1965)。而且屈家岭遗址内水塘蓄水量约为$3.8×10^5$ m³,可以灌溉40~60 hm²土地。显然,堰居式聚落就是人工小水库,蓄存地表径流以备生活、生产之用。从大区防洪排灌的特征看,山区的堰居式聚落与低地平原的城池聚落为一个整体的"水管系统"。

屈家岭文化时期,各地聚落、部族的首领阶层通过协调各部族间的土地分界、灌溉防洪、生产技术的传播等各种纷争,形成了公认的上层阶层,于是他们便担当起超越于聚落之上的仲裁、协调和组织的职责,逐渐演变成社会公共权力。这种有序的组织和公共权力的直接结果就是号召民众修筑中心聚落的城墙或围堤这类大型公共建筑,以便抗击洪水灾害对部族的威胁。而类似"大水入堡"式的聚落等级制,不仅是协调社会各层级的关系(何驽,2004),也是人地关系认识水平的新高度。

### 6.4.1.5　生态压力的加剧是江汉地区史前文明衰落的核心动因

长江中游史前文化的繁荣与发展均是以消耗得天独厚的自然资源为代价的,因此当文明进程史前阶段在与可持续发展相违背的道路上越走越远时,人地关系日趋严重,在长江中游史前社会踏进文明门槛之前,就耗尽了支撑强大文明社会所需的自然资源基础。人地关系的危机最终爆发,断送自发的文明进程是必然的(何驽,1999)。

5 kaB.P.以前大溪文化的分布西起湖北秭归,东至监利,南至湖南安乡,北至湖北钟祥。屈家岭文化以汉江下游为中心大举向江东、鄂西北和南阳盆地扩散,石家河文化在屈家岭的基础上,进入了鄂东北、鄂东南和河南信阳一带。这意味着聚落分布点自大溪文化到石家河文化在逐步扩张,人口呈现不断膨胀的趋势。据宋豫秦等(2002)研究,屈家岭文化遗址在400年的时间里比大溪文化时期多了1倍多,石家河文化早中期的遗址在400年间比屈家岭文化时期又增加了2倍多。根据前述估算的理想聚落的生态足迹的相关数据,屈家岭文化早期(4.8 kaB.P.)聚落人口由1 261人增加到末期(4.5 kaB.P.)的2 616人;到了石家河文化末期(4.0 kaB.P.)聚落人口则达到了8 555人,石家河文化早中期的人口快速增长态势确信无疑。

人口骤增导致生存空间的拥挤,石家河文化时期的人们不得不向原本不适于人类居住的地区迁移。如江陵县的小关庙、徐家台、高家土地等石家河文化时期遗址,而且其下层均无大溪文化层和屈家岭文化层。石家河文化时期的文化遗址有深入湖区更远的仙桃市越舟湖遗址和沙湖遗址,埋藏在湖相地层下达1~4 m,且下层亦缺失早期的文化遗存(《沔阳县志》,1989)。受可利用土地面积狭窄条件的限制,深入湖区的原始聚落生产主要以捕鱼和原始的水产养殖为主,稻作农业活动在这些地区较为稀少。当时的生产内容可以由越舟湖遗址出土的石镞、石刀、网坠、纺轮等渔猎生产工具加以证明,从事稻作农业的石铲、石镰、石杵等类型的工具很少发现。而且该时期聚落的面积最大不超过 2.5 万 m²，也不存在中心聚落等社会结构形式，表明石家河文化时期的湖区聚落相对于中心城池聚落模式属于松散的社会组织形式。另外，人均土地的生物生产力所能提供的资源也在不断减少，根据前述计算的人均生态承载力屈家岭文化初期(5 kaB.P.)人均生态承载力指数为 113.1 hm²/(a·cap)，屈家岭文化末期(4.6 kaB.P.)人均 $EC$ 只有 74.5 hm²/(a·cap)，减少了 34.6%，而到了石家河文化末期人均 $EC$ 减少到 48.3 hm²/(a·cap)。而这个数据实际上没有将不断扩大的面积计算进去，也就是说在石家河文化末期由于江汉地区湖面扩大，人均 $EC$ 值要比 48.3 hm²/(a·cap)还要小，这是因为水体生态系统的 $NPP$ 生产力水平远远小于陆地生态系统。

资源的减少与人口不断增加的矛盾使原始生态系统的自我免疫力瘫痪。人们为了获取生活资料不得不依赖过度渔猎、扩大畜牧规模、伐林造田等手段，导致物种减少、食物链断裂、生态系统网络简化、生态系统的平衡和稳定性被打破、区域性生态功能正反馈现象凸显。结果是干旱和洪涝等极端天气频发，饥馑和自然灾害严重，石家河文化晚期处于江汉湖区核心地带的人们因生活在极其恶劣的生态环境之中而风雨飘摇。

宋豫秦等(2002)认为，石家河文化时期(4.2~3.4 kaB.P.)，江汉地区处于温暖湿润期，与中原地区的大洪水时期基本同期。对比石家河文化地层的结束年代，推测石家河文化的消亡与江汉河湖面积陡增有直接关系，但此时汉江流域的气候却向干旱方向发展，期间的极端洪水事件应是导致酋邦文化崩溃的直接因素。而最根本的原因是无节制的人口扩张与有限的资源环境之间难以协调的矛盾致使森林面积减小、土地等生产力下降，最终使生态系统功能处于衰竭的边缘。

## 6.4.2 中全新世时期我国其他新石器文化的生态背景比较

### 6.4.2.1 中原地区中全新世时期的生态环境与人地关系

#### 1. 新石器时代中原地区的生态环境

和长江中游文化生态区的地貌格局类似，中原地区(本书指豫西、晋南地区)同样处在我国第二、第三地貌阶梯的过渡带，位置适中、暖湿相宜、水网密布、交通便利且少水旱灾害。7~6 kaB.P.，年平均气温估计比现今高 2 ℃左右，冬季均温比现在高 4~5 ℃、夏季高 1 ℃，气温年较差小。区内降水量增加、植被繁茂，是大暖期中期气候最适宜的阶段。据柯红曼等(1990)的孢粉类型研究，西安半坡遗址地层该时期的主要植被有铁杉、栎、臭椿、鹅耳枥、胡桃、榆等，类型明显增加，松占一定比例，水生香蒲繁盛，蒿、菊减少。其中，铁杉高达 14.2%，落叶阔叶林种类较多，含量达 6.3%，并以栎属为主，表明是暖湿的气候环境。郑州大河村遗址地层的孢粉记录显示(郑州市文物考古研究所，2001)，仰韶文化时期地层的孢粉类型中木本植物花粉占 84.1%，草本花粉比重次之。木本类型主要是松属，阔叶植物花粉含量较少(最多时为 22.2%)，主要是桦、栎、榆、椴、胡桃等。灌木花粉少，仅有麻黄等。淅川下王岗遗址地层的孢粉也显示有喜暖湿的栎、桤木、冬青等类型(河南省文物考古研究所，1989)。表明仰韶文化中期的气候环境是十分适宜的。到了6~5 kaB.P.，中原地区仍然以暖湿特征为主，仰韶文化得到空前发展。

5~4 kaB.P.时，气候波动开始明显影响到中原地区的生态环境，气温和降水都有所下降,尤其是河南龙山文化的后期。大约在 4.2 kaB. P.,中原地区气候转为冷湿特征,并在 4 kaB. P. 达到极致,对中原地区的生态环境造成极大影响,龙山文化渐趋尾声。

### 2. 新石器时代中原地区的人地关系

从景观生态角度看,位于我国地理分界的第二、第三阶梯过渡带的地区也是边际生态景观带,由于地貌类型多样、小气候复杂,导致隐域性土壤发育,在复合的气温降水条件特征下,衍生出相对复杂的过渡性景观带。以嵩山为中心的中原文化圈东靠平原、西邻山地丘陵,属于过渡性文化生态区,在丘陵山地区便于打猎采集,也有充裕的用于制造石器的石料。另外,平原地区又可以开展农业耕作。中原地区的主要河流有伊、洛、瀍、涧、颍,它们就像连接山地和平原的纽带,给仰韶时期的人类以渔灌之利;更新世以来形成的黄土堆积为人类提供了适宜耕作的土地资源。

7.0~5 kaB. P. 长达 2 000 年的时间里,中原地区是高温暖湿的气候特征,优越的生态环境促成了黄河流域农业出现一次质的飞跃,磨制石器普遍使用,农业经济取代传统采猎经济成为当时最主要的经济形式。最典型的标志是耒、耜等生产工具的使用和禾本科粟的广泛种植(张之恒,1996)。地理史研究成果表明,秦、汉以前,黄土高原原始森林和草原植被并未因人类活动受到显著破坏,黄河水流清澈,谓之"大河"(史念海,1985)。可以肯定,仰韶文化时期,人类经济活动对森林和草原破坏是非常有限的,黄土高原绝大部分地区土壤属森林草原土壤(黑垆土)。原始森林和草原土壤富含有机质,色黑质松,肥效较高,是农作最好的土地,这是黄河流域文明迅速崛起的重要环境原因。就我国农业发展历史而言,从距今 1 万年前农业诞生起至春秋时代长达七八千年的历史时期里,我国农业主要处在游耕农业阶段(曹世雄,1991)。游耕农业是在施肥技术尚未出现和完善之前,原始农业技术较为简单粗放条件下,广大居民开垦土地(森林或草原)种植农作物,经过三五年后,土壤自然肥力下降,收获减少,于是人们只好放弃这些耕地重新开垦新的土地(张波,1989),并随新土地的开垦而迁居。

从考古结果来看,早在仰韶文化时期,姜塞、半坡就出现有铜片(见表 6-9),4~5 kaB. P. 年的甘肃马家窑文化遗存中发现有青铜刀和其他铜器碎块(吕振羽,1961),历史考古学家们推断,黄河流域青铜器的出现和使用大约在距今 5 000 年之前,这极大地促进了农业生产力的发展。但从根本原因上,保持中原地区良好的生态环境而且有"黑色而肥沃的森林土地"是农作丰收的源泉,是黄河流域进入文明时代的资源与环境保障。据有关考证,黄帝的来源就与能保证人们丰衣足食的黄土地和赤色金属制成的工具有密切关系(曹世雄,2003)。进入洪水期后(4.2~4.0 kaB. P.),人类生存环境恶化,文化中心从颍河流域重新回到伊洛河流域。

中原地区的新石器时代社会生产方式亦对环境向良性发展有着积极的作用。龙山时代该区石铲多于石斧,可能是人们重视农耕而保护林地的象征(宋豫秦等,2002),以至于到了夏商周时期,中原地区保留有大片森林,生物多样性特征显著。"陟彼景山,松柏丸丸"就是良好生态的形象记录。良好的生态环境和较高的植被覆盖度为抵御洪涝灾害发挥了重要作用,而石家河文化时期的生产方式和生态环境却刚好相反,脆弱的生态环境一旦遇到特大型自然灾害,结果可想而知。伊洛地区的自然条件在今天看来并非异常优越,但却可以避害就利,而朴素的可持续发展思想是将中原文化带入历史文明的核心元素。

表 6-9　中原地区新石器时代出土的铜器(宋豫秦等,2002)

| 地区 | 遗址 | 时代 | 铜制品(数量) | 资料来源 |
|---|---|---|---|---|
| 河南省 | 登封王城岗 | 龙山 | 青铜片(1) | 《文物》1983.3 |
| | 汝州煤山 | 龙山 | 炼铜炉(1) | 《考古学报》1982.4 |
| | 淮阳平梁台 | 龙山 | 铜渣(1) | 《文物》1983.3 |
| | 郑州董砦 | 龙山 | 铜片(1) | 《史前研究》1984.1 |
| | 郑州牛砦 | 龙山 | 炼铜炉(1) | 《考古学报》1981.3 |
| | 安阳后岗 | 龙山 | 铜渣(1) | 《世界冶金史》1992 |
| | 杞县鹿台岗 | 龙山 | 铜片(1) | 《鹿台岗发掘报告》2000,科学版 |
| 山西省 | 榆次源涡镇 | 龙山 | 红铜渣(1) | 《史前研究》1984.1 |
| | 襄汾陶寺 | 龙山 | 红铜铃(1) | 《考古》1984.12 |
| 陕西省 | 临潼姜寨 | 仰韶 | 黄铜片(1)铜管(1) | 《姜寨发掘报告》1988,文物版 |
| 河北省 | 武安赵窑 | 仰韶 | 铜渣(1) | 《中原文物》1986,特刊 |

　　龙山文化晚期的大规模洪水对原始社会的部族生存形成极大挑战,严峻的现实促成了部落间的联合,疏堵并举的治水措施最终保存了部落的生存空间、延续了社会生产力和中原文化的内涵,为中原地区的新石器文化顺利过渡到二里头文化做好了物质和社会结构准备。龙山文化晚期的洪水对于原始社会的人类是一场严峻的挑战:或者因原始生态系统的破坏而难于抵御自然灾害而土崩瓦解,或者由于在可持续发展思想指导下战胜灾害过渡到下一个文化发展时期,从而揭开中原文明史的新篇章。

### 6.4.2.2　西辽河流域新石器文化特征

　　1. 西辽河地区中全新世时期的环境特征

　　西辽河地区东连辽河平原、西靠大兴安岭山前台地、南毗燕山山脉,整体地势自西南向东北倾斜,最低海拔 350 m 以上,区内主要是低山丘陵和高平原地貌。据崔海亭等(1992)对大青山东段的白素海子地层剖面的研究,8.5~6.2 kaB. P. 时期,地层植物残体中的藓类比例高达 50%,为泥炭藓(Sphagnum)、镰刀藓(Drepanocladus)。草本植物以莎草科、木贼科植物为主,并含少量木本植物的木栓组织。上述植被组成表明,这一阶段气候相对温凉湿润,因湖泊沼泽化、水体变浅形成草本藓类沼泽,而湖泊周围有乔木林生长。6.2~5 kaB. P. 时期,植物残体中藓类比例下降为 20%~30%,泥炭藓逐渐从沼泽植物中消失,代之以湿原藓(Calliergonella)、仙鹤藓(Atrichum)、木贼(Equisetum)、睡菜(Menyanthes)等。这类组合表明气候逐渐变为干暖,沼泽化结束。而热水塘剖面地层在 5.5~5.0 kaB. P. 时期,地层土壤有机质含量大、淋溶过程强、无石灰反应,说明当时气候湿润、植被茂密(武吉华等,1992)。泰来县宏升沙丘剖面同一时期地层的钙反应强烈,包含大量的古树枝、新石器时代陶片和细石器,孢粉组合为蒿占 44.2%、藜占 21%、地肤占 8%、真藓占 3%,显示了半干旱、半湿润的气候状态。

综合西辽河流域自然和文化层剖面的孢粉组合特征,西辽河流域中全新世时期气候变化主要特征是:7.0 kaB.P. 左右气候属于温暖较干气候,大约 6.0 kaB.P. 前后气候转为温湿并持续到 5.5 kaB.P. 时期,随后气候转入温暖干燥时期。中全新世的 6.5~5.3 kaB.P. 和 4.0~3.8 kaB.P. 两个时期正是红山文化和夏家店下层文化的兴盛期,而 5.0 kaB.P. 和 3.6 kaB.P. 出现的相对干冷期,恰好照应两种文化的衰弱期。

2. 西辽河流域的人地关系特征

约 6 kaB.P. 时期,西辽河流域的红山文化开始兴起,包括赵宝沟文化(早于红山文化)在内的红山时期的遗址均有石磨盘、磨棒等谷物加工工具,另一种生产工具是石锄,说明红山文化初期已经有粟等禾本谷物的种植活动;上宅、孟各庄、小山遗址有石斧出土,证明当时居民从事的火耕农业砍伐森林的普遍(苏秉琦等,1994)。其时,红山文化遗址中很少有兽骨出土,数量远远小于兴隆洼时期,显示狩猎活动减少。据孔昭宸等(1996)的研究,这时候由于旱作农业的发展,人们对野生植物果实的需求明显减少,红山文化早期西辽河地区的生态环境总体良好。红山文化中期(5.5~5.2 kaB.P.)气候湿润温暖、人口明显增加,根据赤峰、敖汉旗一带和努鲁尔虎山南缘、蜘蛛山等地的考古资料(中国社会科学院,1979,1985;杨虎,1989),该时期居民活动范围扩大,聚落等级分化明显,农业生产力水平有大的提高,磨制的石耜、陶刀、蚌刀的使用促进了农业生产水平的进步(靳桂云,1999)。另外,红山文化晚期在凌源牛河梁、敖汉旗西台都发现了冶铜遗存(辽宁省文物考古研究所,1990),进一步表明红山中晚期的繁荣。

在以农业为主的社会中,短期的极端气候事件直接影响农业收成和社会经济,这种短期气候影响的严重程度要大于弱气候变化的长期影响(Flohn,1981;Wigley,1985)。红山文化晚期可能的灾害性干冷气候事件可直接导致农业歉收造成的社会不稳定,从而导致社会组织的瓦解和本期文化的衰亡(靳桂云,1999)。然而值得注意的是,红山文化遗址的分布相当广泛,甚至与现代居民点的密度接近。这种现象并不表明当时的人口密度过大,而是撂荒轮作式粗放农业生产活动的结果(宋豫秦等,2002)。根据目前西辽河流域沙质草场开垦后的例证,可以肯定,长达千年的撂荒式犁耕农业最终破坏了地表结皮层,随之而来是大面积的草地沙化侵蚀过程。之后的小河沿文化遗址数量大减,出土的石器有石斧、穿孔石铲等生产工具,罕见红山期的石犁,这说明小河沿时期已经由红山时期的大规模耕作农业转变为局地小农业耕作。显然,在农牧交错区,长期从事人类高强度的犁耕农业,容易导致脆弱生态系统的退化而形成大范围的沙化区域。

夏家店下层文化相当于夏代至商代早期,主要分布在西拉木伦河到河北拒马河一带,范围大于小河沿时期,其北界比红山时期南移 1 个纬度。从遗址数目推断本期文化人口多于红山文化时期,以石铲等石器为主要生产工具,土地的利用率较高(靳桂云,1999)。在 3.5 kaB.P. 时期,夏家店下层文化突然消失,本期地层鲜见鹿科动物骨骼,而马、牛、羊骨骼数目增多,表明此时西辽河上游地区已转变为干燥寒冷的草原型气候,经济形态逐渐向畜牧业转变(席永杰等,2008)。除了极端气候事件的影响,不合理地开垦草场和犁耕农业恐怕是夏家店下层文化几度衰落的主要原因。

综上所述,西辽河流域从新石器文化早期的兴隆洼文化到红山文化、小河沿文化以至于夏家店下层文化的兴衰过程,在宏观气候变迁层面与全新世以来东亚季风的强弱变化有直接关系,开始于 8.3 kaB.P. 的全新世大暖期是孕育中华上古文明的温床,在时间序列上长江流域的城背溪文化、黄河流域的裴李岗文化、西辽河流域的兴隆洼文化大致都起始于此,而夏季风的强弱变化与冬季风的强度和范围则影响我国大部分地区气候的冷暖干湿变化状况,进而反映在不同地域新石器时代文化形态的新陈代谢过程之中。在人地关系层面,人类活动若遵循天人合一理念,在选择部族活动范围、从事生产活动、保护生态环境、改造生产生活环境等诸方面顺从自然环境发展的法则,就有机会在各种自然灾害面前化危为机,就能在自然环境变迁的过程中趋利避害,从而保存自己,沿袭文化。反之,任何一种以消耗生态环境和自然资源为代价的文明,终究要被自然环境变迁的滚滚车轮无情碾压在不可持续发展的地层记录上。

## 6.4.3　文化的区域差异性

可持续发展战略要求人类自我约束,其一是要建立正确的自然观,将人与自然的关系摆在一个正确的位置而不是凌驾于自然之上;其二是控制人口;其三是社会发展与环境保护一体化,保持生物的多样性;其四是对自然资源的节约;其五是疏通物质流通和信息流的输入渠道,提高当地生态荷载的临界阈值,提高生态环境自我修复能力和人类抵御自然灾害的能力(吴彤等,1995)。在数千年以来人类受到大自然越来越严厉的报复之后,仅仅在十几年前人类才从理论的层面上正视并提出“可持续发展战略”,然而它实际上却是与人类诞生俱来的自然法则,并且一直不以人们意志为转移地在暗中发挥着巨大而可怕的强制性调节作用。这便意味着可持续发展战略不仅是今天人类社会发展的法则,而且也是上古人类社会文化和文明发展的通则。

从上述讨论中不难发现,江汉地区的新石器文化在迈入文明门槛的前夜突然崩溃的主要原因是自屈家岭文化开始到石家河文化时期的人们在沿着肆意攫取自然资源的不可持续发展道路上一路狂奔。

在稻作农业基础上发展起来的屈家岭文化时期的人们成功地创造出了先进的“筑城—围堰—分洪区”洪水控制技术体系,酋邦社会与稻作农业生产迅速发展壮大,为屈家岭文化时期人口的增殖提出了要求和可能。屈家岭文化时期,江汉地区渔猎经济走到了低谷,人们的生存主要依赖于稻作农业;至石家河文化时期,渔猎经济却重新高涨。这暗示人口的增长已经超过了农业产出的荷载,因此石家河文化时期的人们被迫重操渔猎旧业,以补充粮食的缺口。而过度渔猎,又加速了物种的减少;同时人们还不得不向不宜开垦的湖区进军。

从鄂西山区房县、均县等石家河文化聚落看,尽管石家河文化时期的人们开始向山林要土地,但遗憾的是,他们没有及时改进和推广精耕细作、发掘已有土地潜能的集约化耕作技术,而依然采用刀耕火种的粗放耕作方式。石家河文化农具依然以石斧为主,没有任何耒耜,证明了石家河文化时期人们毁林开荒的粗放耕作方式。这就难以满足石家河文化时期庞大人口的粮食需求,对于森林生态系统的掠夺必然是浩劫式的。石家河文化时期人们的毁林开荒行为,破坏了森林对当地微环境的良性影响功能,使环境恶化,极端气候活动频繁,自然灾害频仍,水土流失严重,已有农田地力降低。山区的水土流失壅塞了平原上的湖沼(如沙湖、越舟湖),严重削弱了水沙自然循环状态下的"湖泊效应"和对洪水的调蓄功能。因此,一旦石家河文化晚期江汉地区遭遇极端性的洪水事件,洪水便成了前所未有的灭顶之灾。森林的锐减,还直接导致物种多样性的减少,森林生态系统的缓冲机制已是命悬一线。

石家河文化时期的酋邦对外交流有限,出土的外来文物只有极少数外来的精美饰品,如山东龙山文化区的白陶鬶、良渚文化区的玉料和不明来源的孔雀石等。而真正弥补生态危机的物质流和信息流输入严重不足,妨碍了将江汉地区生态系统同周围生态系统连接成生态系统互联网络,削弱了地区间生态系统的互补作用,极不利于江汉地区生态系统的及时修复。石家河文化时期汉江中下游地区的生态系统缺乏补救机制,遭到破坏后,一二百年内无法修复抑或缓解,资源枯竭在所难免。

与之形成鲜明对比的是河南龙山文化的尧舜禹酋邦,采取了可持续发展模式。陶寺和东下冯遗址的孢粉和植物遗存表明,4.2~4 kaB. P.时期,当地恢复了草木繁茂的生态景观。频繁的大规模残酷战争,在客观上能够限制人口的总量。在河南龙山文化中,石铲(耜)在农具中占重要地位,反映出发掘现有耕地潜能的耙耕技术广泛应用,这是集约化农业的主要特征。王城岗龙山文化石耜的数量甚至大大超过石斧,暗示在尧舜禹酋邦的中心地区,更倾向于通过对现有耕地的精耕提高产量,而减少毁林开荒攫取耕地的规模。农业发展与环境保护被和谐地统一起来,完全符合可持续发展的原则,这同石家河酋邦迥然有别。

尧舜禹酋邦还十分注重物质流和信息流的流通输入。流行于河南龙山文化的盉形杯和盉(鸡彝)、斝形杯等后来发展成为夏文化的重要礼器,明显来自山东龙山文化。饕餮兽面母题显然吸收了良渚文化玉器上兽面的创意(何驽,1999)。中原地区本无铜、锡矿产,也无青铜冶炼技术传统,但在龙山阶段,王城岗突然出现了青铜鬶袋足残片、陶寺出现铜铃等(河南文物研究所,1992)。这些都反映出尧舜禹酋邦以开放的心态大力接受外来物质流和信息流的输入,补充和壮大了中原生态资源的多样性。

而西辽河中上游地区的新石器文化的产生和繁荣完全建立在适宜气候的自然环境基础上,一旦出现短期的极端性气候事件,缺乏原始耕作经验和高效的生产工具,仅仅以粗放式农牧业生产的夏家店文化时期的人们便遭遇深刻的生存危机。加上该区位于半干旱和半湿润地区的过渡带上,生态系统缓冲能力十分有限,荒漠化过程就会大大加快。

贾玉连(2008)[1]比较研究了我国400~600 mm降水量线之间新石器文化遗址和河南、山东新石器文化遗址和汉(水)—淮(河)新石器遗址数目特征。结果显示,我国的新石器遗址基本在6.5 kaB. P.左右开始繁荣,在遗址绝对数目上北方地区与河南、山东的中原地区占绝对优势,并且总体波动较小。而汉水淮河地区遗址数目变化较大,中全新世以来分别在4.8 kaB. P.和4.3 kaB. P.左右出现低值时期,它们分别对应于大溪文化向屈家岭文化的过渡期和石家河文化的衰落期。在4.0 kaB. P.时期,中原地区和中国北方地

---

[1]　贾玉连. 气候演化、文化生态坡与东北亚文化演化模式[C]// 2008 中国第四纪教育专业委员会学术研讨报告.

区遗址数则继续保持缓慢上升趋势,反映了不同文化区的人们应对该时期极端气候事件能力的差异,以及不同文化区是否有协调人地关系的社会发展观念。

　　通过上述汉江流域的石家河酋邦崩溃、西辽河新石器文化消亡与黄河中游文明社会诞生的对比,从人地关系的角度来看,前者在气候适宜期肆意拓展有限的生存空间、掠夺性地开发土地生产力资源,同时在湖荡密布的汉江中下游地区建立了庞大的城邦制社会,人均生态足迹需求量的扩大和生态容量有限性的矛盾使得汉江中下游地区的生态系统急剧恶化,而 4 000 aB. P. 时期左右的极端气候事件只是摧毁本区新石器文化的导火索。与之相反,中原文化区的人们则在实践中认识到可持续发展的重要性,加上有序的社会特征和有力的组织结构,从而最终战胜洪水灾害,迎来了文明社会的曙光。

# 第 7 章　中全新世环境演变对汉江流域
# 新石器文化的影响

全新世大暖期后,人类进入新石器的大发展时期,生产工具的进步促进了生产力的发展,对自然的改造能力有了很大程度的提高。作为自然生态系统的一个因子,人类的生产方式、生产内容与自然环境系统之间发生着连续的、直接或间接的、主动或被动的关联。这种联系通过大气圈、水圈、生物圈和岩石圈等载体反馈到地球系统中,叠加在自然环境系统固有的运行机制上,使得全新世环境变迁的特征比末次冰期时期更为复杂和多变。

## 7.1　中全新世环境演变对新石器文化发展的影响

汉水流域地跨秦巴山地、南阳盆地、鄂西北丘陵和江汉平原,地貌类型多样、地势差异显著,自东南的江汉平原至西北的陕南谷地气候指标复杂多变,干旱、洪涝、寒潮等自然灾害频发,同时本区亦为我国第二、第三阶梯自然地理的分界线,是北亚热带到暖温带和山地到平原的过渡区域,环境分异特征十分显著。然而,公元前 4300~公元前 3000 年的中全新世时期汉江流域孕育了相对独立和发达的大溪文化,而且又衍生出屈家岭文化(公元前 3000~公元前 2600 年)和石家河文化(公元前 2600~公元前 2000 年),成为我国上古文明的重要发祥地之一。与华北地区同时代的仰韶文化、龙山文化相比,汉江流域的古文明诞生的自然环境背景如何? 上古文明的演化嬗变与自然环境变迁有无直接或间接的相互驱动作用? 汉江流域古文明的发生、发展与中原地区古文明诞生的自然环境背景的异同之处是什么? 寻找这些问题的答案是中华文明探源计划项目的核心研究内容之一。本节根据已有研究成果阐述汉江流域中全新世气候、地貌、湖面等自然环境因子与同时期人类文化时空的基本框架,为进一步剖析环境变迁对本区新石器文化发展的影响做理论准备。

### 7.1.1　气候变化对新石器时代文化发展的影响

从大九湖地区古环境记录(第 6 章 6.1.2 部分)可以看出,该区中全新世时期的古气候特征是:

(1)大溪文化时期大九湖地区普遍温暖湿润,年均温度在 8.3 ℃,比现今高 1~2 ℃,年均降水量达到 1 700~1800 mm,比现今高 200~300 mm。植被以喜暖热的树种为主,主要成分是以青冈栎、刺叶栎、巴东栎为代表的常绿栎类,栲居次之,杨梅、冬青、樟、漆树等也有相当数量。落叶阔叶树花粉占 34.0%~48.9%,落叶栎稍多,胡桃、栗、枫杨、枫香、大戟、山核桃也有相当数量,桦、鹅耳枥、桤木、山毛榉大为减少,还有少量桃金娘、榆、柳、化香、桑、瑞香、椴、槭。针叶树花粉占 6.7%~13.6%,主要是杉与松,也有罗汉松;草本植物花粉占 9.4%~21.5%。

(2)屈家岭文化时期气候开始向干旱特征过渡,但平均降水量仍然保持在 1 600~

1 700 mm,年平均气温在 8 ℃上下。主要植被种类中,常绿阔叶树花粉减少很多,仅占
12.2%～19.0%,常绿栎稍多,栲、冬青、樟等也有一定数量。落叶阔叶树花粉有所增加,占
40.0%～53.3%,落叶栎比较多见,胡桃、山毛榉、化香、桦、槭等有相当数量,枫香、栗、椴、
枫杨、榆、柳、杨、桃金娘、大戟、瑞香等也有一定数量。针叶树花粉占 10.2%～15.6%,以
松居多,杉与罗汉松也有一定数量。草本花粉也有所增加,占 17.6%～20.7%,莎草科、眼
子菜、香蒲稍多,也有一些禾本科,如鸢尾、蒿、菊等。

（3）石家河文化时期气候出现大幅振荡,干旱气候是主要特征,年均降水量从 1 600
mm 降到 1 300～1 400 mm,年均气温变化较小,基本保持在 7 ℃的水平。常绿阔叶树花粉
增加较明显,达到 17.8%～25.8%,绝大部分稳居于 23%～25%,以常绿栎类为主,也有相
当数量的栲、杨梅与冬青。落叶阔叶树花粉占 41.7%～51.1%,以落叶栎为主,其数量超
过常绿栎、鹅耳枥、桑、山毛榉、桃金娘等类型。

　　研究认为(姚檀栋等,1997),与低海拔的盆地平原地区相比,高海拔地区对区域气候
的变化较为敏感。大九湖地处海拔 1 700 m 以上的山地,其湖泊泥炭地层、植物孢粉和喀
斯特溶洞的石笋可以较为完整地记录古气候的区域演化特征,鉴于汉江流域与大九湖所
在的神农架地区毗邻,其古气候特征与大九湖地区有很大程度的相似性。根据汉江流域
中下游平原平均海拔 45 m 计算,应该比大九湖地区年均气温高 10 ℃左右,即在大溪文化
时期年均气温大约在 17 ℃,降水量小于 1 300 mm。屈家岭文化时期,气温变化不大、降
水量有所减少,在 1 200～1 300 mm。石家河文化时期,进入较干旱阶段,降水量只有
1 000 mm 左右,该文化晚期降水量有所上升。根据常绿阔叶林类花粉减少的特征判断,
当时的气温应当也有明显下降,年均气温可能低于 17 ℃。图 7-1 是根据大九湖地区的孢
粉指标气温—降水的拟合值,考虑到降水量和年均气温的高度变化,估算出汉江中下游地
区降水量的变化(汉江流域上游由于复杂地形影响造成局域小气候特征显著,难以做对
比研究),该结论和刘会平等(2000)的研究结果接近。

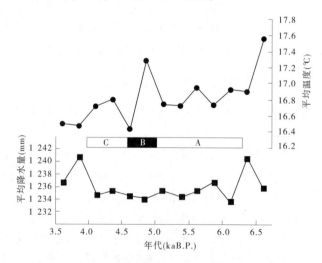

A—大溪文化时期;B—屈家岭文化时期;C—石家河文化时期

**图 7-1　汉江中下游地区中全新世的平均气温与平均降水量变化**

图 7-1 显示,整个中全新世时期,汉江中下游地区气温从大溪文化时期初期到石家河文化时期末趋于下降,而降水量则出现两边高、波动大,中间低、较平稳的特征。大溪文化早期属于高温高湿型气候,降水量超过 1 240 mm、年均气温在 18 ℃ 左右,良好的水热匹配条件孕育了日渐成熟的稻作文化。大溪中晚期,温湿条件虽然不如 6 kaB. P. 时期前后,但水热搭配比较平稳,并在 5 kaB. P. 时期前后的温暖期进化到汉江中下游新石器文化最繁荣的屈家岭文化时期。屈家岭文化时期不但稻作农业得到空前发展,而且出现了有规划的大型城市和先进的制陶业;人口数目大幅增加,其地理空间一直延续到淮河流域。但这个暖期仅持续了 200 年左右,气候转凉,屈家岭文化衰落。借助随后的小暖期(4 400~4 300 aB. P. ),在之前文化的基础上诞生了石家河文化,根据第 6 章的空间分析可知,本期文化分布范围大为缩小,加之气候向凉湿方向转型,稻作农业受到影响,在人口增加、生态容量萎缩背景下,该文化发展的可持续性受到严峻挑战。

## 7.1.2　遗址高程变化与环境演变的关系

### 7.1.2.1　大溪文化遗址的高程特征

大溪文化的分布范围是:西起巫山县城,东到洪湖西岸,南到洞庭湖西北侧,北达汉水以东,整个文化可分为关庙山类型、汤家岗类型和油子岭类型。就整个长江中游地区看,该时期遗址高程在 0~50 m 的地区有 42 处,如荆门市东南部的油子岭和北公嘴等,荆州和宜昌之间的黑山庙、赫家洼遗址;50~200 m 的遗址有 32 处,如沈湾、庙湾遗址等;200~500 m 的遗址有 26 处,如田家坡和苍坪等;该期仅有 4 处遗址分布于海拔 500~1 000 m 的鄂西山地区,如雷家坪、红庙岭等。大溪文化主要是在城背溪文化基础上发展起来的,代表遗址有枝江关庙山、宜都红花套、伍相庙、松滋桂花树和荆州阴湘城等。汉江中下游及汉江地区不同时期新石器文化遗址高程的变化如图 7-2 所示。

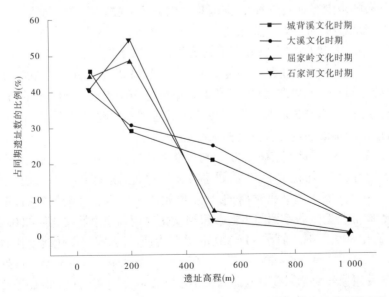

图 7-2　汉江中下游及江汉地区不同时期新石器文化遗址高程的变化

图 7-2 纵坐标是同一文化时期内某一高程遗址占该期总遗址数目的百分数,横坐标表示遗址的高程。由图中可见,大溪文化时期 0～50 m 高程遗址的比例为 40.4%,比城背溪文化时期的 45.8%有所下降;50～200 m 高程的遗址比例比城背溪文化时期多了 1.6 个百分点;200～500 m 高程的遗址比例比城背溪文化时期高了 5%;而在 500～1 000 m 高程的遗址比例,大溪文化时期比城背溪文化时期低 0.3%。

### 7.1.2.2　屈家岭文化遗址的高程特征

江汉地区该时期遗址高程介于 50～200 m 地区为 93 个,主要分布于襄樊东北、孝感西北、襄樊至荆门之间,以及宜昌至荆州之间等地;0～50 m 地区的遗址数达 84 个,主要分布在孝感以西和以北地区及荆州西北。其中,以孝感以西和以北地区遗址数增加最多;另有 13 处遗址分布于 200～500 m 的较高地区,如十堰市四周的低丘陵区、荆门和孝感之间地区等;仅有 1 处遗址位于 500～1 000 m 的山地区。屈家岭文化是在大溪文化基础上发展起来的,因为在枝江关庙山、松滋桂花树等遗址中,都发现了屈家岭文化和大溪文化的地层叠压关系(张绪球,2004)。在地域上,屈家岭文化与大溪文化的分布范围基本重合,区别仅在于大溪文化的中心区域偏西,而屈家岭文化的中心区域略偏东。

从图 7-2 可见,屈家岭文化时期遗址的高程与大溪文化时期遗址高程相比变化显著。主要特征是小于 200 m 高程的遗址比例增加,200～500 m 高程的遗址比例大幅下降。尤其是高程介于 50～200 m 遗址的比例由大溪文化时期的 30.7%增加到 48.7%;而 200～500 m 高程的遗址比例,大溪文化时期为 25%,屈家岭文化时期只有 6.8%。另外,介于 500～1 000 m 高程的遗址数目所占比例波动幅度较小,说明山地地貌区遗址数变动相对于平原丘陵地区的遗址数变动对环境变化的敏感度要逊色一些。

### 7.1.2.3　石家河文化遗址高程特征

石家河文化是在屈家岭文化基础上发展起来的,其分布范围与屈家岭文化大体一致,但该时期遗址分布的范围有进一步向北、向南扩展的趋势,宜昌以西地区遗址也呈增加趋势。该时期主要遗址有天门石家河、郧县青龙泉、随州西花园和通城尧家林。其中以 50～200 m 地区增加最多,达 204 处,主要分布于襄樊以北和以南地区,襄樊以东和孝感以西及以北地区;0～50 m 地区的遗址数也多达 153 个;另有 16 处遗址分布于 200～500 m 的较高海拔区,主要分布在十堰以北地区;仅有 1 处遗址分布于 500～1000 m 的海拔区(宜昌北部的下岸村遗址)。图 7-3 是汉江中下游及江汉地区不同时期新石器文化遗址高程的变化,从中可以发现本区遗址高程变化的某些特征。

图 7-3 显示,在 0～50 m 高程、50～200 m 高程类型遗址数目中,石家河文化时期这两个类型遗址数占绝对优势,均超过了 50%;屈家岭文化时期无论是 0～50 m 类型还是 50～200 m 类型,变化不大。而大溪文化时期,遗址主要属于大于 200 m 类型,城背溪文化时期则属于 200～500 m 类型。联系到图 7-2,石家河文化时期和屈家岭文化时期 0～50 m 遗址百分比接近,均在 40%上下。但在 50～200 m 类型遗址上,石家河文化时期比屈家岭文化时期百分比高出 5.9%;在 200～500 m 类型,石家河文化时期在所有类型的遗址中所占比重为 4.3%,不及屈家岭文化时期的 6.8%,500～1 000 m 类型两个时期的比重则十分接近。

根据遗址高程的分布特征,现将其分为四类:平原低地型(高程<50 m)、岗地型(高程

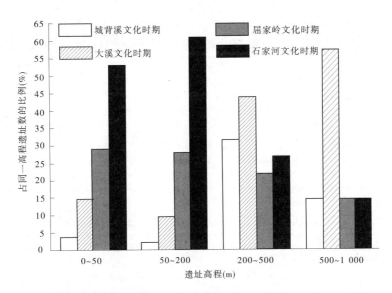

**图 7-3　汉江中下游及江汉地区不同时期新石器文化遗址的比例**

在 50~200 m)、丘陵型(高程在 200~500 m)和山地型(高程在 500~1 000 m)。综合上述讨论,可以得出的结论主要是:①石家河文化时期,遗址主要以岗地、低地型为主;②大溪文化时期,遗址以丘陵山地型为主;城背溪文化时期,遗址分布高程类型与大溪文化时期类似;③屈家岭文化时期,遗址高程类型为前两者的过渡类型,平原、岗地、丘陵比重相对均衡;④总体上仍然符合从旧石器时代到新石器时代文化遗址逐渐从山地往平原发展的一般规律。总的看来,大溪文化时期,遗址高程主要分布于 200~500 m;屈家岭文化时期,文化遗址主要分布在<200 m 范围;石家河文化时期,遗址 200~500 m 类型比重升高,均与湖面扩张和洪水泛滥密切相关。

### 7.1.2.4　不同时期文化遗址高程分布的相关性

　　某一文化特质的内容主要包含三个来源:继承、吸收和创新,继承是文化发展的主要基调,江汉地区的文化发展亦是如此。李文杰(1979)认为,大溪文化与屈家岭文化是先后承接的关系。大溪文化和屈家岭文化之间存在着过渡的环节,即这两期文化在相互交接的环节均以黑陶遗存为载体(向绪成,1983)。到了石家河文化时期,陶器类型仍然以屈家岭文化时期的泥质灰陶为主,泥质黑陶为次,即便在该文化段后期加砂红陶的比例较高,仍然可以看出,石家河文化中反映的是屈家岭文化的影子。考虑到大溪文化与城背溪文化的承启关系,在讨论大溪文化时期遗址高程的变化时,需要顾及城背溪文化时期遗址的高程特征。城背溪文化遗址集中分布在鄂西长江干流沿岸的冲积台地上,这里原先的地貌是山区与湖沼盆地相间低山丘陵区,属典型的山前地带。遗址或在傍山、面向平原的岗地上或在长江沿岸的冲积台地上,一般高出地面约 20 m,且都临近长江。

　　在汉江流域中下游地区,主要地形为平原低地和岗地丘陵,环境变化往往从河湖水位变化上反映得比较明显。如果前后两期的文化遗址在高程上有显著相关性,可能表明两期文化遗址高程存在继承性,进一步推断出两个文化时期具有类似的环境特征。表 7-1、

表7-2是汉江中下游及江汉地区新时期时代遗址同文化期不同高程遗址的百分数、同高程遗址类型所占的百分数。

表 7-1　汉江中下游及江汉地区新石器时代遗址同文化期不同高程遗址的百分数　　（%）

| 高程(m) | 城背溪文化时期 | 大溪文化时期 | 屈家岭文化时期 | 石家河文化时期 |
|---|---|---|---|---|
| 0~50 | 45.8 | 40.4 | 44.0 | 40.9 |
| 50~200 | 29.2 | 30.8 | 48.7 | 54.5 |
| 200~500 | 20.8 | 25 | 6.8 | 4.3 |
| 500~1 000 | 4.2 | 3.8 | 0.5 | 0.3 |

表 7-2　汉江中下游及江汉地区同高程遗址类型所占的百分数　　（%）

| 高程(m) | 城背溪文化时期 | 大溪文化时期 | 屈家岭文化时期 | 石家河文化时期 |
|---|---|---|---|---|
| 0~50 | 3.8 | 14.5 | 29.0 | 52.8 |
| 50~200 | 2.1 | 9.5 | 27.7 | 60.7 |
| 200~500 | 31.3 | 43.3 | 21.7 | 26.7 |
| 500~1 000 | 14.3 | 57.1 | 14.3 | 14.3 |

求出表7-1、表7-2中数据的相关矩阵,考察每两个时期之间遗址高程相关系数可得到表7-3和表7-4。

表 7-3　汉江中下游及江汉地区同文化时期遗址的相关矩阵

| 高程(m) | 城背溪文化时期 | 大溪文化时期 | 屈家岭文化时期 | 石家河文化时期 |
|---|---|---|---|---|
| 城背溪文化时期 | 1.000 | | | |
| 大溪文化时期 | 0.976 | 1.000 | | |
| 屈家岭文化时期 | 0.835 | 0.821 | 1.000 | |
| 石家河文化时期 | 0.755 | 0.752 | 0.991 | 1.000 |

表 7-4　汉江中下游及江汉地区同高程遗址类型的相关矩阵

| 高程(m) | 城背溪文化时期 | 大溪文化时期 | 屈家岭文化时期 | 石家河文化时期 |
|---|---|---|---|---|
| 城背溪文化时期 | 1.000 | | | |
| 大溪文化时期 | 0.702 | 1.000 | | |
| 屈家岭文化时期 | −0.523 | −0.963 | 1.000 | |
| 石家河文化时期 | −0.709 | −0.998 | 0.948 | 1.000 |

汉江中下游地区三期文化遗址高程分布的相关性可以从两个方面讨论：一是按文化期划分，将每个文化期内不同高程遗址所占百分比作为原始数据记录（见表7-1），进行相关性分析。表7-3是对应的相关矩阵，可以看出大溪文化时期遗址高程特征与此前的城背溪文化时期遗址高程有很好的相关性，相关系数达到0.976；而相关性最高值表现在从屈家岭到石家河文化遗址的高程变化上，二者的相关系数达到0.991，表明这两期遗址在高程特征方面有显著的继承性。另外，大溪文化时期遗址高程与屈家岭文化时期遗址高程的相关性为0.821，相关水平不如从屈家岭文化时期到石家河文化时期。二是将不同文化期的遗址按相同高程分类，用它们的百分数作为原始数据进行相关性分析，表7-4是分析结果。表7-4显示从城背溪文化时期到大溪文化时期和屈家岭文化时期到石家河文化时期同高程遗址之间表现为正相关，相关系数分别为0.702和0.948；从大溪文化时期到屈家岭文化时期，相同高程遗址之间的相关性则为负相关，其系数为-0.963。

综合上述两种分类方法的相关分析结果，无论是按文化时期分类还是按高程分类，汉江中下游地区的新石器遗址在高程的相关性方面有两个文化过渡时期比较显著，即城背溪文化时期→大溪文化时期、屈家岭文化时期→石家河文化时期。而大溪文化时期→屈家岭文化时期（5 kaB. P. 前后）遗址高程的相关水平较低，可能暗示江汉地区河湖特征的变化或灾害性事件如洪水、干旱等的影响。

## 7.1.3　影响遗址高程分布的机制

### 7.1.3.1　地貌环境因素

江汉地区是构造沉降带，属于湖泊河网平原，它的东西两侧是构造隆升带。构造隆升强度西部大于东部，因此西部为中高山系，东部则以低山丘陵为主。汉江流域中下游地区处在西高、中低、东次高的构造地貌背景中。本书讨论的汉江下游地区主要是江汉低地，它通过湖南华容隆起与南侧的洞庭湖盆地互为重力补偿地带，洞庭湖盆地与江汉沉陷带往往呈现准"重力均衡补偿"性的升降运动（童潜明，2000），即如果洞庭湖盆地下沉，那么江汉沉陷带就上升，江汉湖面就萎缩。然而，本区拗陷带的升降是不均衡的，可同时出现上升区和下降区，当其上升区大于下降区时，湖面就缩小；反之，湖面就扩大。

据朱育新（1997）研究结果，长江中游地区的地质构造演化，最明显的影响是导致长江改道南迁。这一区域长江南岸的地质断裂带密度大于北岸地区的断裂密度，这些断裂带不断引导长江干流河道渐进南移。全新世以来，江汉沉陷带的构造沉降速率不断增大，从6 kaB. P. 的1.44 mm/a到4 kaB. P. 的1.53 mm/a（童潜明，2000），造成河床不断抬高，引起水位上升，河流地貌形态发生很大的变化。由于地质构造引起长江改道及周边河湖形态与规模的变化，对于新石器时代的古人类居住环境有很大的影响，遗址集中分布的位置大多是远离构造断裂带的。

另外，大约在6 kaB. P. 左右，全球海面开始上升（谢志仁，1995），达到或接近目前全球海面高度，当时的长江口后退到镇江以上，距现今河口300 km（杨达源等，2000）。河口水位上升，导致溯源发展的河床加积与洪水泛滥平原的形成，进而导致河堤的不断加高

（周凤琴,1986）。

### 7.1.3.2　气候因素

气候环境的变化与人类的生存、生活密切相关,无论是人类的自身演化方面,还是社会进步或文明演替方面,气候环境的变化都扮演着重要角色。在某种意义上,人类与气候环境演变之间是一种协进化的关系(张晓阳等,1994)。8.5~3.0 kaB.P.为中国全新世大暖期(施雅风等,1992),该高温期可分为 4 个阶段:8.5~7.3 kaB.P.为气候波动激烈、环境较差阶段;5~3 kaB.P.为温度波动缓和阶段。Eddy(1976)用树轮放射性碳浓度异常数据作为太阳活动水平的指示。发现太阳活动水平的长期变化与全球气候变化之间有很好的正相关。通过过去 7 500 年中识别出 18 个显著的太阳活动变化期,推测存在一个周期约为 1 000 年到 2 500 年的波动趋势。显然,江汉地区新石器时代遗址大溪文化时期→屈家岭文化时期(5 kaB.P.前后)刚好是 7.5 kaB.P.经过 2500 年后的一个太阳活动变化期,太阳辐射量的变化可能影响到东亚冬夏季风的强度和范围,进而影响到江汉湖群的面积和屈家岭文化早期的遗址高程。

根据湖北沔城钻孔的孢粉资料(朱育新等,1999),为 6.7~4.4 kaB.P.,青冈栋、栲、栗的含量最高且稳定,为大暖期最适宜期;与李文漪等(1998)认为湖北西部最温暖阶段在 6.5~4.5 kaB.P.比较一致。4.4~4.2 kaB.P.,森林覆盖率下降,青冈栎、栗明显减少,栲大大降低,草本增加,为一次明显的降温事件。4.2~3.9 ka.BP,青冈栎、栲、栗重新增加,气温回升;3.9~3.5 kaB.P.,青冈栋虽有增加,但栲、栗、栎均下降,温度降低,大暖期结束。在遗址分布上很明显从屈家岭文化时期开始<200 m 高程遗址的比重大幅增加,可能与古气候转为干冷,而湖泊面积减小、洪水位下降有直接关联。

### 7.1.3.3　农业生产环境影响

(1)城背溪文化时期稻作农业的水平并不高,收获量小(向安强,1995)。在较长的时间里,人们的生活资料,大部分可能还是靠渔猎和采集而获得,这从彭头山和城背溪等遗址发现的生产工具上可以得到证明(李伯谦,1997)。城背溪文化遗存中,还发现大量的动物骨骸,其中数量最多的是牛、鹿和鱼类残骨,这也是当时渔猎经济成分比例很大的证据。

(2)大溪文化时期,长江中游的稻作农业进入初步发展的阶段。稻作农业的发展,首先反映在水稻种植地点的增多和范围的扩大上。大溪文化初期,由于生产力水平的提高,原来相对狭小的范围,已无法满足稻作农业发展的需要。于是,稻作农业的中心开始东移到江汉平原的西南部和洞庭湖的北部。虽然长江中游各地自然条件差别较大,在某些宜猎宜渔的地方,传统的经济成分可能会更大一些,而在另一些地方,旱作经济的比例也许还会超过稻作经济。但是在许多典型的农业聚落中,稻米已成为人们的日常主食,并且有相当的存储量(张绪球,1996)。

(3)屈家岭文化和石家河文化时期,在长江中游的许多遗址中都发现有大量的稻谷遗存。例如,屈家岭文化遗址(张绪球,2004),1956 年仅发掘 800 m²,就发现其中 500 m²内全是含稻谷壳的红烧土,据鉴定,这些稻谷属于粳稻,是当时江汉平原普遍栽植的品种。

另外,稻作农业的发展还可以通过家庭饲养业的发展得到印证,因为家畜和家禽的饲养必须以农业能够提供饲料为前提,所以家庭饲养业的发展水平同种植业的发展水平是成正比的。

屈家岭文化和石家河文化时期,饲养的畜禽有猪、狗、羊、兔、鸡、鸭等。在石家河的邓家湾遗址(石家河考古队,1986),曾发现数以千计的陶塑小动物,其中绝大多数都属于家养畜禽。这些小动物生动逼真的形象,是当时家庭饲养业发展的真实写照。在各地屈家岭文化遗址的地层或灰坑中,均可以发现许多家猪的牙齿,其数量远远超过以往任何一个时期。

汉江中下游地区新石器时代的人类生产方式从大溪文化时期开始逐渐摆脱原始的以渔猎生产为主转而进入稻作农业时期,这一生产方式在屈家岭文化和石家河文化时期达到了相当高的水平。生产方式、生产内容的转变要求人类遗址的选择与稻作农业生产的基础条件相一致,如地势低平、宜灌、宜排、土壤肥力等自然因素。这在相当程度上促进了遗址从高海拔地区向低海拔地区的迁移。

### 7.1.3.4　环境演化与各期遗址高程的变化关系

全新世以来的江汉地区在构造运动、大气环流和地表河湖径流等内外力的作用下,区域地貌发生了很大变化。江汉坳陷带不断沉降连续接受第四系地层的加积;人工围垸造田活动渐趋活跃;冰后期海面上升对长江的顶托回溯作用抬高了各支流的侵蚀基准面;极端气候事件如洪水、干旱等因素同时塑造着汉江中下游地区的地形面貌。根据前述内容,在大溪文化三期(关庙山类型,5.8~5.5 kaB.P.)之前,江汉地区温暖湿润、降水量大(>1 800 mm),河湖水位高,大部人类遗址只能分布于地势较高的丘陵岗地。之后,江汉地区的气候开始向干暖方向发展,并在屈家岭文化早期出现转折点,虽然该时期仍处于全新世大暖期,但在降水量方面已经和大溪文化早期已经有明显差异。本时期遗址高程开始向低海拔地区迁移,屈家岭文化中期(5.0~4.8 kaB.P.)及石家河文化晚期(4.1~3.8 kaB.P.),干凉气候格局基本成型,江汉地区高程小于50 m的遗址比重开始增加。

开始于大溪文化时期的稻作农业生产在很大程度上刺激了人类遗址向平原低地迁移,期间的屈家岭文化时期江汉平原一带气候渐趋暖干,人类在低地平原地区的活动范围进一步扩张,到了金石并用的石家河文化时期,稻作农业和畜牧业的发展已经使古人类活动有足够的物质基础和实践经验抵御自然灾害、改造自然环境,从而使低平原地区的人类活动遗址更为普遍。

### 7.1.3.5　构造运动与河流地貌发育变化对遗址高程分布变化的影响

汉江流域新石器时代遗址在全新世随时间推进,遗址分布的高程反映在地貌上则有从高往低逐渐增多的现象。这与内蒙古西拉木伦河流域考古遗址时空分布变化有相似性(夏正楷等,2000),表明人类遗址主要分布在河流两岸的1~2级阶地地区,由于受区域构造抬升影响,河流下切作用加强,在形成新的河谷和阶地的同时,老阶地也逐渐抬升到较高位置,而后期的人类仍会选择新的1~2级阶地作为自己的生存场所,这就造成该区遗址在时空分布上出现从高到低的变化,这并非是早期人类生活在高处,后期人类往低处迁徙的表现,反映的则是人类出于逐水而居的需要,顺应河流地貌发育和降水、水文条件的变化,始终选择距河面高度适宜、既近水源又便于防御洪水的智慧体现(朱诚等,2007)。

## 7.1.4　中全新世江汉平原湖面的演化对文化遗址分布的影响

### 7.1.4.1　湖群环境变迁与湖泊扩张

中全新世江汉平原区大部分断块以相对沉降为主,沉降速率可达 1 mm/a(肖平,1991)。该时期汉江经常洪水泛滥,洪水会漫过河堤将悬移物质沉积在河间洼地和平原边缘(王苏民等,1992)。沉积物主要是淤泥、淤泥质黏土和黏土互层。该期气候由暖干转为暖热湿润,平均气温比现在高 2 ℃左右,冬季最冷月温度比现在高 3~5 ℃(施少华,1992)。这种气候变化与中全新世中国气候的变化基本上一致。中全新世是全新世 1 万年来最为温暖湿润的时期(施雅风等,1992),但在此期间温度仍有 4~5 ℃的波动(金伯欣,1992),距今 7 500~7 000 年和距今 4 000~3 500 年是最明显的两个升温期。中全新世海平面继续上升,已达到现在的位置。7 000~5 000 aB. P. 的全新世海侵,其影响范围深达陆地数百里,长江口退至现在的扬州—镇江一带。海侵必然导致沿江平原洼地潴水成湖。值得注意的是,这一时期古人类活动已渗透到汉江下游平原地区。考古发现大溪文化(6 300~5 000 aB. P. )、屈家岭文化(5 000~4 600 aB. P. )和石家河文化(4 600~4 000 aB. P. )都在这里留下迹痕(王红星,1998)。

上述环境的变化对江汉平原区河湖发育产生了深刻影响。洪水泛滥背景下的河间洼地及平原边缘的淤泥、淤泥质、黏土等细粒沉积物,常常堵塞分流河口或冲沟谷口而形成堰塞湖。与此同时,河间洼地湖泊广泛发育。在长江、汉江、东荆河等河流之间存在着王家大湖洼地、四湖洼地、排湖洼地、汈汊湖洼地等地势低洼之地,在其上发育了诸如王家大湖、洪湖、白露湖、三湖、长湖等河间洼地湖(邓宏兵,2004)。与气候波动相对应,中全新世湖群扩张可分为三个时期:①7 500~6 000 aB. P. 的湖群扩张期;②6 000~5 000 aB. P. 的湖群退缩期;③5 000~3000 aB. P. 的湖群扩张与全盛期。根据可以对比的测年结果(5 240±125)aB. P. ,湖北潜江;张金海 345 号孔)说明距今 5 000 多年前后江汉湖群处于退缩期。大溪文化(6 300~5 000 aB. P. )遗址在江汉平原的发现也证明了在 6 300~5 000 aB. P. 年间,中全新世湖泊的衰退。从湖沼相沉积分布范围看,5 000~3 000 aB. P. 为江汉湖群的全盛期,在距今 3 000 年前后达到鼎盛时期。但在最鼎盛时期,湖沼相地层分布也只占江汉河间低洼地范围的 1/3 强(邓宏兵,2004),并且主要分布在河间洼地中央和平原边缘地带。联结江汉乃至洞庭湖的巨型湖泊是不存在的,但洪水期巨大的、暂时性洪泛区的存在是可能的,而且洪水之后,仍分解为众多小型湖泊。

### 7.1.4.2　洪水灾害的分布与遗址分布的关系

根据遗址分布的最低高程实际上只能推测出一般性洪水位的特征,而特大洪水则往往高于遗址分布的最低高程,因此根据考古遗址的高程特征推知古洪水水位还应结合地层的沉积记录。据荆州地区博物馆(1984)、周凤琴(1987)和郭立新(2005)等的统计资料(见图 7-4),汉江流域下游地区的江汉平原地区在大溪文化时期遗址分布高程为 14~15.4

m,到了屈家岭文化时期遗址分布的高程升至 22.8 m,石家河文化时期遗址高程保持为 22.8~26.5 m。不考虑地层沉降的因素,江汉平原新石器文化遗址高程分布有逐渐升高趋势,并且从大溪文化时期到屈家岭文化时期遗址高程增加 7.4 m,从屈家岭文化时期到石家河文化时期遗址高程增加 3.7 m,可见大溪文化时期到屈家岭文化时期遗址高程增加速度较快,遗址高程的增加可能预示洪水位的提高。而汉江中游地区的岗地丘陵地区遗址数目较少,只有天门肖家屋脊遗址的高程为 30 m,本地貌区无参考遗址高程可以对比。另外,鄂西冲积扇(阶地)地区总体海拔高程较高,受一般洪水的影响程度小于江汉平原的低地区,而从图 7-4 的数据看,三个时期遗址高程的变化范围均为 29~36 m,表明本地貌区数千年间人类遗址高程较为稳定。事实上,江汉平原构造上属于华夏向构造陷落盆地,中全新世江汉平原区大部分断块以相对沉降为主,按沉降速度 1 mm/a 计算从大溪文化时期(监利福田遗址,5.9 kaB.P.,高程为 15.4 m)到屈家岭文化时期(沔阳月洲遗址,4.8 kaB.P.,高程为 22.8 m),地层沉降高度约为 1.1 m。那么三个时期的两个遗址高程的变化分别应为 6.3 m 和 2.6 m。仍然说明从大溪文化时期到屈家岭文化时期洪水位升高的速率是急剧的。

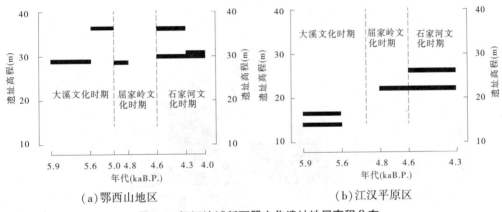

**图 7-4　汉江流域新石器文化遗址地层高程分布**

(资料来源:周凤琴,1987)

洪水位的升高通常与河流上游来水量增加和下游的排泄是否通畅有关。大九湖泥炭地层的 TOC 变化曲线显示在大溪文化时期为本区的多雨期,而到了屈家岭文化时期降水量开始向少雨期过渡,到了石家河文化时期降水量大幅度减少,这与山宝洞石笋的 $\delta^{18}O$ 记录的降水量变化特征是一致的。朱诚等(2007)研究了湖北省境内的新石器遗址空间分布规律,从图 7-4 可以看出,从大溪文化时期到石家河文化时期,高程<50 m 的遗址数目逐渐增加,高程介于 50~200 m 的遗址数目亦有相同的变化规律。如果古人类该时期的择居原则是临水靠河,那么图中显示的规律则意味着一般洪水位在三个文化时期逐渐降低。另外,造成这一结果的原因也与新石器文化末期遗址数远大于大溪文化时期有关。高程介于 200~500 m 的遗址数量在大溪文化时期较多,之后逐渐萎缩,这一事实从另一方面验证了长江中游地区新石器遗址高程分布有逐渐走低的趋势,但这并不排除江汉平

原地区局部遗址高程增加的可能性。

　　从上述的对比分析可知,就全湖北省而言,新石器文化遗址的高程分布在时间序列上是由高到低逐渐增加的,但就江汉平原而言,由于在5~4 kaB.P.湖面不断扩张而使遗址高程有增加趋势。而同一时期汉江流域的年均降水量与大溪文化时期相比,却在逐渐减少。有研究认为(吴锡浩等,1994,见图7-5),长江中游地区在大溪文化时期以中、高湖面为主,屈家岭和石家河文化时期为中湖面兴盛时期,但石家河晚期确有高湖面重新抬头的趋势。长江中游区的湖泊多与河流有着密切的水文联系,受河流调节的湖泊水位,还与流域降水、径流或冰雪融水的大幅度变化有关。因此,区内高湖面的波动百分率显然较低(≤40%),且在两个出现高湖面的时段中,最突出的是3 000 aB.P以来,其机制不能全归因于降水的增加。本书中讨论的遗址高程与湖面变化关系是一致的,即从大溪文化时期到屈家岭文化时期、从屈家岭文化时期到石家河文化时期,由于湖面扩张而使得该时期的新石器遗址高程增加。尽管自5 000 aB.P.后汉江流域降水量有减少趋势,但因为人类活动程度加深,围湖造田、引渠灌溉等活动改变了自然水系的储蓄和排泄机制,虽然降水量不如大溪文化时期,但仍然有洪水频发现象。表明汉江流域人类活动自5 kaB.P.作为重要的环境因子开始参与、影响环境系统的演化过程。

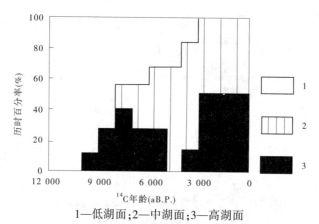

1—低湖面;2—中湖面;3—高湖面

**图7-5　全新世长江中游湖面变化特征(吴锡浩等,1994)**

　　因此,在汉江下游的江汉平原地区,遗址高程的变动与江汉湖泊的扩张和洪水灾害的侵袭密切相关。朱诚等(1997)通过对江汉地区新石器遗址高程的研究认为,在8 000~2 000 aB.P.,地层记录的大规模洪水有5期,主要出现在各期文化演替的过渡阶段,即①城背溪文化末大溪文化初(7 000 aB.P.~6 000 aB.P.)、②大溪文化末屈家岭文化初(5 500~5 000 aB.P.)、③屈家岭文化末石家河文化初(4 700 aB.P.~4 500 aB.P.)、④石家河文化末商周初(4 000~3 500 aB.P.)和⑤商周末(2 500 aB.P.~2 000 aB.P.)。从这一角度看,江汉平原地区新石器文化的更替与异常洪涝灾害有因果关系。如秭归朝天嘴遗址,在大溪文化期间至少有过6次规模较小的洪泛期,先民经短暂迁徙后又回到原地,而最后那次却是毁灭性的,它迫使先民向江北及东部丘陵迁移,在与当地文化和黄河流域文化的融合、交流中形成了屈家岭文化。

按每百年发生次数统计,江汉地区全新世中期异常洪水变化可划分为 2 个频发期(朱诚等,1997;见图 7-6)。第一洪水期介于 8 000~5 500 aB. P. ,有 8 次发生在大溪文化期,平均 70 年 1 次。此时处于全新世高温期第二暖期(7 000~5 800 aB. P. )(Xu ,et al,1994),气温比现在高 0.7~3.5 ℃,夏季风开始向北西推移并已影响到本区,为大面积致洪暴雨提供了充足的水汽源。当时也是我国全新世最高海面期(谢志仁,1995),海面比现在高 4 m,在长江下游称为"镇江海侵"(杨怀仁等,1995)。由于侵蚀基准面的抬高,地表洪水宣泄不畅,江汉湖群出现扩张。第二洪水期在 4 700~3 500 aB. P. (石家河文化时期),我国各地都有大量史书记载。当时处于我国历史上第一暖期(5 000~3 000 aB. P. ),又称仰韶文化暖期,气温比现在高 2~3 ℃(竺可桢,1973),海面也比现在高 2.1 m(谢志仁,1995),受海水顶托,江汉湖群出现了第三次扩张。可见,大溪早期湖泊开始扩张,低洼地潴水成泽,人类继续在江汉平原一带生活;大溪文化中、晚期湖群进一步扩大,人类居住地仅限于地势较高的岗地与平原的过渡地区。屈家岭文化时期至石家河文化早期湖群萎缩,遗址重新出现在低地平原。但石家河文化晚期后,湖群再次扩张,人类再次从低地平原迁出。

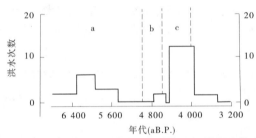

a—大溪文化时期;b—屈家岭文化时期;c—石家河文化时期

**图 7-6　江汉平原洪水次数时间序列(据朱诚等,1997)**

汉江中上游地区平均海拔均在 80 m 以上,从大溪文化时期到石家河文化时期人类遗址分布趋势的总体格局是从高地向低地迁移。大溪文化遗址大部分布在山前的岗地丘陵地区(遗址高程>50 m),尽管汉江下游由于湖泊扩张和洪水灾害对遗址高程影响较大,但中上游地区受洪水影响较小。汉水中上游河谷地带遗址分布大致有三类:第一类遗址位于河谷两岸的二级阶地或山麓缓坡上,多是背山面水,其中有的河流距山较远,阶地平坦而开阔;有的河流靠近山麓,形成较窄的山麓缓坡地带。如度家洲遗址位于汉水南岸向北突出的阶地上,遗址与常年水位高差约为 11 m。第二类遗址位于圆形或椭圆形的土墩上,一般高出周围地面 4~7 m,多靠近河流。如莫家岗遗址位于举河南岸高出河面 6~7 m的土墩上。第二类遗址三面环山,一面临水,中间形成较开阔的盆地。如大沟港、尖滩坪遗址位于汉水南岸,为一群山环抱的狭长盆地(中国社会科学院考古研究所长江工作队,1984)。不同文化时期,遗址分布的海拔高程有所不同,但在同一地貌区域内遗址与周围地面的高差却变化不大,这种特点是受原始地貌的限制,同时说明当时人类对居住地的选择还是以适应自然环境为主。

# 7.2　汉江上、下游地区新石器文化发展的差异

第4章讨论的凌岗遗址和辽瓦店遗址处于丹江口水库区和汉水的上游,遗址最老地层的年代晚于石家河文化早期(4 500 aB. P.);而且它们海拔较高(>120 m),除了季节性洪水,并不像汉水下游的低地平原区可能遭受湖面扩张和地貌沉陷的威胁。另外,凌岗和辽瓦店地区是新石器时代中原文化区和长江中游文化区的过渡地带,其社会组织形式和生产、生活方式必然受到中原文化的深刻影响,因而其文化内涵和文化发展的方向与汉水下游中全新世新石器文化类型存在着明显差异。

## 7.2.1　遗址地层反映的环境变迁与人类活动的关系

### 7.2.1.1　凌岗遗址

龙山文化层(王湾三期类型,4 400~4 000 aB. P.):该期文化间歇层(90 cm,龙山文化晚期)粒径分布特征为四段式结构,表明龙山文化晚期的堆积环境可能为沙滩沉积环境;龙山文化下间歇层(龙山文化早期)堆积物概率累积曲线为河流冲积物的三段式是河流冲积环境。暗示龙山文化早期为暖湿期,此时丹江流量较大,遗址处于河流一级阶地面上;到了龙山文化晚期气候变干,遗址所在地因丹江流量减小而远离河岸,堆积物粒度概率累积也发生了变化。龙山文化早期地层中 BaO、CuO 变化幅度相对较大,表明此时青铜器物使用广泛。另外,龙山文化早期的高炭屑层可能意味着薪炭用量较大,当时人们对森林有一定程度的破坏。本层段的磁化率变化也在 136 cm 地层为峰值($27.1 \times 10^{-6}$ $m^3/kg$),表明有强烈的人类活动和湿暖气候的影响。

石家河文化早期(4 600~4 400 aB. P.)。Rb/Sr、Rb/Ca 曲线在 175 cm 和 180 cm 层位有局部峰值;与风化指数和 *LOI*(烧失量)变化特征一致,表明石家河文化早期的凌岗地区属于暖湿环境,但持续时间不长。总体上,石家河文化时期以干凉气候特征为主。$MnO_2$、BaO 两种氧化物含量在该地层中部(175 cm)出现峰值,指示陶制品器物制作和建筑物灰浆残留。而 SrO(179 cm)、CuO(183 cm)则处于低值区间,表明此时青铜器的使用远不如龙山文化时期普遍。磁化率曲线在 170 cm 和 181 cm 出现 $11.7 \times 10^{-6}$ $m^3/kg$、$13.7 \times 10^{-6}$ $m^3/kg$ 的局部峰值,反映了石家河文化时期凌岗地区新石器人类集聚点经历过两个繁荣时期。

### 7.2.1.2　辽瓦店遗址

夏代文化层氧化物变化特征表明:气候温暖湿润、生态环境良好、少山洪灾害,古人类活动与自然环境和谐相处。该期地层平均粒度变化较小(平均粒径 15.17 μm),Pb 和 Si 含量的异常表明当时有原始的石器制作活动。

从下东周文化层开始,气候进入向干旱气候转化的过渡期,干旱程度在上东周文化层中部达到最强(*LOI* = 6.98%,见图 7-7)。到了上东周文化层顶部(130 cm)气候进入暖湿期。地层的平均粒径出现两次波动,与气候变迁造成的异常洪水和山洪沉积有关。该期地层 Cu(152 cm)和 Pb(152 cm)含量为异常高值(分别是 0.31 mg/g 和 0.32 mg/g)且含有青铜器,表明当时的青铜器使用进入了繁荣期。P 含量高值(22.73 mg/g)指示了恶劣

环境下人类食用动物的骨屑遗存。Si 含量较稳定,表明石器制作业的地位下降。显然,干旱环境迫使人类提高生产力水平,但人类对自然生态的破坏程度却进一步加深。

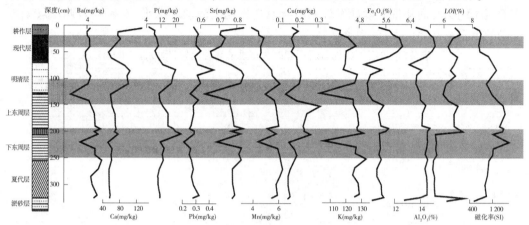

图 7-7　辽瓦店遗址剖面相关元素含量、烧失量和磁化率随深度的变化

## 7.2.2　汉江上游地区与汉江中下游地区新石器时代环境变迁的差异

### 7.2.2.1　地貌演变与湖面变化

汉水中下游地区地势低平、海拔多小于 50 m,在构造上属于江汉拗陷带,中全新世时期江汉平原地区的沉积速率大约为 1 mm/a,而且汉水下游的湖泊面积自屈家岭文化中期开始扩张,这一扩张趋势一直持续到夏代(大约 3 000 aB. P. ),这对处于生存空间扩张期的石家河文化早期的人们是一个巨大考验。其时,京山、天门地区的平原高地是本区新石器文化的核心区域,由服务于稻作农业排灌系统、先民对地貌的改造已经深刻影响了天然河道的蓄泄功能,圩坝纵横、沟渠阡陌,加上密布在岗地上规模不一的城垣,在当时抵御洪水灾害设施落后的情况下,加之湖面的不断扩张,突如其来而且持续时间长的极端洪水灾害必然成为汉江流域中下游地区新石器社会的灭顶之灾。

而凌岗和辽瓦店地区处于汉水上游的河岸阶地上,地势较高。虽有季节性洪水危害,但没有湖面扩张事件的叠加效应,因而灾害之后可以迅速恢复原有的社会组织形式。就地形地貌环境因素而言,本章讨论的两个遗址在新石器时代人类活动受地貌和洪水灾害的影响程度远不如汉水下游的新石器社会所面临的生存危机深刻。

### 7.2.2.2　气候变化与洪水事件

前已依据大九湖孢粉、石笋氧同位素和泥炭 LOI 指标讨论了汉水流域中全新世的气候变化,自石家河文化早期(4 600 aB. P. )至石家河文化末期气候波动很大。总体特征是气候向凉干方向转变,尤其是 4 000~3 000 aB. P. 时期,但不排除存在几十年尺度的暖湿气候事件。在汉水中下游地区,石家河文化时期由于气候波动、湖面扩张及人工地貌深刻影响,而且由于人口增加毁林垦田活动也破坏了天然森林生态系统,高强度降水频繁造成洪水灾害。据朱诚等(2005)研究, 公元前 2070 年(相当于石家河文化末期),长江上游地区重庆市中坝遗址含有 25~30cm 的洪水堆积层,由于长江中下游地区的洪水具有区域性特征,因而地处长江中游地区的江汉平原区在同一时期必然受到上游来水和暴雨的严重威胁。郭立新(2005)曾经整理了江汉地区考古遗址文化层的埋藏高程(见表7-5),如果忽略地表的剥蚀作用,可以发现从大溪文化时期到石家河文化时期,地层的沉陷速率有逐渐减小趋势。而从现有遗址发现的石家河文化地层的埋藏深度,石家河末期江汉平原一带的洪水具有强度大、频率高的特点。

表7-5　汉江下游地区新石器时代遗址的高程比较(郭立新,2005)

| 遗址名称 | 文化分期 | 绝对年代<br>(kaB. P. ) | 现代地面高程<br>(m) | 埋藏深度<br>(m) | 当时地貌高程<br>(m) |
|---|---|---|---|---|---|
| 监利柳关 | 大溪文化期 | 5.9~5.6 | 20.5 | 6.5 | 14 |
| 监利福田 | 大溪文化期 | 5.9~5.6 | 21.2 | 5.8 | 15.4 |
| 沔阳月洲湖 | 屈家岭中期—石家河早期 | 4.8~4.3 | 23.2 | 0.4 | 22.8 |
| 洪湖乌林矶 | 石家河早中期 | 4.6~4.3 | 28 | 1.5~2 | 26~26.5 |

地处汉水上游的凌岗遗址和辽瓦店遗址在4 000 aB. P.前后的气候波动期同样遭遇洪水威胁,从辽瓦店遗址地层沉积物的平均粒径变化可以看出,遗址的憩流沉积和洪流沉积特征十分明显。根据凌岗遗址龙山文化间歇层和石家河文化间歇层堆积物的平均粒径,从石家河文化早期地层到龙山文化时期地层,平均粒径有逐渐增加的趋势。在125 cm和160 cm的文化间歇层,沉积是洪积物堆积,暗示存在丹江洪水沉积过程;石家河文化早期的两个文化间歇层平均粒径的平均值为22. 09 μm,而龙山文化间歇层则达到了25. 78 μm,这表明凌岗遗址所在的丹江洪水动力水平在龙山文化时期有所增加,这可能是少雨期洪水的特征,也可能与生态退化造成的水土流失加剧有关。郧县区三房包子的石家河文化遗址处于400 m以上的山地地区,很可能与石家河文化时期气候变干、洪水强度增大有关。与汉水下游平坦的低地平原地区不同,辽瓦店和凌岗遗址所在地貌均为山间河流阶地,遇到特大洪水时,人们可以迅速疏散到附近的丘陵高地从而使基本的社会组织形式得以完整保留。

#### 7.2.2.3　关于遗址区生态环境的可持续性特征

新石器时代中后期汉水上游地区因适宜农耕的空间仅限于山间小盆地和河岸两侧的平坦阶地,聚落分散和人口密度低、人类活动对自然环境的影响远不及汉水下游地区。鉴于人口总量和增殖速度仍然处于原始聚落的发展状态,其生态容量远远大于当时人们生存发展所需要的生物生产量,所以汉水上游地区新石器时代晚期的社会发展处于可持续发展状态,这与下游地区毁林垦荒发展稻作农业的发展模式完全不同。

### 7.2.3　中原文化对汉水上游地区新石器时代文化的影响

早在大溪文化时期,处于汉水上游地区的新石器文化就与中原地区的仰韶文化有来往联系(王红星,1998),同时区域间的文化交流在地理上依赖一定的通道,这种文化交流的通道既影响着某一考古学文化的地理分布,同时也是该区文化同周围其他区域文化联系、往来的必要前提。

汉水上游地区,处于作为我国南北方分界线的秦岭淮河一线及其两侧。汉水流域的主干是连通鄂、陕两省的天然通道;伏牛山、桐柏山、大别山之间的南北通道,特别是唐白河流域的南阳盆地更是中原地区与汉水流域新石器文化交互交流的良好途径。两个区域的新石器时代文化的交流在石家河文化早期石家河文化影响大于河南龙山文化影响,到了石家河文化末期,由于石家河核心文化区的衰亡,河南龙山文化后来居上,其实力范围从南阳盆地延伸到汉水上中游。

### 7.2.3.1　社会组织形式的影响

由于汉水上游地区远离汉水流域新石器文化的核心区域,社会组织形式含有诸多地方特征,不同等级的聚落相聚较远,其间关系相当松散,当属于分散中心地区模式(郭立新,2005),和汉水下游地区自屈家岭文化以来的统一酋邦体制有很大差别。而且辽瓦店和凌岗一带石家河文化时期的聚落成员是通过血缘关系进行组织和生产活动的,基本没有阶层分化,这与同时期的河南龙山文化聚落的组织形式有很大的相似性(刘莉,1998),而区别于石家河文化核心区的松散的血缘关系组织形式。这表明处于文化过渡带的新石器文化聚落往往具有多个文化类型社会组织的性质。

### 7.2.3.2　社会发展观念的影响

保持一定数量的人口是社会发展的基础前提,但人口增长应与资源环境容量相协调。屈家岭文化时期酋邦社会与稻作农业生产的发展壮大,为人口的增殖提出了要求和可能。荆州地区新石器时代遗址资料表明:到石家河文化时期,人口规模比屈家岭文化时期增长了2.5倍(何驽,1999),此时正是中原文化的衰落期,屈家岭文化区的人们开始向中原地区扩张。到了石家河文化末期,中原区的龙山文化再次崛起,人地关系之间的矛盾难以通过移民加以解决。然而,石家河酋邦却继续沿用对自然资源开发采用攫取式的发展模式,在江陵、仙桃、沙湖一带的石家河文化遗址仍有围垸垦殖的痕迹,表明当时社会的发展观是不可持续性的。

中原龙山文化时期战争频繁,在客观上限制了人口的总量(郭立新,2005),不像石家河酋邦那样人口过度膨胀到超过生态容量的临界值。而且中原文化区的聚落首领重视人与自然和谐发展的"理想生境"观念,并且崇尚自然(何驽,1999),通过自然生态的休养生息来组织社会生产。显然,汉水上游的辽瓦店地区和凌岗地区因地缘上的优势,在社会发展观念上也受到中原影响而使鄂西北的后石家河文化富于生命力。

### 7.2.3.3　生产内容和技术的影响

在石家河文化末期,辽瓦店和凌岗地区从龙山文化区舶来了先进的农业生产工具——耜,这使集约农业发展有了技术前提,为新文化的出现准备了物质条件。而该时期汉水中下游地区的稻作农业区石家河文化遗址地层只有石斧、石铲等劳动工具(张绪球,1993),生产方式粗犷、生产力水平低下,随着气候转入干旱期而且此时汉江中下游的湖面又进入扩张期,人们对原始森林的破坏就成为必然选择,而生态环境的破坏又会导致洪水强度和频率的增加。

# 第 8 章　结论与展望

　　汉水流域的新石器文化同我国其他地区的新石器文化一样,在全新世气候适宜期蓬勃发展,顺次经历了城背溪、大溪、屈家岭和石家河文化,其文化特征一脉相传:稻作农业的出现是促进本区新石器文化快速发展的动力、城邦制社会组织形式是汉水流域新石器文化的核心内容、牲畜驯养和水利设施建设增强了古人适应自然环境的能力、不断进步的轮作制陶技术是本区新石器文化的重要内容;独特瑰丽的文明成就证明了汉水流域新石器文化在我国新石器文化宝库中卓然的地位。研究史前文明的涨落与自然环境变迁的关系无论是文明探源还是环境考古,都是难以避舍的核心内容之一。另外,在建立和谐的人地关系、以可持续发展视角推进人类社会各项事业全面发展的大背景下,研究史前时期人与自然的关系,总结社会发展与保护资源环境经验教训、规避各种自然灾害,在适应环境中改造社会,人类社会生态足迹小于现实生态容量,实现可持续发展具有深远意义。

## 8.1　主要结论

　　本书通过对汉水流域中全新世新石器三期文化对应遗址所在区域地貌特征演化、遗址空间分布、古生态环境恢复、典型遗址分析,获得的主要结论是:

　　(1)全新世大暖期的适宜气候使得汉水流域新石器文化得以快速发展,并确立了以稻作农业为基础的新石器文化。汉水流域在中全新世时期气温整体处于大暖期的适宜期,年平均温度比现在均温高出 2.1 ℃左右,干凉期出现在屈家岭初期阶段,但降水量上变化很大。大溪文化中期以前,年均降水量较多(大于 1 200 mm),大溪文化晚期有干旱趋势、年均降水量下降了约 12%。降水量从屈家岭文化初期开始增多,在向石家河文化过渡期中达到最高值(1 260 mm)。降水量自石家河文化后开始减少,而在石家河末期降水量又重新增加,可以看出汉水流域在新石器文化的过渡期总是处于干旱期。本区新石器时代人类活动则深刻影响了本区的湖泊进退。尽管自 5 000 aB. P. 后汉江流域降水量有减少趋势,但因为人类活动程度加深,围湖造田、引渠灌溉等活动改变了自然水系的储蓄和排泄机制,虽然降水量不如大溪文化时期,仍然有洪水频发现象。表明汉江流域人类活动自 5 kaB. P. 作为重要的环境因子开始参与、影响环境系统的演化过程。

　　(2)江汉凹地的沉陷作用、河湖加积作用、人工围垸筑堤及湖面涨缩过程决定了汉江中下游地区新石器遗址高程分布。全新世以来,江汉拗陷带不断沉降,连续接受第四系地层的加积;人工围垸造田活动渐趋活跃;冰后期海平面上升,对长江的顶托回溯作用抬高了各支流的侵蚀基准面;极端气候事件如洪水、干旱等因素同时塑造着汉江中下游地区的地形面貌。大溪文化时期遗址以丘陵山地型为主;石家河文化时期遗址主要以岗地、低地型为主;屈家岭文化时期遗址高程类型为低地、平原型。这表明,构造活动、河湖沉积、农业生产等因素共同影响遗址的分布高程。趋势面分析显示:汉江流域新石器遗址的分布的主轴按顺时针以钟祥—天门地区为圆心、以倾向 SE—NE—SW 旋转;而在石家河文化时期遗址分布虽然有向海拔较低的江汉平原方向发展趋势,但其核心区域仍停留在鄂北岗地的随—枣走廊地区。另外,生产活动和人地矛盾导致了汉江中下游新石器遗址空间分布。

(3)人口压力加剧造成的资源掠夺性开发,进而酝酿了巨大的生态压力致使汉江中下游地区新石器时代文化的衰亡。基于理想的新石器时代聚落和 logistic 人口增长模型,利用大九湖孢粉拟合的气温、降水指标分别计算了大溪、屈家岭和石家河三个文化时期研究聚落社会的生态足迹($EF$),结果表明:大溪文化时期,人均 $EF$ 值迅速提高;屈家岭文化时期 $EF$ 值有所下降,而石家河中后时期 $EF$ 值继续走高。生态承载力曲线同样显示,大溪文化早期人均年生态承载力变化幅度较小,自大溪文化中晚期(5.5 kaB.P.)$EC$ 值迅速下跌,至大溪文化末期(5.1 kaB.P.)$EC$ 值跌至 113 $hm^2/(a \cdot cap)$。屈家岭文化时期 $EC$ 值减至 97.24 $hm^2/(a \cdot cap)$。进入石家河文化期(4.6~3.8 kaB.P.)下降速率为 0.09%。生态压力系数 6.3~4.0 kaB.P. 逐渐上升,在大溪文化末期(5.3~5.0 kaB.P.)$ETI$ 值增至 0.007。屈家岭文化时期 $ETI$ 值为 0.008;石家河早期 $ETI$ 值为 0.011,末期(4.0 kaB.P.)$ETI$ 值则升至 0.017。在整个中全新世江汉地区新石器时代的生态压力逐渐增加,这不仅反映了江汉地区中全新世时期由于社会经济的快速发展对各类型土地的需求量急剧增加,加之区域人口在屈家岭文化时期快速增殖,使得江汉地区的生态环境的可持续性发展受到挑战,生态压力骤然升高;自屈家岭文化时期起,城邦社会迅速膨胀,人口增加、围湖垦田、砍伐森林,3.8~4.0 kaB.P. 洪水泛期最终导致汉水流域新石器文化的衰落。

(4)典型遗址地层反映的中全新世环境、人类活动信息与汉江流域中下游地区既有联系又有区别:

凌岗遗址地层信息表明:石家河文化早期为短暂暖湿环境,而总体上石家河文化时期以干凉气候特征为主。从地层出土陶器类型、氧化物含量和磁化率曲线变化判断,石家河文化期凌岗地区人类集聚区经历了两个繁荣时期。龙山文化上层和下层粒度概率曲线特征暗示龙山文化早期为暖湿期,此时丹江流量较大;而龙山文化晚期气候变干,遗址所在地因丹江流量减小而远离河岸,堆积物性质也发生了变化。

湖北郧县辽瓦店遗址地层的地球化学元素指标记录显示:夏代时期辽瓦店地区气候温暖湿润、生态环境良好、少山洪灾害,古人类活动与自然环境和谐相处。东周时期(2.8~2.3 kaB.P.)气候进入向干旱气候转化的过渡期,干旱程度在上东周文化层中部达到最强;到了上东周文化层顶部气候进入暖湿期。地层的平均粒径出现两次波动,与气候变迁造成的异常洪水和山洪沉积有关。

总体上,环境变化对人类社会发展既提出了挑战,又为人类进步提供了机遇,二者关系如果协调得当,人类就会在社会组织、生产技术方面做出适应性调整,进而促进文明的演进。汉水流域的新石器文化建立在日臻成熟的稻作农业上,典型的酋邦制度发展和巩固了这一农业文明并在屈家岭文化时期和石家河文化时期曾使城邦社会达到鼎盛,这得益于全新世大暖期的适宜性气候和汉水中下游的低湖面时期。而进入屈家岭文化中后期后,气候开始出现大幅波动:气温走低、洪水频发、干旱程度增加、因海面上升而导致的长江对汉水的顶托作用使本区湖面逐渐扩张,同时石家河文化时期人口迅速增加,人口人类的生存空间被压缩,生存资源稀缺,人们为获取尽可能多的生活资料而肆意伐林垦荒造成生态环境恶化;于是处于汉水中下游的城邦制社会组织最终在频发的洪水中解体。而与河南龙山文化毗邻的汉水上游的石家河文化,受龙山文化影响采取可持续性发展模式,保护自然环境,引入先进的生产工具,并与龙山文化区有广泛的物资文化交流,协调了人地关系,因而安然度过 4 000~3 800 aB. P. 前后的洪水期,顺利过渡到文明社会。

## 8.2　研究展望

环境考古是过去全球变化研究的重要内容,本书从汉江流域新石器遗址分布的时空角度、史前聚落的生态环境变化对社会文化的影响方面进行了初步分析,今后应当在拓展研究方向、引进研究手段、典型剖面选取、高分辨率采样方面进行更深入的工作。未来工作包括以下几方面:第一,要重视遥感信息对环境考古的巨大作用,许多史前人类遗址的踪迹为第四系沉积物所掩埋,而经过处理的遥感信息不仅可以恢复古人类生活的地貌和水系特征,而且可以发现古人类遗址的空间分布和区域特征;第二,要充分利用数据处理软件,将数据处理工作与国内外最先进算法和处理方法看齐,在建立年代坐标方面力求更精确、更科学、更可靠;第三,重视高分辨率的剖面采样和测试工作,力求样品的测试在国际水准的实验室进行,争取获得令人信服的测试结果;第四,加强国际交流与合作,加深对研究领域新方向的认识,促进新方法和新技术的应用;第五,建立区域性环境考古资料信息库,以便收集和获取不同区域的古气候、古孢粉、古生物及人类遗址分布(时间、高程和地理坐标),并尝试建立一系列气候变化与人类活动的数学模型,以恢复和预测气候变化的周期和一般规律。而真正能使环境考古学取得突破性进展的关键还是新的古环境信息载体的发现和信息解译,从而建立全新的环境考古学方法和理论体系。

# 参 考 文 献

［1］ Adams J M, Faure H. A new estimate of changing carbon storage on land since the last glacial based on global land ecosystem reconstruction［J］. Global and Planetary Change, 1998, 16-17:3-24.

［2］ Ambraseys N N. Earthquakes and Archaeology［J］. Journal of Archaeological Science, 2006, 33(7):1008-1016.

［3］ Anne-Marie A, Raymonde B, Claude H. Sources and accumulation rates of organic carbon in an equatorial peat bog (Burundi, East Africa) during the Holocene: carbon isotope constrains［J］. Paleogeography, Paleoclimatology, Paleoecology, 1999, 150: 179-189.

［4］ Anovitz L M, Elam J M, Riciputi L R,et al. Isothermal time-series determination of the rate of diffusion of water in pachuca obsidian［J］. Archaeometry, 2004, 46(2): 301-326.

［5］ Arrhenius O. Die phosphatfräge zeitschrift für pflanzenernährung［J］. Dungung, and Bodenkund, 1929, 10: 185-194.

［6］ Arrhenius O. Investigation of soil from old Indian sites［J］. Ethnos, 1963, 2-4: 122-136.

［7］ Aston M A, Martin M H, Jackson A W, The potential for heavy metal soil analysis on low status archaeological sites at Shapwick, Somerset［J］. Antiquity, 1998,72: 838-847.

［8］ Aston M A, Martin M H, Jackson A W. The use of heavy metal soil analysis for archaeological surveying ［J］. Chemosphere, 1998, 37: 465-477.

［9］ Bar-Matthews M, Ayalon A, Marrews A, et al. Carbon and oxygen isotope study of the active water-Carbonate system in a Karstic Mediterranean cave:implications for paleoclimate research in semiarid regions ［J］. Geochimica et Cosmochimica Acta,1996, 60: 337-347.

［10］ Barba L A, Ludlow B ,Manzanilla L, et al. Lavida doméstica en Teotihuacan:un estudio inter-disciplinario［J］. Ciencia y Desarrollo, 1987, 77: 21-32.

［11］ Bartlein P J, Webb T III, Fleri E. Holocene climate change in the northeastern midwest: pollen-derived estimates［J］. Quaternary Research, 1984, 22: 361-374

［12］ Beck J W, Recy J, Taylor F, et al. Abrupt changes in early Holocene tropical sea surface temperature derived from coral records［J］. Nature, 1997, 385: 705-707.

［13］ Beget J, Stone D B, Hawkins D B. Paleoclimatic forcing of magnetic susceptibility variations in Alaskan loess during the late Quaternary［J］. Geology, 1990, 18: 40-43.

［14］ Bettis E A, Mandel R D. The effects of temporal and spatial patterns of Holocene erosion and alleviation on the archaeological record of the central and eastern Great Plains, USA［J］. Geoarchaeology: an international journal, 2002, 17: 141-154.

［15］ Bjelajac V, Luby E M, Ray R. A validation test of a field-based phosphate analysis techniue［J］. Journal of Archaeological Science, 1996, 23(2): 243-248.

［16］ Binford M W, Kolata A L, Brenner M,et al. Climate variation and the rise and fall of an Andean civilization［J］. Quaternary Research, 1997,47: 235-248.

［17］ Bishop P, Penny D, Stark M, et al. A 3.5 ka record of paleoenvironments and human occupation at Angkor Borei, Mekong Delta, southern Cambodia［J］. Geoarchaeology: an International Journal, 2003, 18(3): 359-393.

[18] Bird M I, Lioyd J, Farquhar G D. Terrestrial carbon storage at LGM[J]. Nature, 1994, 371:566.

[19] Bradbury J P. Holocene chronostratigraphy of Mexico and Central America[J]. Striae, 1982, 16: 46-48.

[20] Bradley R S, Diaz H F, Kiladis G N, et al. ENSO signal in continental temperature and precipitation records[J]. Nature, 1987, 327: 497-501.

[21] Bruce L Rhoads, Stephen T Kenworthy. Time-averaged flow structure in the central region of a stream confluence[J]. Earth Surfaces Processes, 1998, 23(2): 171-191.

[22] Brain C K, Sillen A. Evidence from the Swartkrans cave for earliest use of fire[J]. Nature, 336: 464-466.

[23] Burchard I. Anthropogenic impact on the climate since man began to hunt[J]. Paleogeography, Paleoclimatology and Paleoecology, 1998, 139: 1-14.

[24] Butzer K W. Environment and archaeology: a introduction to pleistocene geography[M]. Chicago: aldine publishing company, 1964.

[25] Butzer K W. Archaeology as human ecology[M]. Cambridge: Cambridge Univ. Press, 1982.

[26] Curtis J H, Hodell D A. Climate variability on the Yucatan Peninsula (Mexico) during the past 3 500 years, and implication for Maya cultural evolution[J]. Quaternary Research, 1996, 46: 37-47.

[27] Campy M, Bintz P, Evin J, et al. Sedimentary record in French Karstic in filling during the last climatic cycle[J]. Comptes Rendus de L'Academie des Sciences Serie IIV315, 1992 (12): 1509-1516.

[28] Cavanagh W G. Soil phosphate, site boundaries, and change point analysis[J]. Journal of Field Archaeology, 1988, 15: 67-83.

[29] Charlotte A, Sarah E M, Pierre P. Holocene climatic change in the Zacapu lake basin, Michoacan: synthesis of results[J]. Quaternary International, 1997, 43: 173-179.

[30] David A H, Jason H C, Mark B. Possible role of climate in the collapse classic Maya civilization[J]. Nature, 1995, 375: 391-394.

[31] Connin S L, Betancourt J, Quade J. Late Pleistocene C 4 dominance and summer rainfall in the southwestern United States from isotopic study of herbivore teeth[J]. Quaternary Research, 1998, 50, 179-193.

[32] Conway J S. An investigation of soil phosphorus distribution within occupation deposits from a Romano-British hut group[J]. Journal of Archaeological Science, 1983, 10: 117-128.

[33] Dincauze D F. Environmental archaeology: principles and practice[M]. Cambridge: Cambridge Univ. Press, 2000.

[34] Dalan R A. A magnetic susceptibility logger for archaeology application[J]. Geoarchaeology: an international journal, 2001, 16(3): 263-273.

[35] Dansgaard W, Johnsen S T, Clausen H B, et al. Evidence for general instability of past climate from a 250-kyr ice core record[J]. Nature, 1993, 364: 218-220.

[36] Davidson D A. Anthropogenic soils and landforms in Orkney[M]// Essays for Professor Mellor R E H (Ritchie S.). Department of Geography, University of Aberdeen, 1986.

[37] David E Anderson. Carbon accumulation and C/N ratios of peat bogs in North-west Scotland[J]. Scotland Geography, 2004, 118(4): 323-341.

[38] Dodson J R, Intoh M. Prehistory and palaeoecology of Yap, federated states of Micronesia[J]. Quaternary International, 1999, 59(1): 17-26.

[39] Dormarr J F, Beaudoin A B. Application of soil chemistry to interpret cultural events at the Calderwood

Buffalo Jump (DkPj-27), southern Alberta, Canada[J]. Geoarchaeology: an International Journal, 1991, 6(1): 85-98.

[40] Dornkamp J C. Trend-surface analysis of planation surface: with an East African case study, Spatial Analysis in Geomorphology[J]. Harper & Row Publishers, 1972: 247-283.

[41] Eidt R C. Detection and examination of anthrosols by phosphate analysis[J]. Science, 1977, 197: 1327-1333.

[42] Eddy J A. The Mauader minimum[J]. Science, 1976, 192: 1189-1202.

[43] Entwistle J A, Abrahams P W. Multi-element analysis of soils and sediments from Scottish historical sites. The potential of inductively coupled plasma-mass spectrometry for rapid site investigation[J]. Journal of Archaeological Science, 1997, 24(5): 407-416.

[44] Farrand W R. Sediments and stratigraphy in rock shelters and caves[J]. Geoarcheology, 2001, 16 (5): 537-557.

[45] Fedele F G. Sediments as paleo-land segments: the excavation side of study[M]// Davidson D A, Shackey M L. Geoarchaeology: Earth Science and the past. 1976.

[46] Fernandez F G, Terry R E, Inomata T, et al. An ethno-archaeological study of chemical study of chemical residues in the floors and soils of Q'eqchi' Maya houses at Las Pozas, Guatemala[J]. Geoarchaeology, 2002, 17: 487-519.

[47] Fred W, Anglela E C, Romuald S, et al. Saharan exploition of plants 8 ka yrsBP[J]. Nature, 1992, 359: 721-724.

[48] Flohn H. Short-term climate fluctuations and their economic role[M]//Wiley M L. Climate and history : Studies in past climates and their impact on man. Cambridge: Cambridge Press, 1981: 310-318.

[49] Freeman A K L. Application of high resolution alluvial stratigraphy in assessing the hunter-gatherer/agricultural transition in the Santa Cruz River Valley, Southeastern Arizona[J]. Geoarchaeology: an International Journal, 2000, 15(6): 559-586.

[50] Feng X, Epstein S. Climatic implication of an 8 ka hydrogen isotope time series from bristlecone pine trees[J]. Science, 1994, 265: 1079-1081.

[51] Foley J A. The sensitivity of the terrestrial biosphere to climatic change: a simulation of the middle Holocene[J]. Global Biogeochemical Cycle, 1994, 8(4): 505-525.

[52] Francois L M, Delire C, Warnant P, et al. Modeling the glacial-interglacial changes in the continental biosphere[J]. Global and Planetary Change, 1998(16-17):37-52.

[53] Francois L M, Godderis Y, Warnant P. Carbon stocks and isotopic budgets of the terrestrial biosphere at mid-Holocene and last glacial maximum times[J]. Chemical Geology, 1999, 159: 163-189.

[54] Fred W, Anglela E C, Romuald S, et al. Saharan exploitation of plants 8, 000 years BP[J]. Nature, 359: 721-724.

[55] French C A I, Whitelaw T M. Soil erosion, agriculture terracing and site formation processes at Markiani Amorgos, Greece: the micro-morphical perspective [J]. Geoarchaeology: an International Journal, 1999, 14(2): 151-189.

[56] Friedman G M, Sanders J E. Principles of sedimentology[M]. New York: John Wiley & Sons, 1978.

[57] Fritts H C. Tree ring and climate[J]. London: Academic Press, 1976.

[58] Fryxell R, Daugherty R D. Late glacial and post-glacial geological and archaeological chronology of the Columbia Plateau, Washington[R]. Laboratory of Anthropology Report of Investigations No. 23. Washington State University, Pullman, 1963.

［59］ Fryxell R. Regional patterns of sedimentation recorded by cave and rock-shelter stratigraphy in the Columbia Plateau, Washington［J］. Geological Society of America Special Paper, 1964, 76: 272（abstract）.

［60］ Godfrey-Smith D I, Vaughan K B, Gopher A, et al. Direct luminescence chronology of the Epipaleolithic Kebaran site of Nahal Hadera V, Israel［J］. Geoarchaeology: An International Journal, 2003, 18（4）: 461-475.

［61］ Ganapati M. Monsoon shrinks with aerosol models［J］. Science, 1995, 22: 1922-1923.

［62］ Heller F, Liu T. Magnetostratigraphical dating of loess deposits in China［J］. Nature, 1982, 300: 431-433.

［63］ Gary H, Cynthia F. Environmental change recorded in sediments from the Marmes rocks helter archaeological site, southeastern Washington State, USA［J］. Quaternary Research, 2007, 67: 21-32.

［64］ Heller F, Liu T. Palaeo-climate and sedimentary history from magnetic susceptibility of loess in China ［J］. Geophysics Research Letters, 1986, 13: 1169-1172.

［65］ Helmut H, Karl-Heinz E, Fridolin K. How to calculate and interpret ecological footprints for long periods of time: the case of Austria 1926~1995［J］. Ecological Economics, 2001, 38: 25-45.

［66］ Herz N, Garrison E G. Geological methods for archaeology［M］. Oxford: Oxford Univ. Press, 1998.

［67］ Hendy C H, Wilson A T. Paleoclimatic data from speleothems［J］. Nature, 1968, 219: 48-51.

［68］ Hodell D A, Curtis J H, Brenner M. Possible role of climate in the collapse of classic Maya civilization ［J］. Nature, 1995, 375: 391-394.

［69］ Holliday V T. Folsom drought and episodic drying on the Southern High Plains［J］. Quaternary Research, 2000, 53: 1-12.

［70］ Huang C C, Zhou J, Pang J L, et al. A regional aridityphase and its possible cultural impact during the Holocene Megathermal in the Guanzhong Basin, China［J］. The Holocene, 2000,10（1）: 135-142.

［71］ Imbrie J, Kipp N G. A new micropaleontological method for quantitative paleoelimatology application to a late Pleistocene Caribbean core［M］//Turekian K K. The Cenozoie Glacial Ages. New Haven: Yale University Press, 1971.

［72］ Jason H C, David A H. Climate variability on the Yucatan Peninsular during the past 3500 years, and implications for Maya Cultural Evolution［J］. Quaternary Research, 1996, 46: 37-47.

［73］ Katleen D, Simone R. Fluvial environmental contexts for archaeological sites in the Upper Khabur basin northeastern Syria［J］. Quaternary Research, 2007, 67: 337-348.

［74］ Keith P S, Piers M F. The effect of human activity on radiation forcing of climate change: a review of recent developments［J］. Global and Planetary Change, 1999, 20: 205-225.

［75］ Kukla J, Ložek V K. Problematice výzkumu jeskynníchsedimentů［J］. Československý Kras, 1958: 11.

［76］ Li T Y, Etler D A. New Middle Pleistocene hominid crania from Yunxian in China［J］. Nature, 1992, 357: 404-407.

［77］ Lieth H, Box F H. Modeling the primary productivity of the world［J］. Nature and Resources, 1972, 8（2）: 5-10.

［78］ Linda . The impact of climatic change on past civilizations: a revisionist agenda for further investigation ［J］. Quaternary International, 1997, 43: 153-159.

［79］ Linden M, Vickery E, Charman D J, et al. Effects and human impact and climate change during the last 350 years recorded in a Swedish raised bog deposit［J］. Palaeogeography, Palaeoclimatology, Palaeoecology, 2008, 262: 1-31.

[80] Lisa L E, Yehouda E, Victor R Baker, et al. A 5000-year record of extreme floods and climate change in the South-western United States[J]. Science, 1993, 262(15): 410-411.

[81] Leonardi G, Miglavacca M, Naradi S. Soil phosphorus analysis as an integrative tool for recognizing buried ancient ploughsoils[J]. Journal of Archaeological Science, 1999, 26, 343-52.

[82] Lillios K T. Phosphate fractionation of soils at Agroal, Portugal[J]. American Antiquity, 1992, 57(3): 495-506.

[83] Maher B A, Thompson R. Mineral magnetic record of the Chinese loess and palaeosol[J]. Geology, 1991, 19: 3-6.

[84] McDermott F. Paleo-climate reconstruction from stable isotope variations in speleothems: a review[J]. Quaternary Science Review, 2004, 23: 901-918.

[85] Meena B, Crayton J Y, David J M, et al. Paleoenvironment of the Folsom archaeological site, New Mexico, USA, approximately 10,500 14C yr B. P. as inferred from the stable isotope composition of fossil land snail shells[J]. Quaternary Research, 2005, 63: 31-44.

[86] Michael W B, Alan L K, Mark B, et al. Climate variation and the rise and fall of an Andean civilization [J]. Quaternary Research, 1997, 47: 235-248.

[87] Minze S, Pieter M G. GISP2 Oxygen isotope ratios[J]. Quaternary Research, 2000, 53: 277-284.

[88] Netajirao R Phadtare. Sharp decrease in summer monsoon strength 4000~35000 cal yr B. P. in the central higher Himalaya of India based on pollen evidence from alpine peat[J]. Quaternary Research, 2000, 53: 122-129.

[89] Nesbitt H W, Markovics G. Weathering of granodioritic crust, long-term storage of elements in weathering profiles, and petrogenesis of siliciclastic sediments[J]. Geochemica et Cosmochimica Acta. 1997, 61(8): 1653-1670.

[90] Nunez M, Vinberg A. Determination of anthropic soil phosphate on Åland[J]. Norwegian Archaeological Review, 1990, 23: 93-104.

[91] Olga D N, Henning A B. A Holocene pollen record from the Laptev Sea shelf, northern Yakutia[J]. Global and Planetary Change, 2001, 31: 141-153.

[92] Pappu S. A study of nature site formation processes in the Kortallayers Basin, Tamil Nadu, South Indian [J]. Geoarchaeology: an International Journal, 1999, 14(2): 127-150.

[93] Parnell J J, Terry R E, Golden C. Using in-field phosphate testing to rapidly identify middens at Piedras Negras, Guatemala[J]. Geoarchaeology: An International Journal, 2001, 16(8): 855-873.

[94] Peng C H, Apps M J. Contribution of China to the global carbon cycle since last glacial maximum: Reconstruction from paleo-data and empirical model[J]. Tellus, 1997, B49:393-408.

[95] Petit J R, Jouzel J, Raynaud D, et al. Climate and atmospheric history of the past 420,000 years from the Vostok ice core, Antarctica[J]. Nature, 1999, 399: 429-436.

[96] Peter B D. Cultural response to climate change during the late Holocene[J]. Science, 2001, 292: 667-673.

[97] Pierce C, Adams K R, Stewart J D. Determining the fuel constituents of ancient hearth ash via ICP-AES analysis[J]. Journal of Archaeological science, 1998, 25: 493-503.

[98] Philipp H, Birgit K, Hubert B. Environmental change and archaeology: lake evolution and human occupation in the Eastern Sahara during the Holocene[J]. Paleogeography, Paleoclimate, Paleoecology, 2001, 169: 193-217.

[99] Proudfoot B. The analysis and interpretation of soil phosphorus in archaeological contexts[C]//Davidson

D A,Sheckley M L. Geoarchaeology. Duckworth, London, 1976.

[100] Provan D M. The soils of an Iron Age farm site-Bjellandsoynae, SW Norway[J]. Norwegian Archaeological Review, 1973, 1: 30-41.

[101] Prosch-Danielsen L, Simonsen A. Principle component analysis of pollen, charcoal and soil phosphate data as a tool in prehistoric land-use investigation at Forsandmoen, southwest Norway[J]. Norwegian Archaeological Review, 1988, 21(2): 85-102.

[102] Quine T A. Soil analysis and archaeological site formation studies[C]//Barham A J, Macphail R I. Archaeological sediments and soils: analysis, interpretation and management. London:1995.

[103] Richars J G, Evan H D, Paul G F, et al. Primary productivity of planet earth:biological determinants and physical constrains in terrestrial and aquatic habits[J]. Global Change Biology, 2001, 7: 849-882.

[104] Rappe G, Hill C L. Geoarchaeology: the earth-science approach to archaeological interpretation[M]. New Haven: Yale Univ. Press, 1998.

[105] Reitz E J, Newsom L A, Scudder S J. Issues in environmental archaeology[M]//Reitz E J, Newsom L A, Scuder S J. Case Studies in Environmental Archaeology. New York and London: Plennum Press, 1996: 1-16.

[106] Renfrew C. Archaeology and the earth science[M]//Davidson D A, Shackley M L. Geoarchaeology: Earth Science and the Past. London: Duckworth, 1976.

[107] Richard G K, Kathyryn C, David H, et al. Paleoenvironmental and human behavioral implications of the Boegoeberg 1 late Pleistocene Hyena Den, Northern Cape Province, South Africa[J]. Quaternary Research, 1999, 52: 393-403.

[108] Robert A D. An 8000-year record of vegetation, climate, and human disturbance from the Sierra de Apaneca, El Salvador[J]. Quaternary Research, 2004, 61: 159-167.

[109] Ruddiman W F, Thomson J S. The case for human causes of increased atmospheric $CH_4$ over the last 5000 years[J]. Quaternary Science Reviews, 2001, 20: 1769-1777.

[110] Shackleton N J, Imbrie J, Hall M A. Oxygen and carbon isotope record of East Pacific core V19-30: implication for the formation of deep water in the late Pleistocene North Atlantic[J]. Earth and Planetary Science Letters, 1983, 65: 233-244.

[111] Shackleton N J. Carbon 13 in vigerina[J]//Anderson R L N, Malahoff A. Tropical Rain Forest History and the Equatorial Pacific Carbonate Dissolution Cycles, in the Fate of Fossil Fuel $CO_2$ in the Oceans. New York: Plenum, 1977: 219-233.

[112] Sjöberg A. Phosphate analysis of anthropic soils[J]. Journal of Field Archaeology, 1976, 3: 447-453.

[113] Šroubek P, Diehl J F, Kadlec J. Historical climatic record from flood sediments deposited in the interior of Spirálka Cave, Czech republic[J]. Paleogeography,Paleoclimatology and Paleoecology,2007, 251: 547-562.

[114] Stanley D J, Chen Z, Song J. Inundation, sea-level rise and transition from Neolithic to Bronze age cultures, Yangtze delta, China[J]. Geoarchaeology: an International Journal, 1999, 14(1): 15-26.

[115] Stouffer R J, Manable S, Vlnnlkov K Y. Model assessment of the role of natural variability in recent global warming[J]. Nature, 1994, 367: 634-636.

[116] Terry R E, Fernandez F G, Parnell J J, et al. The story in the floors: chemical signitures of ancient and modern Maya activities at Aguateca, Guatemala[J]. Journal of Archaeological science, 2004, 3: 1237-1250.

[117] Terry R E, Hardin P J, Houston S D, et al. Quantitative phosphorus measurement: a field test procedure for archaeological site analysis at Piedras Negras, Guatemala[J]. Geoarchaeology: An International Journal, 2000, 15(2): 151-166.

[118] Trudgill S. Limestone geomorphology (geomorphology texts No. 8)[M]. London and New York: Longman, 1985.

[119] Turcq B A L, Albuquerque R C, Cordeiro A, et al. Accumulation of organic carbon in five Brazilian lakes during the Holocene[J]. Sedimentary Geology, 2002, 148: 319-342.

[120] Tuttle M P, Dyer-Williams K, Barstow N. Paleoliquefaction study of the Clarendon-Linden fault system, western New York State[J]. Tectonophysics, 2002, 353: 263-286.

[121] Yoshinori Y, Hiroyuki K, Takeshi N. The earliest record of major anthropogenic deforestation in the Ghab Valley northwest Syria: a palynological study[J]. Quaternary International, 2000, 73: 127-136.

[122] Wackernagel M, William R. Our ecological footprint[M]. Philadelphia, Pennsylvania: New Society Publishers, 1997.

[123] Wackernagel M, Rees W E. Our ecological footprint: reducing human impact on the earth[M]. Gabriola Island: New Society Publishers, 1996.

[124] Wackernagel M, Onisto L, Callejas L A. Ecological footprint: how much nature do they use? How much nature do they have? [C]//Toronto: International Council for Local Environmental Initiatives, 1997.

[125] Wackernagel M. National Footprint and Biocapacity Accounts 2005: The underlying calculation method [OL]. www. footprintnetwork. org/.

[126] Wang Y J, Cheng H, Edwards R L, et al. A high resolution absolute-dated late Pleistocene monsoon record from Hulu cave, China[J]. Science, 2001, 294:2345-2348.

[127] Waters M R. Principles of Geoarchaeology: A north american perspective[M]. Tucson: Univ. of Arizona Press, 1992.

[128] Waters M R. Book reviews[J]. Geoarchaeology: An International Journal, 1999, 14(4): 365-373.

[129] Webb R S, Anderson K H, Webb T III. Pollen response-surface estimates of late Quaternary changes in the moisture balance of the northeastern United States[J]. Quaternary Research, 1993, 40: 213-227.

[130] Webb T III, Bryson R A. Late- and post-glacial climatic change in the northern Midwest, USA: quantitative estimates derived from fossil pollen spectra by multivariate statistical analysis[J]. Quaternary Research, 1972, 2: 70-115.

[131] Weiss H, County M A, Wetterstorm W, et al. The genesis and collapse of third millennium north Mesopotamian civilization[J]. Science, 1993, 261: 995-1004.

[132] Weiss H, Bradley R S. What drives societal collapse[J]. Science,2001,291(26):609-610.

[133] Wiley T L. Impact of extreme Events[J]. Nature, 1985, 316: 106-107.

[134] Wilson C A, Davidson D A, Malcolm S C. Multi-element soil analysis: an assessment of its potential as an aid to archaeological interpretion[J]. Journal of Archaeological science, 2008, 35: 412-424.

[135] Woods W I. The quantitative analysis of soil phosphate[J]. American Antiquity, 1977, 42(2): 248-252.

[136] Woods W I. Soil chemical investigations in Illinois archaeology: two example studies[M]//Archaeological chemistry III. Lambert J B. American Chemical Society, 1984.

[137] Yu S, Zhu C, Song J, et al. Role of climate in the rise and fall of Neolithic cultures on the Yangtze Delta[J]. Boreas, 2002, 29: 157-165.

[138] Xu Xin, Shen Zhida, Zhu Minglun. The holocene environment in China[M]. Guiyang: Guizhou Pub-

lishing House of Science and technology, 1994.

[139] Zhao Z, Piperno D R. Late Pleistocene/Holocene environments in the Yangtze River Valley, China and rice(Oryza sativa L.) domestication: The phytolith evidence[J]. Geoarchaeology: an International Journal, 2000, 15(2): 203-222.

[140] Zhou W, Yu X, Timothy Jull A J, et al. High-resolution evidence from southern China of an early Holocene optimum and a mid-Holocene dry event during the past 18,000 years[J]. Quaternary Research, 2004, 62: 39-48.

[141] 安成邦, 王琳, 吉笃学, 等. 甘青文化区新石器文化的时空变化和可能的环境动力[J]. 第四纪研究, 2006, 26(6): 923-926.

[142] 蔡述明, 赵艳, 杜耘, 等. 全新世江汉湖群的环境演变与未来发展趋势——古云梦泽问题的再认识[J]. 武汉大学学报(哲学社会科学版), 1998(6):121-127.

[143] 曹世雄. 自然环境对黄河文明形成的影响[J]. 农业考古, 2003(2): 1-7.

[144] 曹世雄. 山区农业的历史与未来[J]. 农业考古, 1991(1):1-5.

[145] 陈中原, 洪雪晴, 李山, 等. 太湖地区环境考古[J]. 地理学报, 1997, 52(1): 63-71.

[146] 陈剩勇. 中国第一王朝的崛起——中华文明和国家起源之谜破译[M]. 长沙: 湖南出版社, 1994.

[147] 陈振裕, 杨权喜. 中国考古学年鉴[M]. 北京: 考古出版社, 1984.

[148] 陈静, 王哲, 王张华, 等. 长江三角洲东西部晚新生代地层中的重矿物差异及其物源意义[J]. 第四纪研究, 2007, 27(5): 700-708.

[149] 陈骏, 汪永进, 季俊峰, 等. 陕西洛川黄土剖面的 Rb/Sr 值及其气候地层学意义[J]. 第四纪研究, 1999(4): 350-356.

[150] 陈敬安, 万国江. 洱海沉积物化学元素与古气候演化[J]. 地球化学, 1999, 28(5): 562-570.

[151] 陈克造, Bowl J M. 四万年来青藏高原的气候变迁[J]. 第四纪研究, 1990, 11(1): 22-31.

[152] 崔海亭, 孔昭宸. 内蒙古东中部地区全新世高温期气候变化的初步研究[C]//施雅风. 中国全新世大暖期气候和环境. 北京:海洋出版社,1992.

[153] 邓兵, 李从先, 张经, 等. 长江三角洲古土壤发育与晚更新世末海平面变化的耦合关系[J]. 第四纪研究, 2004, 24(2): 222-230.

[154] 邓宏兵. 江汉湖区演化与区域可持续发展研究[D]. 上海:华东师范大学, 2004.

[155] 丁颖. 中国栽培稻的起源及演变[J]. 农业学报, 1957(8):32-36.

[156] 樊力. 论屈家岭文化青龙泉二期类型[J]. 考古, 1998(11):122-130.

[157] 方金琪, 等. 气候变化对中国西北干旱地区历史时期古城废弃的影响[J]. 南京大学学报(自然版), 1990(11): 67-75.

[158] 弗·卡特, 汤姆·戴尔. 表土与人类文明[M]. 庄崚, 鱼珊玲, 译. 北京:中国环境出版社, 1987.

[159] 高华中, 朱诚, 曹光杰. 山东沂沭河流域 2000BC 前后古文化兴衰的环境考古[J]. 地理学报, 2006, 61(3): 255-261.

[160] 高建. 与鄂西巨猿共生的南方古猿牙齿化石[J]. 古脊椎动物与古人类, 1975, 13(2): 81-88.

[161] 高星. 德日进与中国旧石器时代考古学的早期发展[J]. 第四纪研究, 2003, 23(4): 379-384.

[162] 郭凡. 聚落规模与人口增长趋势推测——长江中游地区新石器时代各发展阶段的相对人口数量研究[J]. 南方文物, 1992(1): 41-50.

[163] 郭立新. 长江中游地区初期社会复杂化研究[D]. 南京:南京大学, 2002.

[164] 郭立新. 长江中游地区新石器时代自然环境变迁研究[J]. 中国历史地理论丛, 2004, 19(6): 5-16.

[165] 郭立新. 长江中游地区初期社会复杂化研究[M]. 上海:上海古籍出版社, 2005.

[166] 郭立新. 试论石家河文化[D]. 南京:南京大学,1995.

[167] 郭立新. 石家河文化的空间分布[J]. 南方文物,2000(1):37-42.

[168] 郭秀锐,杨居荣,毛显强. 城市生态足迹计算与分析——以广州为例[J]. 地理研究,2003,22(5):654-662.

[169] 国家文物局. 中国文物地图集(湖北分册,上)[M]. 西安:西安地图出版社,2002a.

[170] 国家文物局. 中国文物地图集(河南分册,上)[M]. 西安:西安地图出版社,2002b.

[171] 顾维玮,朱诚. 苏北地区新石器时代考古遗址分布特征及其与环境演变关系的研究[J]. 地理科学,2005,25(2):239-243.

[172] 何驽. 可持续发展定乾坤——石家河酋邦崩溃与中原崛起的原因之比较[J]. 中原文物,1999(4):34-40.

[173] 何驽. 长江中游文明进程的阶段与特点简论[J]. 江汉考古,2004(1):52-58.

[174] 何钟铧,刘招君,张峰. 重矿物分析在盆地中的应用研究进展[J]. 地质科技情报,2001,20(4):29-32.

[175] 何介钧. 关于大溪文化关庙山类型的分期问题[J]. 江汉考古,1987(2):26-34.

[176] 河北省文物管理处,等. 河北武安磁山遗址[J]. 考古学报,1981(3):132-140.

[177] 河南省文物研究所. 淅川下王岗[M]. 北京:文物出版社,1989.

[178] 河南省文物研究所. 登封王城岗与阳城[M]. 北京:文物出版社,1992.

[179] 河姆渡遗址考古队. 浙江河姆渡遗址第二期发掘的主要收获[J]. 文物,1980(5):55-59.

[180] 黄万波. 龙潭洞头盖骨发现记[J]. 百科知识,1981(2):77-78.

[181] 黄宁生. 文化遗址叠置系数及其环境意义[J]. 大自然探索,1996,15(2):51-53.

[182] 黄春长,庞奖励,陈宝群,等. 渭河流域先周–西周时代环境和水土资源退化及其社会影响[J]. 第四纪研究,2003,23(4):404-414.

[183] 黄润,朱诚,高华中. 安徽淮河流域全新世环境演变对新石器遗址分布的影响[J]. 地理学报,2005,60(5):742-750.

[184] 胡金明,崔海亭. 西辽河流域历史早期的文化景观格局[J]. 地理研究,2002,21(6):723-732.

[185] 胡耀武,何德亮,董豫,等. 山东滕州西公桥遗址人骨的稳定同位素分析[J]. 第四纪研究,2005,25(5):561-567.

[186] 红花套考古发掘队. 红花套遗址发掘简报[J]. 史前研究,1990-1991集刊.

[187] 湖南省文物考古研究所. 湖南澧县八十当新石器时代早期遗址发掘简报[J]. 文物,1996(12):13-18.

[188] 湖南省文物考古研究所,澧县文物管理所. 湖南澧县彭头山新石器时代遗址发掘简报[J]. 文物,1990(8):20-29.

[189] 湖南文物考古研究所,等. 湖南省澧县新石器时代早期遗址调查报告[J]. 考古,1989(10):26-34.

[190] 湖南省文物考古研究所. 澧县城头山古城址1997~1998年度发掘简报[J]. 文物,1999(6):1-11.

[191] 湖北省考古所. 湖北江陵朱家台遗址1991年的发掘[J]. 考古学报,1996(4):56-59.

[192] 湖北省博物馆,等. 当阳冯山、杨木岗遗址试掘简报[J]. 江汉考古,1983(1):81-90.

[193] 湖北省地方志编纂委员会. 湖北省志·地质矿产[M]. 武汉:湖北人民出版社,1990.

[194] 湖北省地方志编纂委员会. 湖北省志·自然地理[M]. 武汉:湖北人民出版社,1990.

[195] 黄光庆. 珠江三角洲新石器考古文化与古地理环境[J]. 地理学报,1996,51(6):508-516.

[196] 侯甬坚. 区域历史地理的空间发展过程[M]. 西安:陕西人民教育出版社,1995.

[197] 济青公路文物考古队. 山东临淄后李遗址第一、二次发掘简报[J]. 考古, 1992(11): 17-35.

[198] 贾兰坡, 等. 河南淅川县下王岗遗址中的动物群[J]. 文物, 1977(6): 41-48.

[199] 姜修洋, 汪永进, 孔兴功, 等. 130 kaB. P. 左右东亚季风突变过程的洞穴石笋记录[J]. 科学通报, 2005, 50(23): 2644-2648.

[200] 姜立征. 孢粉分析与环境考古[J]. 生物学通报, 1998, 33(7): 1-4.

[201] 蒋忠信. 低次趋势面描述云南地势宏观特征的探讨[J]. 地理研究, 1990, 9(1): 10-17.

[202] 靳桂云. 中全新世华北地区环境变化及其对人类文化的影响[D]. 北京: 中国科学院, 1999.

[203] 靳桂云, 于海广, 栾丰实, 等. 山东日照两城镇龙山文化(4600~4000 aB. P.)遗址出土木材的古气候意义[J]. 第四纪研究, 2006, 26(4): 571-579.

[204] 金伯欣. 江汉湖群综合研究[M]. 武汉: 湖北科学技术出版社, 1992.

[205] 荆志淳. 国外环境考古学简介[C]//周昆叔. 环境考古专辑1: 1991.

[206] 荆州地区博物馆. 湖北监利柳关和福田新石器时代遗址试掘[J]. 江汉考古, 1984(2): 22-29.

[207] 荆州博物馆. 肖家屋脊: 天门石家河考古发掘报告之一(上、下册)[M]. 北京: 文物出版社, 1999.

[208] 荆州地区博物馆. 钟祥六合遗址[J]. 江汉考古, 1987(2): 20-33.

[209] 荆州地区博物馆, 北京大学考古系. 湖北江陵朱家台遗址发掘简报[J]. 考古, 1989(8): 66-79.

[210] 江大勇, 王新平, 郝维城. 浙江中全新世古气候古环境变化与河姆渡古人类[J]. 北京大学学报(自然版), 1999, 35(2): 248-253.

[211] 柯曼红, 孙建中. 西安半坡遗址的古植被与气候[J]. 考古, 1990(1): 87-90.

[212] 柯红曼. 西安半坡遗址的古植被与古气候[M]. 北京: 科学出版社, 1990.

[213] 孔昭宸, 杜乃秋, 许青海, 等. 中国北方全新世大暖期植物群的古气候波动[C]//施雅风. 中国全新世大暖期气候与环境. 北京: 海洋出版社, 1992.

[214] 孔昭宸, 杜乃秋, 刘观民, 等. 内蒙古自治区东中部8100~3000 aB. P. 的植被和气候[C]//施雅风. 中国历史气候变化. 济南: 山东科学技术出版社, 1996.

[215] 赖旭龙. 古代生物分子及分子考古学[J]. 地球科学进展, 2001, 16(2): 163-171

[216] 赖内克 H E, 辛格 I B. 陆源碎屑沉积环境[M]. 北京: 石油工业出版社, 1979.

[217] 李月从, 王开发, 张玉兰. 南庄头遗址的古植被和古环境演变与人类活动的关系[J]. 海洋地质与第四纪地质, 2000, 20(3): 23-30.

[218] 李民昌, 张敏, 汤凌华. 高邮龙虬庄遗址史前人类生存环境与经济生活[J]. 东南文化, 1997, 2: 31-40.

[219] 李学勤. 五十年来的中国考古学与古代文明研究[J]. 中国史研究. 1999(4): 55-59.

[220] 李伯谦. 长江流域文明的进程[J]. 考古与文物, 1997(4): 12-18

[221] 李天元. 古人类研究[M]. 武汉: 武汉大学出版社, 1990.

[222] 李文杰. 试论大溪文化与屈家岭文化、仰韶文化的关系[J]. 考古, 1979(2): 22-26.

[223] 李通屏, 孔令锋, 向志强. 人口经济学[M]. 北京: 清华大学出版社, 2008.

[224] 李文漪, 姚祖驹. 湖北西部末次冰期与冰期后植被与气候环境[C]//李文漪, 等. 中国北、中亚热带晚第四纪植被与环境研究. 北京: 海洋出版社, 1993.

[225] 李文漪, 刘光琇, 周明明. 湖北西部全新世温暖期植被与气候[C]//施雅风. 中国全新世大暖期气候与环境. 北京: 海洋出版社, 1992.

[226] 李桃元, 胡魁, 祝恒富, 等. 鄂西北史前文化综述[J]. 江汉考古, 1996(2): 54-59.

[227] 李宜垠, 崔海亭, 胡金明. 西辽河流域古代文明的生态背景分析[J]. 第四纪研究, 2003, 23(3): 291-298.

[228] 李铮华, 王玉海. 黄土沉积的地球化学记录与古气候演化[J]. 海洋地质与第四纪地质, 1998,

18(2)：41-47.

[229] 林邦存. 论屈家岭文化形成的年代和主要成因[J]. 江汉考古,1996(2)：66-73.

[230] 刘东生. 黄土与环境[M]. 北京:科学出版社,1985.

[231] 刘会平,唐晓春,刘胜祥. 神农架花粉-气候转换函数的建立与初步应用[J]. 华中师范大学学报,2000, 34(4)：454-459.

[232] 刘会平,唐晓春,孙东怀,等. 神农架大九湖 12.5 kaB.P. 以来的孢粉与植被序列[J]. 微体古生物学报,2001, 18(1)：101-109.

[233] 刘德银. 长江中游史前古城与稻作农业[J]. 江汉考古,2004(3)：63-68.

[234] 刘建栋,丁强,傅抱璞. 黄淮海地区夏玉米气候生产力的数值模拟研究[J]. 地理科学进展,1997, 12(增刊)：33-38.

[235] 刘莉. 龙山文化的酋邦与聚落形态[J]. 华夏考古,1998(1)：12-21.

[236] 刘秀铭,刘东生,Heller F. 黄土频率磁化率与古气候冷暖变换[J]. 第四纪研究,1990(1)：42-49.

[237] 刘禹,吴文祥,邵雪梅,等. 树轮密度、稳定 C 同位素对过去 100a 陕西黄陵季节气温与降水的恢复[J]. 中国科学(D 辑),2004, 34(2)：145-153.

[238] 辽宁省文物考古研究所. 辽宁十年来文物考古新发现[C]//文物编辑委员会. 文物考古工作十年(1979—1989). 北京:文物出版社,1990.

[239] 吕振羽. 史前期中国社会研究[M]. 上海:三联出版社,1961.

[240] 闫国年. 长江中游湖盆三角洲的形成与演变及地貌的再现与模拟[M]. 北京:测绘出版社,1991.

[241] 马春梅,朱诚,郑朝贵,等. 晚冰期以来神农架大九湖泥炭高分辨率气候变化的地球化学记录研究[J]. 科学通报,2008, 增刊(I)：26-37.

[242] 马春梅,朱诚,郑朝贵,等. 中国东部山地泥炭高分辨率腐质化度记录的晚冰期以来气候变化[J]. 中国科学(D 辑),2008, 38(9)：1078-1091.

[243] 孟华平. 论大溪文化[J]. 考古学报,1992(4)：13-19.

[244] 莫多闻,李非,李水城,等. 甘肃葫芦河流域中全新世环境演化及其对人类活动影响[J]. 地理学报,1996, 51(1)：59-69.

[245] 莫多闻,杨晓燕,王辉,等. 红山文化牛河梁遗址形成的环境背景与人地关系研究[J]. 第四纪研究,2002, 22(2)：174-181.

[246] 莫多闻,徐海鹏,杨晓燕,等. 北京王府井东方广场旧石器文化遗址的古环境背景[J]. 北京大学学报(自然版),2000, 36(2)：231-239.

[247] 牟永抗,魏正瑾. 马家浜文化和良渚文化——太湖流域原始文化的分期问题[J]. 文物,1978(4)：44-49.

[248] 裴文中,吴汝康. 资阳人[M]. 北京:科学出版社,1957.

[249] 屈家岭考古发掘队. 屈家岭遗址第三次发掘[J]. 考古学报,1992(1)：101-126.

[250] 裘善文,李取生,夏玉梅,等. 东北西部沙地古土壤与全新世环境[C]//施雅风. 中国全新世大暖期气候和环境. 北京:海洋出版社,1992.

[251] 钱耀鹏. 史前城址的自然环境因素分析[J]. 江汉考古,2001(1)：41-46.

[252] 任式楠. 任式楠文集[M]. 上海:上海辞书出版社,2005.

[253] 邵晓华,汪永进,程海,等. 全新世季风气候演化与干旱事件的湖北神农架石笋记录[J]. 科学通报,2006, 51(1)：80-86.

[254] 石家河考古队. 湖北省石河遗址群 1987 年发掘简报[J]. 文物,1990(8)：44-56.

[255] 石家河考古队. 肖家屋脊[M]. 北京:文物出版社,1999.

[256] 石家河考古队. 石家河遗址群调查报告[C]//南方民族考古(第五辑), 1986.

[257] 石家河考古队. 肖家屋脊(上)[M]. 北京:文物出版社, 1999.

[258] 沈才明, 唐领余. 长白山、小兴安岭全新世气候-孢粉转化函数的初步研究[C]//施雅风. 中国全新世大暖期气候与环境. 北京: 海洋出版社,1992.

[259] 水涛. 论甘青地区青铜时期文化和经济形态转变与环境变化的关系[C]//周昆叔, 宋豫秦. 环境考古(第二辑), 北京: 科学出版社, 2000.

[260] 施少华. 中国全新世高温期环境与新石器时代文化的发展[C]//施雅风. 中国全新世大暖期气候与环境. 北京: 海洋出版社, 1992.

[261] 施雅风, 孔昭宸, 王苏民,等. 中国全新世大暖期气候与环境的基本特征[C]//施雅风. 中国全新世大暖期气候与环境. 北京: 海洋出版社, 1992.

[262] 施雅风, 孔昭宸. 中国全新世大暖期的气候波动与重要事件[J]. 中国科学(B辑), 1992, (12): 1300-1307.

[263] 舒强, 钟魏,熊黑钢,等. 南疆尼雅地区4 000 a来的地化元素分布特征与古气候环境演化的初步研究[J]. 中国沙漠, 2001, 21(1): 12-18.

[264] 史念海, 曹尔琴, 朱士光. 黄土高原森林与草原的变迁[M].西安:陕西人民出版社, 1985.

[265] 史念海. 河山集(二集)[M]. 上海:三联书店, 1981.

[266] 四川长江流域文物保护委员会文物考古队. 四川巫山大溪新石器时代遗址发掘记略[J]. 文物, 1961(11): 100-103.

[267] 宋长青, 吕厚远, 孙湘君. 中国北方花粉-气候因子转换函数建立及其应用[J]. 科学通报, 1997, 42(20): 2182-2185.

[268] 宋豫秦,等. 中国文明起源的人地关系简论[M]. 北京:科学出版社,2002.

[269] 苏秉琦. 关于考古学文化的区系类型问题[C]//苏秉琦. 苏秉琦考古学论述选集. 北京:文物出版社, 1984.

[270] 苏秉琦. 中国文明起源新探[M]. 上海:三联书店,1999.

[271] 苏秉琦, 张忠培, 严文明. 远古时代[C]//白寿彝. 中国通史(第二卷). 上海:上海人民出版社, 1994.

[272] 孙睿, 朱启疆. 中国陆地植被净第一性生产力及季节变化研究[J]. 地理学报, 2000, 55(1): 36-45.

[273] 谭其骧. 云梦与云梦泽[C]//复旦学报(增刊)历史地理专辑, 1980: 111-123.

[274] 田广金. 论内蒙古中南部的史前考古[J]. 考古学报, 1997(2): 121-145.

[275] 田晓四, 朱诚, 许信旺,等. 牙釉质碳和氧同位素在重建中坝遗址哺乳类过去生存模式中的应用[J].科学通报, 2008, 53(增刊I): 77-83.

[276] 佟柱臣. 中国新石器时代文化的多中心发展论和发展不平衡论——论中国新石器时代文化发展的规律和中国文明的起源[J]. 文物, 1986(2):59-66.

[277] 童潜明. 长江中游地区地质构造及其对洪灾治理的影响[J].湖南地质, 2000, 19(1): 13-18.

[278] 王开发,等. 崧泽遗址的孢粉分析研究[J].考古学报,1980(1): 59-66.

[279] 王妙发. 流域的史前聚落[C]//《历史地理》编辑委员会. 历史地理(第六辑). 上海:上海人民出版社, 1988.

[280] 王苏民, 王富葆. 全新世气候变化的湖泊记录[C]// 施雅风.中国全新世大暖期气候与环境的基本特征. 北京:海洋出版社, 1992.

[281] 王鼎新. 世界气候计划简介[C]//国家科学技术委员会.气候[中国科学技术白皮书(第5号)]. 北京:科学技术文献出版社,1990.

[282] 王红星. 长江中游地区新石器时代遗址分布规律、文化中心的转移与环境变迁的关系[J].江汉考古, 1998(1): 53-62.

[283] 王红星. 新石器时代长江中游地理研究[D]. 武汉:武汉大学,1998.

[284] 王星光. 生态环境变迁与夏代的兴起探索[M]. 北京:科学出版社,2004.

[285] 王晖,黄春长. 商末黄河中游气候环境的变化与社会变迁[J]. 史学月刊,2002(1): 44-52.

[286] 王建,刘泽纯,姜文英,等. 磁化率与粒度、矿物的关系及其古环境意义[J].地理学报,1996, 51 (2): 155-163

[287] 王建林,太华杰. 粮食作物产量估算方法研究[J].气象,2001,22(12): 6-9.

[288] 文焕然,徐俊传. 距今约8000~2500年前长江、黄河中下游气候冷暖变迁研究[C]//地理集刊 (18), 北京:科学出版社,1987.

[289] 文启忠,刁桂仪,贾蓉芳,等. 黄土剖面中古气候变化的地球化学记录[J].第四纪研究,1995 (3): 223-231.

[290] 翁齐浩. 珠江三角洲全新世环境变化与文化起源及传播的关系[J].地理科学, 1994, 14(1): 1-16.

[291] 巫鸿. 从地形变化和地理分布观察山东地区古文化的发展[C]//苏秉琦,考古文化论集(一). 北京: 文物出版社,1987.

[292] 吴敬禄,王苏民. 若尔盖盆地 RH 孔有机碳同位素序列指示的古气候事件诊断[J].湖泊科学, 1997, 9: 289-294.

[293] 吴汝康,吴新智,张森水. 中国远古人类[M]. 北京:科学出版社,1989.

[294] 吴汝康,黄兴仁. 湖北郧县猿人牙齿化石[J].古脊椎动物与古人类,1980, 18(2): 11-19.

[295] 吴艳宏,吴瑞金,薛滨,等. 13 kaB. P. 以来滇池地区古气候变化[J].湖泊科学,1998, 10(2): 5-9.

[296] 吴艳宏,羊向东,王苏民. 鄱阳湖湖口地区4500年来孢粉组合及古环境变迁[J].湖泊科学, 1997, 9(1):29-34.

[297] 吴锡浩,安芷生,王苏民,等. 中国全新世气候适宜期东亚季风时空变迁[J].第四纪研究,1994 (2): 24-37.

[298] 吴小平. 试论三峡地区大溪文化的经济活动及其与地理环境的关系[J].江汉考古,1998(2): 61-67.

[299] 吴彤,张锡梅.人与自然:生态、科技、文化和社会[M].呼和浩特:内蒙古大学出版社,1995.

[300] 吴文祥,刘东生. 4 000 aB. P. 前后降温事件与中华文明的诞生[J].第四纪研究,2001, 21(5): 443-451.

[301] 吴文祥,刘东生. 4 000 aB. P. 前后东亚季风变迁与中原周围地区新石器文化的衰落[J].第四纪研究, 2004, 24(3): 278-284.

[302] 武吉华,郑新生. 中国北方农牧交错带8 ka 来土壤和植被演变初探[C]//中国北方农牧交错带全新世环境演变及预测. 北京:地质出版社,1992.

[303] 席永杰,王惠德,崔岩勤,等. 西辽河流域早期青铜文明[M]. 呼和浩特:内蒙古人民出版社, 2008.

[304] 夏正楷,杨晓燕. 我国北方4 kaB. P. 前后异常洪水事件的初步研究[J].第四纪研究, 2003, 23 (6): 667-674.

[305] 夏正楷,邓辉,武弘麟. 内蒙古西拉木伦河流域考古文化演变的地貌背景分析[J].地理学报, 2000, 55(3): 329-400.

[306] 向绪成. 浅议大溪文化与屈家岭文化的关系——与张之恒同志商榷[J]. 江汉考古,1983(1):

73-77.

[307] 向安强. 长江中游史前稻作遗存的新发现与研究[J]. 江汉考古, 1995(4):38-47.

[308] 熊黑钢, 钟巍, 塔西甫拉提, 等. 塔里木盆地南缘自然与人文历史变迁的耦合关系[J]. 地理学报, 2000, 55(2): 191-199.

[309] 仙桃市地方志编纂委员会. 沔阳县志[M]. 武汉:华中师范大学出版社, 1989.

[310] 肖平. 江汉平原全新世环境演变[D]. 北京:北京师范大学,1991.

[311] 谢志仁. 海面变化与环境变迁[M]. 贵阳:贵州科技出版社, 1995.

[312] 徐馨, 任振纪. 荆江平原第四纪植物群发展与环境变迁初步探讨[C]//长江中下游第四纪环境论文集. 香港:金陵书社, 1993.

[313] 徐中民, 程国栋, 张志强. 生态足迹方法:可持续性定量研究的新方法——以张掖地区1995年的生态足迹为例[J]. 生态学报, 2001, 21(9): 1484-1493.

[314] 许靖华. 大灭绝:寻找一个消失的年代[M]. 上海:三联书店,1997.

[315] 严文明. 中国史前文化的统一性与多样性[J]. 文物, 1987a(3): 1-12.

[316] 严文明. 龙山文化与龙山时代[J]. 文物, 1987b(6): 74-85.

[317] 严文明. 中国史前相作农业遗存的新发现[J]. 江汉考古,1999(3): 56-64.

[318] 杨怀仁, 徐馨, 杨达源, 等. 长江中下游环境变迁与地生态系统[M]. 南京:河海大学出版社, 1995.

[319] 杨晓燕. 基于不同尺度的环境考古研究[D]. 北京:北京大学, 2003.

[320] 杨晓燕, 夏正楷, 崔之久. 黄河上游全新世特大洪水及其沉积特征[J]. 第四纪研究, 2005, 25(1): 80-85.

[321] 杨权喜. 试论城背溪文化[J]. 东南文化, 1991(5): 49-56

[322] 杨权喜. 试论中国文明起源与江汉文明[J]. 浙江社会科学, 1994(5): 90-95.

[323] 杨达源, 李徐生, 张振克. 长江中下游湖泊的成因与演化[J]. 湖泊科学, 2000, 12(3): 226-232.

[324] 杨开忠, 杨咏, 陈洁. 生态足迹分析理论与方法[J]. 地球科学进展, 2000, 15(6): 630-636.

[325] 杨虎. 敖汉旗西台新石器时代及青铜器时代考古[C]//中国考古年鉴. 北京:文化出版社, 1989.

[326] 杨权喜. 试论江汉地区的早期原始农业[J]. 农业考古, 1997(1): 64-77.

[327] 杨用钊, 李福春, 金章东, 等. 绰墩农业遗址中存在中全新世水稻土的新证据[J]. 第四纪研究, 2006, 26(5): 864-871.

[328] 杨凤根, 张甘霖, 龚子同, 等. 南京市历史文化层中土壤重金属元素的分布规律初探[J]. 第四纪研究, 2004, 24(2): 203-212.

[329] 羊向东, 吴艳宏, 朱育新, 等. 龙感湖钻孔揭示的末次盛冰期以来的环境演化[J]. 湖泊科学, 2002, 12(6): 106-110.

[330] 羊向东, 朱育新, 蒋雪中, 等. 沔阳地区一万多年来抱粉记录的环境演变[J]. 湖泊科学, 1998, 10(6): 23-29.

[331] 羊向东, 王苏民, 童国榜. 江苏固城湖区一万多年来的泡粉植物群及古季风气候变迁[J]. 植物学报[J]. 1996, 38(7): 576-581.

[332] 尹泽生, 杨逸畴, 王守春. 西北干旱地区全新世人地关系[C]//尹泽生,杨逸畴,王守春. 西北干旱地区全新世环境变迁与人类文明的兴衰. 北京:地质出版社, 1992.

[333] 姚檀栋, 谢自楚, 武筱舲, 等.敦德冰帽中的小冰期气候记录[J]. 中国科学(B辑),1990(11): 1196-1201.

[334] 姚檀栋, Thompson L G, 施雅风,等. 古里雅冰心中末次冰期以来气候变化记录研究[J]. 中国科学(D辑), 1997, 27(5): 447-452.

[335] 姚檀栋. 末次冰期青藏高原的气候突变——古里雅冰芯与格陵兰 GRIP 冰芯对比研究[J]. 中国科学(D 辑), 1999, 29(2): 175-184.

[336] 于世永, 朱诚, 史威. 上海马桥地区全新世中晚期环境演变[J]. 海洋学报, 1998, 20(1): 58-64.

[337] 宇田津彻郎, 邹厚本, 藤原宏志, 等. 江苏省新石器时代遗址出土陶器的植物蛋白石分析[J]. 农业考古, 1998(1): 36-45.

[338] 袁嘉祖. 黄土高原地区植物可能生产力[J]. 西北林学院学报, 1980(1): 36-42.

[339] 张光直. 古代中国考古学[M]. 印群, 译. 沈阳: 辽宁教育出版社, 2002.

[340] 张华, 蔡靖芳, 刘会平. 神农架大九湖 12.5 kaB.P. 以来的孢粉植物群与气候变化[J]. 华中师范大学学报, 2002, 36(1): 87-92.

[341] 张强, 朱诚, 刘春玲, 等. 长江三角洲 7000 年来的环境变迁[J]. 地理学报, 2004, 59(4): 534-542.

[342] 张强, 朱诚, 姜逢清, 等. 重庆巫山张家湾遗址 2000 年来的环境考古[J]. 地理学报, 2001, 56(3): 353-362.

[343] 张强. 长江三角洲全新世环境演变与人类活动关系研究[J]. 南京: 南京大学, 2003.

[344] 张修桂. 云梦泽的演变与下荆江河曲的形成[J]. 复旦学报(社会科学版), 1980(2): 125-131.

[345] 张芸, 朱诚, 张强, 等. 长江三峡大宁河流域 3000 年来的沉积环境和风尘堆积[J]. 海洋地质与第四纪地质, 2001, 21(4): 83-88.

[346] 张绪球. 长江中游地区新石器时代文化概论[J]. 武汉: 湖北科学技术出版社, 1992.

[347] 张绪球. 长江中游史前稻作农业的起源和发展[J]. 中国农史, 1996, 15(3): 18-22.

[348] 张绪球. 屈家岭文化[M]. 北京: 文物出版社, 2004.

[349] 张绪球. 汉水东部地区新石器新石器时代初论[J]. 考古与文物, 1987(4): 122-127.

[350] 张绪球. 屈家岭文化古城的发现与初步研究[J]. 考古, 1994(7): 28-36.

[351] 张绪球. 长江中游史前城址和石家河聚落群[M]. 北京: 文物出版社, 2000.

[352] 张振克, 吴瑞金, 朱育新, 等. 云南洱海流域人类活动的湖泊沉积记录分析[J]. 地理学报, 2000, 35(1): 66-73.

[353] 张启锐. 地质趋势面分析[M]. 北京: 科学出版社, 1990.

[354] 张晓阳, 蔡述明, 孙顺才. 全新世以来洞庭湖的演变[J]. 湖泊科学, 1994, 6(1): 13-21.

[355] 张志强, 徐中民. 生态足迹的概念及计算模型[J]. 生态经济, 2000(10): 8-10.

[356] 张志强, 徐中民, 程国栋, 等. 1999 年中国西部 12 省(区市)的生态足迹[J]. 地理学报, 2001, 56(5): 599-610.

[357] 张新时. 研究全球变化的植被–气候分类系统[J]. 第四纪研究, 1993(2): 157-169.

[358] 张之恒. 生态环境对史前文化的影响[J]. 江汉考古, 1996(3): 41-44.

[359] 张波. 西北农牧史[M]. 西安: 陕西科学技术出版社, 1989.

[360] 张西营, 马海州, 谭红兵. 青藏高原东北部黄土沉积化学风化程度及古环境[J]. 海洋地质与第四纪地质, 2004, 24(2): 43-47.

[361] 郑州市文物考古研究所. 郑州大河村[M]. 北京: 科学出版社, 2001.

[362] 周廷儒, 张兰生. 中国北方农牧交错带全新世环境演变及预测[M]. 北京: 地质出版社, 1992.

[363] 周廷儒. 中国自然地理·古地理(上册)[M]. 北京: 科学出版社 1984.

[364] 周昆叔. 半坡新石器时代遗址的孢粉分析[C]//中国科学院考古研究所, 等. 西安半坡. 北京: 北京文物出版社, 1963.

[365] 周昆叔. 环境考古研究(第一辑)[M]. 北京: 科学出版社, 1991.

[366] 周昆叔, 宋豫秦. 环境考古研究(第二辑)[M]. 北京: 科学出版社, 2000.

[367] 周昆叔, 张松林, 莫多闻, 等. 嵩山中更新世末至晚更新世早期的环境与文化[J]. 2006, 26(4): 543-547.

[368] 周凤琴. 荆江近5000年来洪水位变迁的初步探讨[M]//《历史地理》编辑委员会. 历史地理(第四辑). 上海: 上海人民出版社, 1986.

[369] 周凤琴. 云梦泽与荆江三角洲的历史变迁[J]. 湖泊科学, 1994, 6(1): 22-32.

[370] 周凤琴. 荆江5000年洪水位变迁的初步探讨[C]//历史地理(2辑). 1986.

[371] 周广胜, 郑元润, 陈四清, 等. 自然植被净第一性生产力模型及其应用[J]. 林业科学, 1998, 34(5): 2-11.

[372] 周广胜, 张新时. 自然植被净第一性生产力模型初探[J]. 植物生态学报, 1995, 19(3): 193-200.

[373] 周广胜, 张新时. 全球气候变化的中国自然植被的净第一生产力研究[J]. 植物生态学报, 1996, 20(1): 11-19.

[374] 赵济, 等. 胶东半岛全新世环境演变[M]. 北京: 海洋出版社, 1992.

[375] 赵先贵, 马彩虹, 高利峰, 等. 基于生态压力指数的不同尺度区域生态安全评价[J]. 中国生态农业学报, 2007, 15(6): 135-138.

[376] 赵平, 陈隆勋, 周秀骥, 等. 末次冰盛期东亚气候的数值模拟[J]. 中国科学(D辑), 2003, 33(6): 557-562.

[377] 郑笑梅. 试论北辛文化及其与大汶口文化的关系[C]//山东史前文化论文集. 济南: 齐鲁书社, 1986.

[378] 郑朝贵, 朱诚, 钟宜顺, 等. 重庆库区旧石器时代至唐宋时期考古遗址空间分布与自然环境的关系[J]. 科学通报, 2008, 53(增刊Ⅰ): 93-111.

[379] 竺可桢. 中国近五千年气候变迁的初步研究[J]. 中国科学, 1973(2): 168-189.

[380] 朱诚, 程鹏. 长江三角洲地区新石器文化断层与埋藏古树反映的环境演变特征[C]//中国科协第二届青年学术年会执行委员会. 中国科协第二届青年学术年会论文集(资源与环境科学分册). 北京: 中国科学技术出版社, 1995.

[381] 朱诚, 宋建, 尤坤元, 等. 上海马桥遗址文化断层成因研究[J]. 科学通报, 1996, 41(12): 148-152.

[382] 朱诚, 于世永, 史威, 等. 南京江北地区全新世沉积与古洪水研究[J]. 地理研究, 1997, 4: 23-30.

[383] 朱诚, 史威, 宋友桂. 长江三角洲7ka以来古洪水灾害的环境考古研究[C]//海峡两岸山地灾害与环境保育研究(第一卷). 成都: 四川科学技术出版社, 1998.

[384] 朱诚, 赵宁曦, 张强, 等. 江苏龙虬庄新石器时代遗址环境考古研究[J]. 南京大学学报, 2000, 3: 284-292.

[385] 朱诚, 郑朝贵, 马春梅, 等. 长江三峡库区中坝遗址地层古洪水沉积判别研究[J]. 科学通报, 2005, 50(20): 2240-2250.

[386] 朱诚, 于世永, 卢春成. 长江三峡及江汉平原地区全新世环境考古与异常洪涝灾害研究[J]. 地理学报, 1997, 52(3): 265-277.

[387] 朱诚, 马春梅, 王慧麟, 等. 长江三峡库区玉溪遗址T0403探方古洪水沉积特征研究[J]. 科学通报, 2008, 53(增刊Ⅰ): 1-16.

[388] 朱诚, 张强, 张芸, 等. 长江三角洲长江以北全新世以来人地关系的环境考古研究[J]. 地理科学, 2003, 23(6): 705-712.

[389] 朱诚, 钟宜顺, 郑朝贵, 等. 湖北省新石器至战国时期人类遗址分布与环境的关系[J]. 地理学

报,2007,62(3):227-242.

[390] 朱诚,郑平建,史威,等.长江三角洲及其附近地区两千年来水灾的研究[J].自然灾害学报,2001,10(4):8-14.

[391] 朱诚,张强,张之恒,等.长江三峡地区汉代以来人类文明的兴衰与生态环境变迁[J].第四纪研究,2002,22(5):442-450.

[392] 朱诚,郑朝贵,顾维玮,等.苏北地区新石器时代至商周时期人类遗址时空分布问题探讨[J].地理学报(台湾),2006,44:67-78.

[393] 朱诚,马春梅,张文卿,等.神农架大九湖15.753 kaB.P.以来的孢粉记录和环境演变[J].第四纪研究,2006,26(5):814-826.

[394] 朱诚,陈星,马春梅,等.神农架大九湖孢粉气候因子转换函数与古气候重建[J].科学通报,2008,53(增刊Ⅰ):38-44.

[395] 朱诚,赵宁曦,张强,等.江苏龙虬庄新石器遗址环境考古研究[J].南京大学学报,2000,3:284-292.

[396] 朱诚,郑朝贵,马春梅,等.对长江三角洲和宁绍平原一万年来高海面问题的新认识[J].科学通报,2003a,48(23):2428-2438.

[397] 朱育新,薛滨,羊向东,等.江汉平原沔城M1孔的沉积特征与古环境重建[J].地质力学学报,1997,3(4):44-55

[398] 朱育新,王苏民,羊向东,等.中晚全新世江汉平原沔城地区古人类活动的湖泊沉积记录[J].湖泊科学,1999,11(1):33-39.

[399] 朱育新,王苏民,吴瑞金.全新世江汉平原地区长江南移年代的沉积学依据[J].科学通报,1997,42(18):1972-1974.

[400] 朱兆泉,宋朝枢.神农架自然保护区科学考察集[M].北京:中国林业出版社,1999.

[401] 邹衡.试论夏文化[C]//夏商周考古学论文集.北京:文物出版社,1980.

[402] 中国社会科学院考古研究所长江工作队.湖北郧县和均县考古[C]//考古学集刊(第4辑).北京:中国社会科学出版社,1984.

[403] 中国社会科学院考古研究所.青龙泉与大寺[M].北京:科学出版社,1991.

[404] 中国社会科学院考古所湖北工作队.湖北枝江县关庙山新石器时代遗址发掘简报[J].考古,1981(4):55-67.

[405] 中国社会科学院考古研究所河南一队.1979年裴李岗遗址发掘简报[J].考古,1982(4):66-68.

[406] 中国科学院考古研究所内蒙古工作队.赤峰蜘蛛山遗址发掘[J].考古学报,1979(2):215-243.

[407] 中国科学院考古研究所内蒙古工作队.赤峰西水泉红山文化遗址[J].考古学报,1982(2):180-181.